BIBLIOTHÈQUE DU « *PROGRÈS AGRICOLE* .

I0046175

LES TRAVAUX

DU

VIGNOBLE

PLANTATIONS — CULTURES — ENGRAIS
DÉFENSE CONTRE LES INSECTES ET LES MALADIES
DE LA VIGNE

PAR

P. COSTE-FLORET

INGÉNIEUR DES ARTS ET MANUFACTURES
PROPRIÉTAIRE-VITICULTEUR

AVEC 121 FIGURES DANS LE TEXTE

Aux bureaux du *PROGRÈS AGRICOLE ET VITICOLE* a Montpellier

MONTPELLIER
CAMILLE COULET, LIBRAIRE-ÉDITEUR
Libraire de l'École nationale d'agriculture
PARIS
MASSON ET Cie, LIBRAIRES-ÉDITEURS
Boulevard Saint-Germain, 120
—
1898

LES TRAVAUX

DU

VIGNOBLE

DU MÊME AUTEUR

BIBLIOTHÈQUE DU « *PROGRÈS AGRICOLE ET VITICOLE* »

LES TRAVAUX

DU

VIGNOBLE

PLANTATIONS — CULTURES — ENGRAIS
DÉFENSE CONTRE LES INSECTES ET LES MALADIES
DE LA VIGNE

PAR

P. COSTE-FLORET

INGÉNIEUR DES ARTS ET MANUFACTURES
PROPRIÉTAIRE-VITICULTEUR

AVEC 121 FIGURES DANS LE TEXTE

Aux bureaux du *PROGRÈS AGRICOLE ET VITICOLE* a Montpellier

MONTPELLIER
CAMILLE COULET, LIBRAIRE-ÉDITEUR
Libraire de l'École nationale d'agriculture
PARIS
MASSON ET Cie, LIBRAIRES-ÉDITEURS
Boulevard Saint-Germain, 120

1898

AVANT-PROPOS

J'ai toujours aimé la vigne, et bien que mon ancienne carrière d'ingénieur m'ait éloigné pendant longtemps des vignobles, je me suis continuellement intéressé aux progrès de la viticulture ; aussi, lorsque j'ai pu rentrer dans le Midi, j'ai consacré avec bonheur mon temps et mes connaissances à la reconstitution des domaines de ma famille, sans me laisser rebuter par la crise intense qui pèse lourdement sur les entreprises viticoles.

Loin de perdre courage, je me suis mis à étudier avec persévérance tous les procédés pouvant m'aider à faire fructifier mes propriétés et à tirer un meilleur parti de mes récoltes. C'est le résumé de ces études et la description des applications que j'ai pu faire de mes conceptions dans le domaine de Saint-Adrien que je communique aujourd'hui aux viticulteurs du Midi.

Certes, nombreux sont les ouvrages dans lesquels les vignerons peuvent puiser des renseignements utiles, mais le plus souvent les auteurs se sont attaché à étudier la viticulture en général, sans parler plus spécialement des vignobles méridionaux. Seul, M. Henri Marès, dans son travail si remarquable sur *les Vignes du Midi de la France*, a donné, avec l'autorité qui s'attache à tous ses écrits, les anciennes règles que l'on suivait dans nos pays, avant l'invasion du phylloxera, pour obtenir des vendanges abondantes et rémunératrices. Bien que cette étude soit déjà ancienne, les viticulteurs du Midi peuvent en retirer des enseignements précieux et il est regrettable que le savant auteur ne l'ait pas complétée en y ajoutant les observations nouvelles qu'il a pu faire depuis la transformation de nos vignobles. Les travaux et les expériences de M. Henri Marès s'étendant sur toutes les branches de la viticulture, depuis l'ampélographie jusqu'à la vinification, constitueraient dans leur ensemble le résumé de tous les progrès qui ont été introduits depuis cinquante ans dans la culture de la vigne.

Les Bulletins de la Société centrale d'agriculture de l'Hérault et du Comice agricole de l'arrondissement de Béziers, en outre des communications de M. H. Marès, renferment d'autres études consciencieuses de toutes les questions qui intéressent les vignerons, et on ne saurait oublier que, depuis un siècle, Chaptal, Poitevin, Dunal, Dupin, Touchy, Cazalis-Allut, Pagézy, Bouschet, Camille Saint-

Pierre, Planchon, de la région de Montpellier, et Esprit Fabre, Duchartre, Laforgue, Audouard, Duffour, Jaussan, Giret, Grégoire, de la région de Béziers, ont rendu à la viticulture, comme savants ou praticiens, des services signalés dont il faut reconnaître l'importance.

Bien que je me sois inspiré de tous ces travaux antérieurs pour écrire ce livre, je me suis surtout attaché à expliquer ce que je fais dans le domaine de Saint-Adrien pour faire prospérer mon vignoble. Je suis d'autant plus affirmatif dans mes conclusions que le succès est venu couronner mes efforts ; mes vignes me donnent des récoltes abondantes dont je tire un bon parti en soignant particulièrement la vinification de la vendange. Les procédés que j'ai adoptés peuvent être appliqués dans tous les domaines méridionaux et il serait facile de les imiter dans les autres régions viticoles en les modifiant suivant les conditions particulières du climat et de la nature des crus. J'ai toujours calculé les prix de revient des diverses pratiques en usage dans mes terres, car je ne saurais oublier que c'est la balance des comptes qui doit indiquer à chaque propriétaire ce qu'il doit faire pour tirer un bon parti de son temps, de son intelligence, de ses capitaux.

Je considère particulièrement mon domaine comme une vaste usine dont je dois retirer le plus de profit en assurant l'avenir de ses débouchés, en perfectionnant ses produits tout en diminuant leur prix de revient par des méthodes simples, mais perfectionnées. On trouvera trace de toutes ces préoccupations en étudiant les modifications importantes inaugurées dans mon domaine, principalement pour la taille, le greffage et la défense de la vigne contre les insectes et les maladies cryptogamiques.

Le rôle prépondérant que les fumures prennent dans l'exploitation des nouvelles plantations a attiré particulièrement mon attention ; par des expériences poursuivies pendant plusieurs années, j'ai pu me convaincre de l'importance capitale de l'*acide phosphorique* pour la végétation de la vigne et la qualité de ses produits et j'ai cherché à démontrer cette influence spécifique non seulement en parlant des engrais, mais aussi en décrivant les accidents de végétation qui peuvent compromettre la récolte.

L'étude de la vinification serait le complément indispensable de l'examen des cultures de la vigne, mais ayant traité ce sujet dans deux ouvrages spéciaux, j'ai pu négliger de parler de la vendange et de la préparation du vin.

Le département de l'Hérault renferme un vignoble dont la superficie est estimée à la dixième partie de toutes les vignes françaises et sa récolte dépasse souvent en quantité le cinquième de la production totale de la France ; c'est dans ce département que l'on a étudié avec le plus de soin la défense de la vigne contre ses ennemis de tout ordre, et la reconstitution rapide de ce vignoble, après les désastres du phylloxera, est un exemple de ce que l'on peut obtenir par le concours de la science et de la pratique viticole.

Les enseignements que l'on doit retirer de l'examen des pratiques usitées dans un pays dont les vignerons, sans se laisser décourager par des obstacles de tout ordre, ont su donner à leurs plantations une grande extension et perfectionner la culture des vignes en créant les nouvelles méthodes de reconstitution, m'ont paru assez intéressants pour constituer seuls la matière d'un livre ; c'est pourquoi je me contenterai de parler du vignoble méridional.

Saint-Adrien, le 2 juillet 1897.

P. Coste-Floret,
E.-C., P. 1866.

LES TRAVAUX

DU

VIGNOBLE

—•◦◦〉◦〈◦•—

CHAPITRE PREMIER

CONSIDÉRATIONS PRÉLIMINAIRES

1º Champ des expériences : Description du domaine.— Utilité de la révision des premières plantations.

2º Etude du sol : Alluvions.— Calcaires lacustres.— Brèches volcaniques.— Diluvium alpin.

3º Régime des eaux : Irrégularité des pluies. — Pénurie des eaux. — Sources.— Inconvénient des terres peu profondes.

4º Cultures diverses : Anciennes cultures.— Extension de la culture de la vigne.— Avantages des cultures fourragères ou industrielles. — Développement exagéré de la production des vins.

1º *Champ des expériences.* — La viticulture a fait déjà le sujet de plusieurs traités complets, dans lesquels les agriculteurs de tous les pays peuvent trouver les renseinements qui leur sont nécessaires pour créer un vignoble ou pour améliorer la culture et les produits des anciennes plantations ; mais ces ouvrages didactiques, recommandables par la science de leurs auteurs, ne sont pas à la portée de tous les vignerons ; on peut souvent leur reprocher de ne pas tenir un compte suffisant des dépenses occasionnées par les procédés dont ils recommandent l'application rationnelle.

J'ai pensé qu'en écrivant un ouvrage moins étendu, je devais, au contraire, avoir spécialement en vue les travaux du vignoble de la région méridionale du versant de la Méditerranée, et qu'il était utile de m'appesantir davantage sur les côtés pratiques et économiques de l'exploitation des vignes dans le Midi. A cet effet, en décrivant les cultures usuelles et les procédés nouveaux proposés pour assurer la bonne venue des récoltes, je prendrai toujours soin d'examiner simultanément la conduite particulière de mon domaine, en précisant les résultats obtenus par suite des modifications que la réflexion m'a fait adopter dans mon exploitation.

Il est donc indispensable que je commence par donner la description de mes terres de Saint-Adrien, puisqu'elles vont me servir comme d'un vaste champ d'expériences pour comparer les cultures anciennes et les méthodes nouvelles, dont j'établirai le prix de revient d'après mes comptes privés.

Mon domaine particulier est constitué par un lot de 68 hectares de terres, dont 64 hectares plantés.

Les vignes les plus anciennement reconstituées sont le Triangle, le Laurier, le Ruisseau, une partie de la Condamine et une partie du chemin de Bassan, en tout 19 hectares environ plantés avant mon entrée en possession.

J'ai depuis planté :

En 1889	Récatal	1ʰ50
— 1890	Partie Condamine et Lapinière	5ʰ00
— 1891	Amanderai et Cambon	13ᵏ00
— 1892	Gloriette	6ʰ00
— 1893	La Place et Prade de Jacques	3ʰ20
— 1894	Partie Lapinière	3ʰ80
— 1895	Partie du chemin de Bassan . . . . . · .	1ʰ50
— 1896	Lacroix	6ʰ00
— 1897	Genestière	5ʰ00
	En tout	45ʰ00

Le tableau qui suit donne la nature du sol et les variétés plantées dans les diverses pièces.

NOMS	Contenance	NATURE DU SOL	CÉPAGES PLANTÉS ET GREFFÉS
Prade de Cambon..	2ʰ90	Alluvion riche	Aramon sur Riparia
Prade de Jacques..	1 17	—	—
Triangle.........	0 56	—	—
La Place........	1 90	Alluvion grossière	Grand-Noir de la Calmette sur Riparia
Châtaignier	0 28	—	Champ
Laurier..........	2 93	Calcaire lacustre	Piquepoul sur Riparia
Lacroix	5 88	Silico-calcaire et calcaire lacustre	Aramon sur Riparia
Amanderai........	10 20	—	—
Condamine........	10 18	Argilo-silico-calcⁱᵉ	—
Ruisseau.........	4 21	—	—
Potager..........	0 45	—	Jardin potager
Chemin de Bassan.	6 »	—	Terret sur Riparia, Carignan sur Rupestris.
Thérésine........	0 35	Diluvium alpin	Champ
Récatat..........	1 21	—	Piquepoul sur Riparia
Lapinière........	5 81	—	Clairette sur Rupestris, Terret sur Aramon
Genestière.......	5 »	—	Plantier de Riparia
Gloriette.........	6 15	—	Carignan sur Riparia
Carrières........	3 »	Brèche volcanique	Inculte
	68 18		

Je commencerai bientôt la revision des nouvelles vignes, et pour avoir un vignoble toujours jeune, vigoureux et en pleine production, j'ai résolu chaque année d'en renouveler une petite partie pour n'avoir jamais des vignes de plus de 30 ans. La raison en est que malgré le sélectionnement des porte-greffes, il se glisse tou-

jours des pieds défectueux dans les plantations américaines, et que quels que soient les soins donnés au greffage,
il se trouve encore plusieurs ceps atteints, dès le principe,
d'une nécrose qui finit par réduire leur production.
Les nouvelles vignes ne périront pas, mais, je le crains,
les revenus que l'on en retirera diminueront avec le
temps.

Peut-être me trouvera-t-on pessimiste dans mes ap-
préciations, mais j'ai constaté trop souvent des souches
mortes dans mes vignes reconstituées et d'autres infertiles, à côté de pieds luxuriants encore de végétation et
chargés d'une récolte abondante, pour ne pas admettre que les ceps américains devront être renouvelés plus
souvent que les ceps anciens. Heureusement que les
belles récoltes que l'on obtient pendant les premières
années qui suivent le greffage sont suffisantes pour rendre fructueuse la culture de la vigne, si toutefois le prix
de vente du vin se maintient à un prix convenable.

On m'objectera que les anciennes plantations étaient
aussi atteintes par des cas isolés de mortalité et d'infer-
tilité. Sans chercher à éclaircir si la proportion des souches à renouveler dans les vignes françaises n'était pas
plus faible que celle à remplacer dans les vignobles re-
constitués, je dois simplement signaler que le rajeunis-
sement des anciennes vignes par le provignage était une
pratique courante que l'on ne peut étendre aux ceps
greffés dont on ne doit remplacer les manquants que par
des pieds nouveaux que l'on plante déjà greffés et qui
végètent péniblement dans un milieu déjà occupé par de
nombreuses racines. Pour remédier à ces inconvénients,
il faudrait planter les jeunes remplaçants en prenant des
précautions onéreuses, telles que le creusement d'un
trou de 75 centimètres de diamètre dont on palisserait
les côtés par des planches minces de sapin pour arrêter,
pendant la période de développement du jeune sujet,
l'envahissement du sol, qui doit le nourrir, par les racines
de ses puissants voisins.

Ce procédé me paraît trop coûteux pour un vignoble ne produisant que des vins ordinaires. Une autre raison me paraît encore indiquer la nécessité probable de renouveler les vignes américaines: c'est que leurs racines traçantes n'occupent pas une épaisseur du sol comparable à celle qu'envahissaient nos anciens ceps à racines pivotantes.

Le renouvellement gradué du vignoble serait peu de chose comme dépense réelle, car chaque année, avant et après la vendange, on peut employer des bêtes de travail inoccupées à cette époque, en les utilisant pour le défoncement et la préparation du terrain, ce qui réduirait de beaucoup les dépenses de plantation qui deviennent au contraire très onéreuses lorsque, par suite de leur étendue, il faut faire ces travaux avant le moment où l'on peut disposer des attelages sans frais.

2° *Etude du sol.* — L'examen superficiel d'un vignoble n'est pas suffisant pour juger de sa fertilité, car, indépendamment de la nature variable des premières couches du sol, il faut aussi tenir compte de celle du sous-sol, ainsi que de la profondeur de la terre arable. Il est donc nécessaire d'examiner la constitution géologique des terrains en culture.

Les Prades de Saint-Adrien proviennent surtout des dépôts d'une petite rivière, la Lène, qui va se jeter dans la Tongue deux kilomètres plus loin. Les deux rivières, coulant parallèlement, confondent leurs eaux pendant les grandes inondations, de sorte que les alluvions de la plaine, sur ce point, sont dues au dépôt des eaux limoneuses des deux cours d'eau. Un petit ruisseau, dit du Laurier, coupe ces limons en deux parties et les a chargés des débris divers provenant des terres du calcaire lacustre, dans lequel il a creusé son lit, constituant ainsi des dépôts grossiers au milieu des alluvions pures des deux rivières principales. Ces terres sont très profondes, très fertiles, mais sujettes à la gelée, favorables aux maladies cryptogamiques.

Au-dessus de ces alluvions se trouvent les terrains composés en grande partie par le calcaire lacustre de Saint-Adrien. Ces terres présentent des couches arables superposées et séparées par des pierres calcaires plates d'une faible épaisseur, environ 2 centimètres, que M. le professeur de Rouville a appelées plaquettes.

Voici la composition d'une de ces plaquettes:

Argile et sable	8.
Peroxyde de fer.	2.
Chaux	22.
Magnésie.	19.66
Phosphate de chaux	5.60
Eau, acide carbonique, matières organiques.	42.70
	99.96

La terre arable au-dessus de ces plaquettes de dolomie a donné, sur un point très fertile, la composition suivante:

Acide phosphorique.	0,15
Azote	0,11
Potasse	0,15
Carbonates divers	76,00

Ces terrains sont d'ailleurs d'une composition bien variable, et si les carbonates y dominent toujours, la proportion de chaux et de magnésie y est tout à fait irrégulière.

L'épaisseur de ces plaquettes est si faible que l'on peut les soulever à la charrue et augmenter ainsi la profondeur du sol; quelquefois la vigne, par ses racines, pénètre dans les fentes que présentent ces couches disloquées de plaquettes pour aller rechercher en profondeur les aliments ou l'humidité qu'elle ne trouverait pas facilement dans la première couche arable généralement de faible épaisseur et très calcaire. Ces terres, sur les points où le calcaire a été délité, sont sujettes à la chlorose.

Les terrains les plus riches de Saint-Adrien sont ceux

qui, de nature argilo-silico-calcaire, reposent en partie sur un sous sol composé par les pierres désignées sous le nom de brèche volcanique de Saint-Adrien par M. le professeur de Rouville. Cette roche, que j'ai soumise à l'examen du bureau d'essai de l'École des Mines, a fait l'objet d'une communication de M. Carnot à l'Académie des Sciences. J'en extrais le passage le plus intéressant : « C'est une brèche argilo-calcaire, dans laquelle on distingue de petits fragments anguleux ou faiblement arrondis, de couleur grise ou noirâtre, et une pâte de teinte plus claire, d'un gris-jaunâtre.

»Prise dans son ensemble, elle a présenté la composition suivante :

Silice.	43.30
Alumine	15.60
Oxyde de fer.	18.00
Chaux	18.00
Magnésie.	0.40
Potasse.	0.80
Acide phosphorique	0.40
Pertes par calcination.	10.70
	99.70

»On doit remarquer dans cette analyse la présence simultanée et les proportions notables de fer, de chaux, de potasse et d'acide phosphorique.

»La roche est partiellement attaquée par les acides étendus avec effervescence. Exposée aux agents atmosphériques, elle se désagrège et peut se mêler au sol, auquel elle apporte les divers éléments de fertilité qu'elle contient.

»En examinant à la loupe et au microscope les différentes parties de cette brèche, on reconnaît que les fragments empâtés sont principalement formés de basalte ou d'une scorie basaltique, avec cristaux de péridot et grains nombreux de fer oxydulé magnétique; on y voit aussi des morceaux de schiste argileux, du quartz et même quelques débris de coquilles. La pâte grisâtre est de nature argilo-calcaire ; on y distingue encore de petits grains de basalte et de fer oxydulé, comme on en trouve dans les scories ou les cendres volcaniques. L'origine de cette brèche n'est donc pas douteuse, elle est due à un remaniement par les eaux de déjections volcaniques. »

La couche arable, qui recouvre sur plusieurs points cette roche, a une épaisseur variable, quelquefois le banc de pierre qui a plusieurs mètres d'épaisseur émerge et est exploité comme carrière, souvent il est recouvert d'une grande épaisseur de terre cultivée de nature argilo-silico-calcaire qui constitue un terrain des plus favorables à la culture de la vigne, tantôt cette couche arable devient trop faible pour laisser à la vigne le cube de terre nécessaire à sa subsistance. Lorsque, dans une grande pièce, on trouvait quelque point où l'ancien vignoble par sa végétation chétive formait une tache au milieu d'une plantation splendide, il fallait, avant de le replanter, user de la mine afin d'enlever ou disloquer une quantité de pierres suffisante pour que la vigne américaine ne fût pas affamée dans une couche trop réduite comme épaisseur. Cette partie du domaine est traversée par le ruisseau de Saint-Adrien qui lui sert d'écoulement pendant les pluies, mais qui reste à sec pendant la plus grande partie de l'année. Toutes les vignes américaines plantées dans ces terrains sont très belles et leur fructification abondante ; la chlorose s'y montre sur des points bien isolés en suivant une direction correspondante à un banc de marne calcaire de très faible largeur qui coupe obliquement toute la propriété.

Enfin, le côté du domaine situé au nord-ouest est composé par des débris du diluvium alpin reposant sur une couche d'argile imperméable. Ces formations présentent comme épaisseur de terre arable et comme nature du dépôt des variations extrêmes, on y trouve des parties caillouteuses, quelques-unes sablonneuses, reposant sur un sous-sol argileux, s'écartant plus ou moins de la surface, tandis que sur d'autres parcelles, le dépôt de cailloux a été empâté dans l'argile au point de former un sol compact.

La terre de la Lapinière est composée de 70 o/o de sable grossier et les 30 o/o de matières plus fines renferment très peu d'éléments fertilisants :

Acide phosphorique. . . .	0,06 o/o
Azote.	0,05 —
Potasse.	0,14 —
Chaux	Traces.

Une autre analyse des terres voisines de la Genestière a donné :

Cailloux	83. »
Sable fin	12. »
Argile	2.80
Peroxyde de fer.	1. »
Chaux	0.04
Perte par calcination.	1. ·
	99.84

On peut juger par cet exposé que le territoire de Saint-Adrien présente des terrains de nature variée, ce qui rend d'autant plus intéressants les résultats obtenus dans l'exploitation du domaine.

3° Régime des eaux. — Les terres de mon domaine, comme celles de la plus grande partie des autres contrées de la région méridionale, ont à souffrir d'une sécheresse prolongée pendant l'été. Au contraire, quelquefois, à l'époque des pluies torrentielles qui alternent avec les périodes sèches, l'humidité y devient trop forte, de sorte que quelquefois les ruisseaux servant à l'écoulement du terrain sont transformés en torrents, tandis qu'ils restent à sec pendant la plus grande partie de l'année.

Les eaux souterraines sont rares, mais on trouve pourtant des sources dans le diluvium alpin, lorsque cette couche présente une grande épaisseur. Une de ces sources a été captée dans la pièce dite de la Gloriette et a été amenée au siège de l'exploitation par une canalisation de 800 mètres de long: cette prise d'eau ne tarit jamais et suffit pour les besoins de la ménagerie. Une autre prise d'eau alimente la noria du jardin.

La sécheresse produit les effets les plus désastreux, par sa persistance, dans toutes les parties du terrain présentant une couche arable peu profonde, principalement dans le diluvium alpin, lorsque le sous-sol argileux ne laisse qu'une faible épaisseur aux sables qui le recouvrent, ou bien dans les terre silico-calcaires sur les points où le banc de brèche volcanique vient presque émerger à la surface.

Les travaux d'été, en émiettant la terre et en rompant sa capillarité, servent toujours à diminuer l'évaporation de l'eau, mais deviennent, dans ces conditions particulières, insuffisants, et la vigne se trouvant comme *affamée* ne donne que des pousses très réduites, des fruits rares et peu développés dans un terrain ne pouvant plus pourvoir aux besoins de sa végétation.

Les drainages diminuent de beaucoup ces inconvénients si le sous-sol est argileux, mais le défonçage seul permet d'améliorer les parties dont le bas-fond est constitué par une couche continue de pierres. Souvent même il faut user de la mine lorsque le banc devient compact. Dans deux pièces, la Condamine et l'Amanderai, j'ai dû faire disparaître ainsi un banc de pierre peu épais, qui venait, en émergeant dans ces belles terres, constituer des taches où la vigne était inférieure comme végétation à l'ensemble des plantations. Depuis cette réparation importante, les ceps chétifs ont disparu pour faire place à des ceps bien venus, tandis que les taches ont persisté sur les quelques points que je n'ai pas fait fouiller, parce que le rabougrissement des anciennes vignes n'y était pas aussi intense. La couche végétale m'avait paru suffisante lorsqu'elle atteignait 30 centimètres en moyenne. Je me suis trompé et cette épaisseur de terre, considérée comme bonne si le sous-sol est assez disloqué pour permettre aux racines de pénétrer

dans les fissures, ne l'est plus lorsque la compacité d'un
banc continu de pierre s'oppose à leur allongement.

Le régime le plus favorable des eaux pour la vigne
dans la région méridionale est celui de pluies abondantes
pendant l'hiver et rares dans l'été.

Il faut pour les vignobles de la pluie en avril, du soleil
au mois de mai.

Les chutes d'eau abondantes en été contrarient la floraison des ceps et retardent les traitements anti-cryptogamiques, tandis que toutes les maladies de la vigne sont
à redouter si l'humidité devient trop forte et persistante.

Les brouillards favorisent particulièrement le développement des maladies cryptogamiques devenues de plus
en plus nombreuses et redoutables pour les récoltes
depuis la reconstitution du vignoble sur pieds américains.

D'un autre côté, une sécheresse trop prolongée en été
est contraire au développement des grains du raisin et à
leur enrichissement en sucre.

L'irrigation pourrait obvier à ces inconvénients ;
malheureusement rares sont dans le Midi les domaines qui peuvent user des eaux naturelles. Aussi se
trouve-t-on obligé à réduire de plus en plus les cultures
fourragères pour augmenter l'étendue des plantations
des vignes qui constituent encore la culture pouvant
résister avec moins d'inconvénients aux sécheresses prolongées. Il en résulte pour les propriétaires la nécessité d'acheter tous les approvisionnements pour la nourriture des hommes et des animaux.

Blés, viande, fourrage, avoine, il faut acquérir tout à
prix onéreux, ce qui augmente de beaucoup les dépenses de l'exploitation.

Le canal dérivé du Rhône, si on l'exécutait un jour,
serait un grand bienfait pour la région méditerranéenne
en permettant d'intercaler dans chaque vignoble des

parcelles réservées aux cultures fourragères et maraîchères.

4° Cultures diverses. — Ces considérations m'amènent
à examiner si dans le terroir de Saint-Adrien d'autres
cultures que celles de la vigne seraient possibles.

Si on remonte à cinquante années en arrière, ce domaine, comme le reste du pays, était loin d'être planté
dans toute son étendue et il me suffira d'indiquer la
superficie ancienne des champs, des vignes et des bois
dans les terrains que j'exploite actuellement en vignes
pour préciser ce qu'était antérieurement la proportion
des cultures dans la plus grande partie des territoires
aujourd'hui transformés en vignobles.

Voici cette répartition pour le lot que je cultive :

Vignes.	28 hectares	54 ares
Champs.	26 —	13 —
Bois.	3 —	44 —
Pâtures	4 —	13 —
Terres incultes. .	5 —	06 —
Verger.	0 —	41 —
Divers.	0 —	47 —

68 hectares 18 ares

Les champs occupaient les meilleures terres, ils
étaient complantés en oliviers et en amandiers et cultivés
en céréales ou en sainfoin.

Un troupeau était entretenu sur le domaine qui ne
recevait jamais d'autres engrais que ceux provenant des
étables.

Bien que le terrain de Saint-Adrien soit plus favorable
à la culture des céréales que beaucoup d'autres territoires du département de l'Hérault, les revenus de l'ancien
propriétaire étaient bien restreints, et en dernier lieu
il l'avait donné en ferme à moitié fruit.

Les conditions de culture imposées au fermier en 1858
étaient les suivantes : « Le fermier travaillera en bon
père de famille; il taillera les arbres suivant l'usage;

recreusera les fossés ; il donnera trois façons aux champs
et sèmera sur la quatrième : il ne pourra ratoubler sans
permission. Quant aux vignes, sauf celles qui seront
désignées au fermier pour arracher, elles seront taillées
bourre et bourrillon et provignées ; elles seront déchaussées et labourées à deux façons, excepté Cantegals qui
sera déchaussé et labouré à la première façon et béché
à la seconde ; la Condamine sera déchaussée et labourée
à la première façon et labourée et travaillée à la navette
à la seconde. Les vignes de la Coudergue, du ruisseau du
Laurier, les deux plantiers qui sont en rapport, le Réca-
lat et toutes les Prades devront être béchées à deux façons ; les jeunes plantiers seront labourés jusqu'à trois
ans, en les béchant à la navette. »

J'ai cru utile de transcrire ces conditions pour démontrer combien aujourd'hui la culture de la vigne est plus
soignée qu'autrefois.

Quoi qu'il en soit, un propriétaire prudent doit se
poser la question suivante : Dès le moment que la
grande période de prospérité, qui avait fait étendre la
culture de la vigne sur toutes les terres, même sur les
parties autrefois incultes ou boisées et qui ont été défrichées et plantées, a pris fin ; aujourd'hui que les vaches
maigres semblent succéder aux vaches grasses qui
avaient enrichi le vigneron, doit-on revenir en arrière
et faire comme nos prédécesseurs, c'est-à-dire cultiver
les vignes dans les plus mauvais terrains et essayer
des cultures diverses dans les meilleures parcelles ?

Aujourd'hui que toutes les plantations d'amandiers et
d'oliviers ont été arrachées, les champs se prêteraient-
ils à une culture intensive plus rémunératrice ? Certes,
par un bon aménagement des eaux, on pourrait avec
grand avantage transformer nos plaines en cultures
fourragères, maraîchères ou industrielles ; mais ces terres privilégiées font exception et l'irrigation est impossible pour la plus grande étendue de nos terrains. Dans
les Soubergues, sur vignes arrachées, on peut avoir

quelques bonnes récoltes de céréales, mais si la sécheresse devient trop intense, les produits s'en ressentent
et les revenus sont précaires. J'ai cultivé, pendant une
période assez prolongée, mon domaine d'Amirat, avec
une rotation de trois ans : vesce fumée, blés et avoine.
La récolte dépendait de la régularité des saisons et de
la profondeur des labours. Indépendamment de la
perte énorme du capital consacré à la création du vignoble, si le bas prix du vin en commandait l'arrachage, la
culture des céréales est trop aléatoire dans le Midi pour
y donner des bénéfices. Mais sans renoncer à la culture
principale de la vigne, n'arriverait-on pas à améliorer,
en temps de crise, les revenus fonciers en consacrant
une partie du domaine à la production des céréales et
des fourrages consommés dans la ménagerie? Je crois
que l'on peut répondre affirmativement : et si le bas prix
du vin persistait, il serait prudent d'arracher les vignes
les moins productives pour cultiver en fourrages et en
céréales une superficie suffisante pour la consommation
de l'exploitation. Il ne faudrait pas cultiver des champs
pour en vendre les récoltes, mais il serait avantageux
de ne pas acheter au dehors les approvisionnements de
la ménagerie, que j'estime actuellement à 9.000 fr. pour
mon exploitation de Saint-Adrien. Généralement, il suffirait de cultiver en fourrages et céréales le tiers du domaine pour produire en moyenne les quantités nécessaires à son approvisionnement. Cette combinaison aurait pour avantage de rendre la culture des champs
moins onéreuse, puisqu'on pourrait y consacrer les bêtes de travail pendant les mois de juillet, août, octobre, novembre, période pendant laquelle elles restent
souvent dans les écuries faute de travail dans les
vignes. Un vignoble de 64 hectares comme le mien demande 9 bêtes de labour; si on en cultivait le tiers en
champ, 6 bêtes suffiraient pour cette exploitation mixte.
Ce serait, je crois, le parti le plus sage, car il ménagerait
l'avenir en laissant subsister les vignes dont l'exploi-

tation répond le mieux au climat et aux traditions méridionales.

Certes nous pourrions au besoin faire concurrence aux autres industries agricoles, et, dans notre région, on arriverait à cultiver le sorgho, la betterave fourragère et même la vigne-fourrage, comme l'a proposé M. Coutagne dans un travail bien étudié, pour nourrir des vaches et développer l'industrie laitière dans le Midi. Bien plus, même dans le Midi et dans les terres plus profondes, on peut cultiver la betterave à sucre avec ou sans arrosages. Les expériences faites par mon distingué collègue M. Culeron sont très concluantes et je crois utile de donner ici les résultats qu'il a obtenus et dont il a rendu compte au Comice agricole de l'arrondissement de Béziers :

« Depuis trois années, je cultive sur un demi-hectare de terre argilo-silico-calcaire, disposé pour l'arrosage estival, la betterave blanche à sucre améliorée de Vilmorin.

» L'année dernière, je vous ai fait connaître les résultats de mes deux premières années d'expériences (voir le compte rendu de la séance du 6 février 1894) et je vous disais qu'avec de grosses racines on pouvait en retirer le maximum de sucre, malgré les affirmations d'Achard et de Dubrunfaut, qui ont démontré que le poids et la quantité sont deux termes impossibles à réunir.

» L'expérience de cette troisième année confirme pleinement mes deux premiers essais et je puis affirmer que la théorie d'Achard et de Dubrunfaut peut s'appliquer aux cultures du Nord et non à celles du Midi.

» Cette année, avec deux arrosages estivals au lieu de trois en 1894, j'ai obtenu, comme poids moyen de la racine décolletée, 1 kil. 100 gr., avec 7 betteraves au mètre carré, soit 70.000 kilog. par hectare.

» La dose en sucre est plus considérable que l'année dernière, ce qui ne m'étonne pas, puisque nos vins ont 1 degré en plus qu'en 1894 ; ce qui prouve bien que j'avais raison lorsque j'affirmais, en 1890, qu'avec les arrosages estivals on augmentait le rendement tout en produisant le vin plus alcoolique (voir le compte rendu de la séance du 2 novembre 1890), et l'on peut dire que pour la bette-rave la quantité de sucre a été accrue par les arrosages; pour le vin, l'augmentation d'alcool s'est fait nettement sentir.

Tableau faisant connaître la marche des essais et les résultats obtenus avec la betterave a sucre améliorée de Vilmorin.

Culture intensive sans arrosages

	1893	1894	1895
	kil. gr.	kil. gr.	kil. gr.
Poids des racines.	920	1.007	864
Dosage du sucre p. 100 . . .	14.720	14.022	14.750
Chlorures (en chlorures de sodium). .	»	»	traces
Cendres..	»	»	0.550

Culture intensive avec arrosages

	1893	1894	1895
	kil. gr.	kil. gr.	kil. gr.
Poids des racines.	1.820	2.252	1.100
Dosage du sucre p. 100. . . .	14.750	15.060	18.575
Chlorures (en chlorures de sodium) . .	»	0.281	0.084
Cendres..	»	1.450	0.900

»Sous peu, je ferai connaître l'analyse physico-chimique et chimique de la terre de mon champ d'expériences.»

On voit que les agriculteurs étrangers à notre région ont grand tort de considérer d'un œil indifférent la crise viticole qui éprouve le Midi, car à un moment donné, grâce à notre soleil, nous pourrions lutter avec eux par une culture qui leur ferait une concurrence directe.

La solidarité est nécessaire entre tous les agriculteurs,

et il n'est pas une crise particulière qui ne se trouve répercutée souvent bien loin de son théâtre. La misère des pays de consommation influe nécessairement sur les bénéfices des pays producteurs du vin. Mais ces régions viticoles ne consomment-elles pas, à leur tour, la viande, les céréales, les fourrages, et leur ruine ne les amèneraitelles pas fatalement à récolter elles-mêmes tous ces approvisionnements coûteux ?

Enfin, de hardis viticulteurs ne transformeront-ils pas, à un moment donné, une partie de leur ancien vignoble pour faire concurrence aux autres industries agricoles ? Nous sommes encore éloignés de cette solution désespérée, mais il suffit qu'elle soit possible pour démontrer l'intérêt qu'il y a à ce que chaque branche de l'agriculture puisse prospérer, sans rêver une transformation pouvant devenir fatale aux autres exploitations du sol national. Agriculteurs, soutenons-nous les uns les autres et ne considérons jamais nos intérêts comme dissemblables.

En ce moment, dans le Midi, des viticulteurs très distingués cherchent à accroître les produits de leur vignoble en adoptant la taille longue conduite en cordon sur fil de fer.

Les premiers résultats paraissent si avantageux que j'ai moi-même commencé dans mes Prades à transformer mon vignoble d'après cette méthode.

Je n'hésite pas à dire que si on arrive ainsi à augmenter dans de grandes proportions le rendement en vins de nos vignes, il deviendra avantageux d'adopter ce système sur une partie importante des exploitations, mais de convertir en champs une étendue correspondante à celle dont on voudra ainsi forcer les rendements.

Il me paraîtrait en effet imprudent d'accroître outre mesure la production totale du vin et de construire à grands frais de nouveaux celliers pour enfermer ces récoltes supplémentaires, sans être assuré de les écouler à un prix rémunérateur. Il ne faut pas provoquer

2

une chute du prix de vente, qui annulerait les bénéfices de la diminution du prix de revient du vin, résultant de l'augmentation des produits moyens par hectare.

L'augmentation du rendement moyen par hectare me semble rendre nécessaire une diminution correspondante des superficies plantées.

A Saint-Adrien, je pourrai tout au plus loger dans ma cave 1.200 muids de vin (1), et si, comme on me le fait espérer, par la transformation de mon vignoble, j'arrive à en augmenter le rendement par hectare au delà de 130 hectolitres, que je puis obtenir dans les bonnes années par les procédés ordinaires de culture intensive, je suis résolu à réserver pour d'autres produits une proportion de mes terres calculée pour ne récolter jamais avec le nouveau vignoble, plus productif, une quantité totale de vin dépassant celle de mon domaine entièrement disposé en vignes basses.

Le vignoble de l'Hérault comprenait autrefois 220.000 hectares : si on le reconstituait en entier, en tenant compte des sables et des garrigues défrichés dernièrement, on arriverait certainement à une superficie de vignes de 240.000 hectares, pouvant facilement donner 12.000.000 d'hectolitres par an, la récolte moyenne par hectare étant évaluée à 50 hectolitres.

Il serait très imprudent d'exagérer cette production totale et si, grâce à la culture intensive combinée avec un nouveau système de taille, on arrivait à augmenter sensiblement la récolte moyenne par hectare, il conviendrait de réduire simultanément l'étendue des plantations pour pouvoir en écouler les produits.

Il devient donc urgent d'étudier les moyens d'exploiter les terres qui resteraient vacantes pour en retirer des récoltes plus sûres que celles données par les céréales sous notre climat.

---

(1) Le muid, dans l'Hérault, est aujourd'hui de 7 hectolitres.

J'ai déjà indiqué que M. Coutagne avait proposé la culture de la vigne-fourrage ; M. Culeron celle des betteraves ; je crois que l'on doit continuer à rechercher dans cette voie la solution des difficultés que nous aurons peut-être à surmonter. Mais d'autres cultures devraient encore être essayées. Les artichauts, par exemple, les asperges et même les tomates peuvent être cultivés en plein champ dans certaines natures de terrains, et leurs récoltes, privées d'arrosages, sans donner des produits abondants, sont encore rémunératrices si on sait les travailler avec soin et intelligence.

Je signalerai, en particulier, les avantages qu'on peut retirer de ces cultures lorsqu'on use d'engrais plutôt phosphatés qu'azotés pour les forcer.

Toutes ces questions compliquées demandent à être examinées et étudiées avec sang-froid pour ne pas nous trouver désarmés devant l'impossibilité d'écouler, à un moment donné, la quantité énorme de vins que notre sol est apte à produire. Nous devons continuer à réclamer les mesures législatives nécessaires pour faciliter la vente de nos vins, mais ce serait une illusion de trop compter sur la seule protection des lois pour nous venir en aide.

Devant le danger d'une mévente possible, n'imitons pas l'autruche qui se cache la tête, espérant ainsi se soustraire au malheur qui la menace ; ce n'est qu'en envisageant froidement et courageusement les difficultés dont nous sommes menacés que nous arriverons à les surmonter avec succès. Le découragement et l'indifférence sont deux écueils dont il faut savoir se garer. Trop compter sur les pouvoirs publics serait une imprudence.

CHAPITRE II

TRAVAUX DE RECONSTITUTION

1° Les défoncements: Avantages d'un sol profondément remué.—
Les treuils à manège.— Les défoncements à la main et à la
charrue.— Application des moteurs à vapeur.

2° Plantations: Espacement des ceps. — Tracé du terrain — Préparation des sujets.— Différents modes de plantation.— Avantages
du bouturage.— Prix du travail.

3° Les cépages: Choix des variétés. — Importance des anciens
cépages rouges et blancs.— Injustice de la prévention dont les produits du Midi sont l'objet.

4° Greffage : Préférence donnée aux vignes greffées.— Greffage usuel.
Importance des opérations hâtives. — Avantages du choix des
greffons frais.— Dépenses du greffage.

1° *Défoncements.* — De tous les travaux agricoles précédant l'établissement d'un vignoble, le plus important
est sans contredit le défoncement du sol, et depuis les
plantations de la vigne américaine, cette opération doit
être faite avec beaucoup de soin pour préparer une couche meuble d'une épaisseur suffisante à l'alimentation
de ces nouveaux ceps plus exigeants que nos anciens
cépages.

A Saint-Adrien, quelques pièces de terre ont été plantées dans de mauvaises conditions de préparation du
sol, et même ma vigne du chemin de Bassan devra
être prochainement arrachée, car à côté de souches vigoureuses, on en rencontre beaucoup de chétives, d'autres
mourantes. Dans ce terrain, fouillé très légèrement à la
charrue à 4 bêtes, le Riparia a fini par se rabougrir et
je cite cette vigne comme un exemple des mauvais effets
de la préparation insuffisante du sol.

Lorsqu'elle aura été arrachée, je ferai défoncer cette pièce au treuil, je replanterai les mêmes cépages et je suis certain de reconstituer un plantier superbe, là où je n'ai en ce moment qu'une vigne faisant tache au milieu des autres terres de Saint-Adrien.

Mais, avant d'en opérer la replantation, je cultiverai en fourrages cette parcelle, pendant une période qui dépendra de la prospérité des exploitations viticoles dans le Midi.

Tous ceux qui ont étudié la reconstitution du vignoble ont reconnu les avantages d'une bonne préparation du terrain et des défoncements profonds pour faciliter le développement des greffes et hâter leur mise à fruit. Dans notre région méridionale, ces travaux ont en outre l'avantage de permettre à la vigne de mieux supporter les inconvénients des périodes de sécheresse intense. D'après mon excellent collègue, M. Castel, « les défoncements profonds, en assurant l'écoulement des eaux souterraines, facilitent l'échauffement du sol et favorisent le développement des greffes. »

Par les drainages, on obtient des effets analogues. D'autres terres demandent à être nivelées, et j'ai exécuté, dans la pièce de la Lapinière, des travaux de terrassements très importants sur certains points qui avaient servi autrefois de lit au ruisseau de Saint-Adrien. J'ai comblé des trous de 2 mètres de profondeur, soit en transportant des débris de la carrière, soit en usant de la pelle à cheval pour dénuder les parties hautes. Cette terre ingrate a été en outre drainée avec soin et plantée sur un bon défoncement.

La préparation du sol et son soulèvement particulièrement me paraissent indispensables pour assurer la bonne venue des vignes américaines. Une seule exception doit être faite : c'est lorsque le sous-sol, par sa nature, pourrait être nuisible à la végétation des cépages qu'il doit nourrir.

Cazalis-Allut a aussi démontré que les fouilles profondes devenaient inutiles lorsque le sous-sol était composé par un banc de pierres fendillé pouvant être traversé par les racines de la vigne.

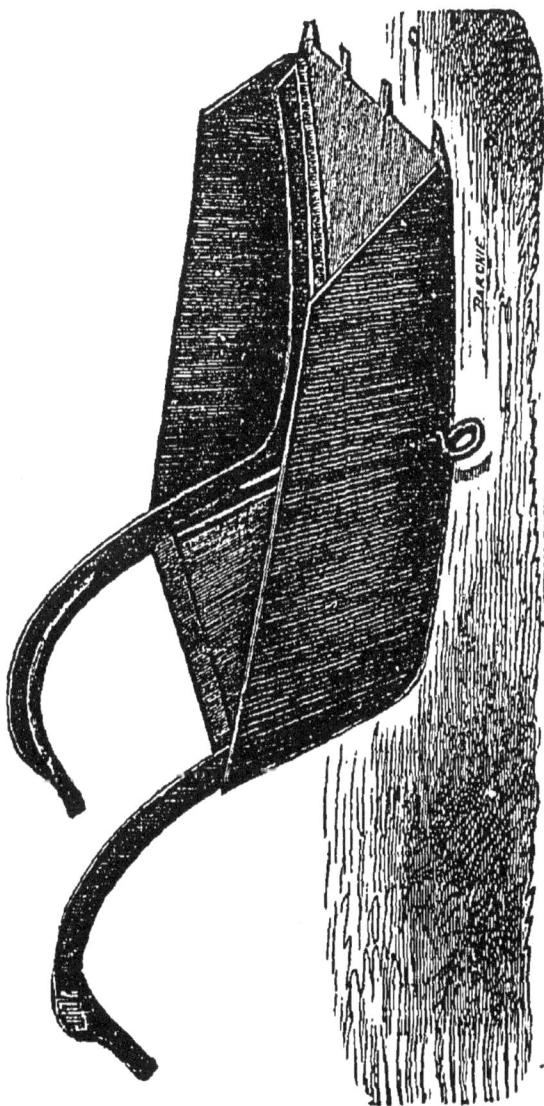

Fig. 1. — Pelle à cheval de M. Saturnin Henry.

Presque tout mon vignoble a été planté sur défoncements faits avec la charrue Bajac, mise en mouvement par deux bêtes attelées à un treuil, et je vais entrer dans quelques détails sur les instruments dont je me sers et sur les résultats que j'en ai obtenus, en citant le rapport fait au Comice de Béziers par M. Chuchet, mon distingué collègue, qui a démontré en termes précis les avantages de l'emploi du treuil sur les autres modes de défoncement :

« Depuis que l'emploi des cépages américains est devenu général pour le renouvellement de nos vignobles, on s'est aperçu que, pour donner à ces cépages leur entier et leur meilleur développement, il était nécessaire de les planter dans des sols profondément ameublis. Autrefois, nos vignes françaises se contentaient, pour vivre dans de bonnes conditions, d'un défoncement allant de 0,35 et $0^m,40$ de profondeur. Aller au delà était certainement utile, mais pas nécessaire. Aujourd'hui, au contraire, il est absolument reconnu que l'on doit dépasser ces profondeurs et aller jusqu'à $0^m,50$. Les moyens que les agriculteurs ont à leur disposition pour les défoncements sont connus et pratiqués par tout le monde. Je les passerai rapidement en revue :

»1° Le défoncement à bras d'homme permettrait bien d'atteindre la profondeur nécessaire, mais il est trop coûteux, trop difficile à surveiller, et son emploi exige un nombre de bras que l'on ne trouve pas facilement;

»2° L'emploi des animaux de labour, chevaux ou mules, qui a l'inconvénient de consacrer à un seul travail un trop grand nombre d'animaux, qui fatigue beaucoup et surtout ne peut pas donner la profondeur exigée;

»3° L'emploi des bœufs, dont le travail est certainement excellent, mais qui grève les propriétés d'un supplément d'animaux à entretien dispendieux ;

»4° L'emploi des machines à vapeur, avec lesquelles on réalise les conditions de profondeur voulues; mais le prix de revient, 300 fr. à l'hectare, est très élevé et ne convient guère à la petite propriété, dont les parcelles sont souvent d'une surface restreinte, ne permettant pas d'employer utilement les machines à vapeur.

»Restait donc à trouver un appareil pouvant servir à la grande et à la petite propriété, ne demandant que l'emploi d'un petit nombre d'animaux, diminuant le prix de revient de l'hectare, en un mot à la portée de tous.

»Le problème a été résolu par l'emploi du treuil. Tout le monde connaît le treuil des carriers, des puisatiers, le cabestan des navires. C'est, en principe, un appareil dans lequel la résistance à vaincre s'exerce tangentiellement à un cylindre, sur lequel s'enroule la corde destinée à soulever ou à tirer un poids quelconque, la puissance motrice étant à l'extrémité d'un bras de levier ou manivelle.

»La relation mécanique entre ces divers éléments est très simple : *Le rapport de la force motrice au poids à soulever est égal au rapport du rayon du treuil, au rayon de la manivelle ou du bras de levier.* C'est ce qui permet de soulever un grand poids à l'aide d'une corde s'enroulant sur un tambour de faible diamètre, par l'action d'une petite force agissant à l'extrémité d'un grand bras de levier. C'est en utilisant ce principe mécanique que M. de Bauquesne et M. Valessie sont arrivés à mettre en mouvement une charrue défonceuse à grande profondeur, avec la force de deux chevaux seulement, sans exiger de ces deux animaux des efforts considérables et fatigants......

»Notre première visite a été faite, à Sérignan, chez M. Valessie, où fonctionnait le treuil construit par M. Bourguignon. L'appareil se compose en principe d'un plateau en fonte portant à son centre un arbre vertical de 1 mètre à peu près de hauteur, reposant sur une crapaudine (c'est l'arbre moteur). Le plateau est fixé par des boulons sur deux essieux portant chacun deux roues, qui se meuvent sur deux fers cornières, formant rails, fixés sur deux longrines de 3m,40 de longueur. Sur l'arbre vertical s'enfile et est fixé un manchon en fonte à deux saillies horizontales, qui sert de tambour d'enroulement au câble ; au-dessus, un plateau surmonté d'un manchon en fonte creux, dans lequel s'engage la barre d'attelage. Un débrayage très simple, à clavette, permet

rendre le manchon indépendant. Tout l'appareil re-
se sur le sol et, pour le rendre stable, on se contente

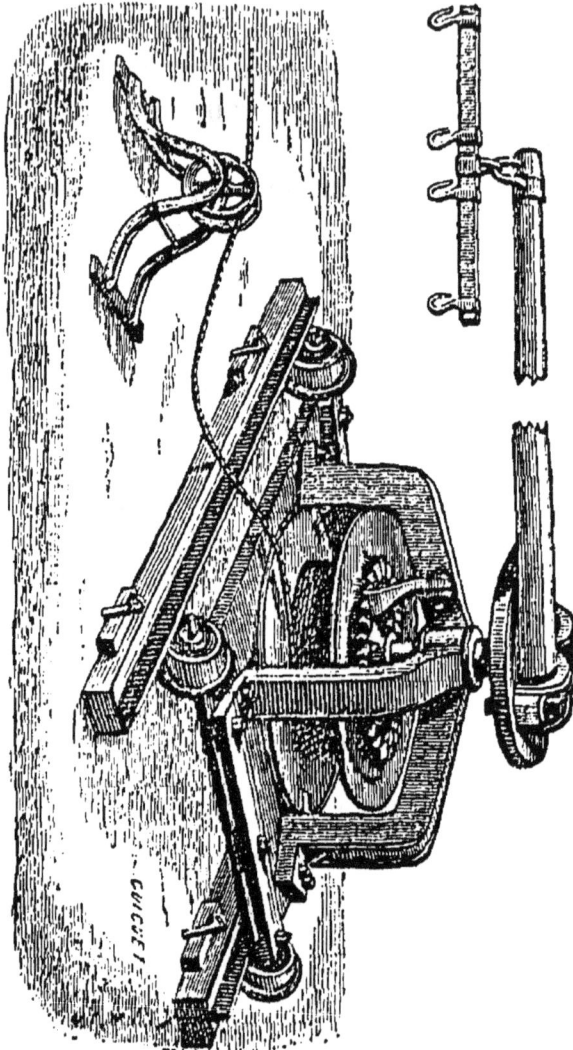

Fig. 2. — Treuil mobile à manège de M. Bourguignon.

planter contre les longrines deux ou quatre piquets
er. Supposons le câble enroulé sur le tambour : son
émité s'accroche à un avant-train à deux roues, qui
relié par deux chaînes en fer au croc d'un avant-train
harrue. Celle qu'emploie M. Valessie est de M. Bajac,
est en acier et construite dans des conditions re-

marquables de solidité et de stabilité. Elle se place sur un petit traînoir ; on attelle un cheval et on la transporte à l'extrémité du champ à défoncer ; le câble se déroule, le débrayage ayant été fait préalablement. Les deux che-

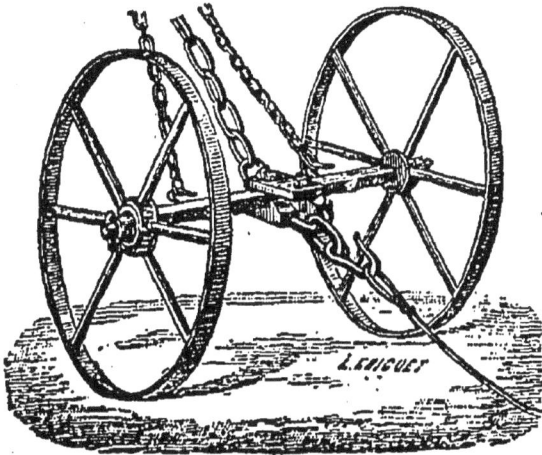

Fig. 3.— Avant-train porte-câble.

vaux de traction ont été attelés à un palonnier porté par la barre, à 4^m,75, et, à un signal donné, on embraye, les chevaux se mettent en mouvement, l'homme qui suit la charrue pèse sur les mancherons, fait pénétrer la charrue, en règle la direction et la profondeur, ainsi que la bande de terre à soulever, et le travail commence.

»La longueur du champ à défoncer était de 150 mètres, la bande de terre de 0^m,50 en moyenne, ainsi que la profondeur ; le sol était une alluvion à cailloux roulés, un peu gros, par suite le travail difficile. Le temps qu'il a fallu à la charrue pour faire le sillon a été de 45 minutes. C'est donc une marche très lente, mais aussi le défoncement était parfait. Les à-coups ne pouvant se produire à cause de l'élasticité du câble, l'avancement était donc parfaitement régulier, la terre s'élevait régulièrement le long du versoir, sans transport, sans bourrage et la charrue laissait derrière un sillon absolument nettoyé. A mesure que la charrue s'approchait du treuil, le câble, porté par des rouleaux-guides, cessait d'être parallèle à la direction du sillon ; à ce moment, avec un simple croc, on

Fig. 4.— Charrue pour défoncements profonds de M. Bajac.

tendait davantage une des deux chaînes reliant l'avant-train mobile à la charrue et le parallélisme était ainsi obtenu, mais aux dépens d'une perte de force due au frottement.

»Au bout de la raie, les animaux arrêtés ne soufflaient

pas, n'étaient point fatigués. Ils avaient pourtant effectué un travail qui eût exigé au moins la force de quinze chevaux attelés directement. Le peu de vitesse de la charrue s'explique par la petitesse du rayon du tambour d'enroulement, 0ᵐ,29.

»Ce rayon peut être augmenté en fourrant en bois le tambour, ce que je crois utile, car les animaux peuvent développer la force plus grande demandée par cet accroissement de rayon.

»Le temps exigé pour désembrayer, atteler le cheval de retour de la charrue et la transporter de nouveau à l'extrémité du champ est de 5 minutes. Total pour chaque raie de 150 mèt.: cinquante minutes. La surface de chaque raie étant de 150×0,50=75 mètres carrés en 50 minutes, ce qui correspond à 720 mètres carrés en huit heures de travail : il faut donc, pour défoncer 1 hectare, 14 journées de travail; en effet, 720 m. q. ×14=10.080 m. q.

»Je crois que, en portant le rayon du treuil à 0ᵐ,35, les chevaux feraient aussi bien le service et que le gain sur le temps à employer permettrait de réduire la durée du soulèvement d'un hectare à 10 journées à peu près. Du reste, le calcul est aisé à faire, et chacun pouvant faire varier le diamètre du treuil peut arriver à régler absolument les conditions de travail suivant les sols.

»Quand la charrue a fait le nombre de raies dont la largeur correspond à la demi-longueur des longrines, soit 1ᵐ,75 environ, on fait glisser l'appareil parallèlement à lui-même à l'aide de levier, on le recale et cette opération prend de 12 à 15 minutes. Elle a lieu ordinairement à la fin de chaque demi-journée de travail...»

Plusieurs bons systèmes de treuil ont été imaginés, et si je ne donne la description que d'un seul, c'est que personnellement j'ai pu en vérifier les avantages par une pratique de dix années.

Le treuil qui fonctionne chez moi a coûté, avec la charrue Bajac et tous ses accessoires, 2.000 fr. Il est mis en

action par 2 chevaux et conduit par 2 hommes seulement,
ce qui porte la journée de travail à 16 fr. On dételle les chevaux du manège pour ramener la charrue ; c'est un bien
faible prolongement de l'arrêt et je supprime le cheval
de retour. En moyenne, je fais 1 hectare en 12 jours avec
une profondeur de 0^m,50, soit 8 ares par jour. Le prix
de revient de l'hectare est donc de 192 fr., mais il faut
tenir compte de l'amortissement du matériel en dix ans
et des réparations, soit en tout d'une annuité de 300 fr.
environ. On peut défoncer, sans arrêter les travaux ordinaires, 15 hectares par an, ce qui grève le prix de l'hectare de 20 fr. et porte le défoncement proprement dit
à .... 212 fr.

Il faut ajouter, pour le soulèvement à bras
des angles et des bords, environ 20 journées
d'ouvriers à 3 fr. .... 60 —

Ensuite, la préparation du terrain exige plusieurs façons :

Labours croisés à la charrue à 2 bêtes : 6
journées à 13 fr. .... 78 —

Hersage et roulage : 4 journées à 8 fr. .... 32 —

Une façon complète à l'araire : 8 journées à
8 fr. .... 64 —

Enfin, pour les travaux extraordinaires, nivellement des creux à la pelle à cheval, enlèvement
des pierres, du chiendent, des arbres et des racines, etc., environ .... 54 —

Le travail complet, défoncement et préparation du sol, coûte donc. .... 500 fr.

Le prix de 500 fr. est une moyenne, car, chez moi, j'ai
eu à dépenser dans les terrains faciles 400 fr. seulement,
tandis que dans les champs où j'ai trouvé des bancs de
pierre, le prix total du travail qui précède la plantation
m'est revenu jusqu'à 800 fr. par hectare. Je citerai ma
vigne de l'Amanderai, dont le défoncement pour les 10
hectares m'a coûté 7.000 fr. Je dois ajouter qu'il faut,
avec un grand soin, faire extirper non seulement toutes

les anciennes racines enfouies dans le sol et soulevées par la charrue, mais qu'il est aussi indispensable, lorsqu'une terre est envahie par le chiendent, de faire suivre la charrue par une femme qui l'enlève au fur et à mesure du charruage.

On voit combien est important le travail de soulèvement et de préparation du sol, soit par les dépenses totales qu'il occasionne, soit pour l'avenir du vignoble dont il doit entretenir la végétation.

C'est, d'ailleurs, ce qui est bien expliqué par M. Joseph Daurel: « Les racines des vignes américaines ne sont pas perforantes; elles n'ont pas d'éperons comme les vignes françaises, qui autrefois, avant le phylloxera, pénétraient dans le sol par les interstices des pierres. Il faut donc que le sol soit bien ameubli, que toute la superficie du champ soit bien défoncée.»

Il résulte de ces observations que les racines américaines, se développant dans une couche de terre plus réduite que celle qu'occupaient les racines de nos anciennes vignes, demandent, pour fructifier, plus d'engrais et plus de travail.

Autrefois, lorsque la main-d'œuvre était à plus bas prix, on faisait de grands travaux de défoncements à bras

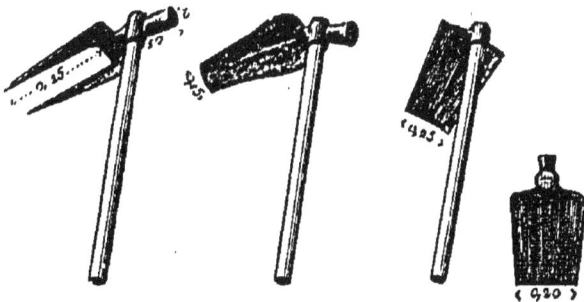

Fig. 5. — Bigot, trinque et rabassié pour travaux à bras.

d'homme en se servant du bigot, de la pioche ou de la trinque. On estimait qu'il fallait, pour fouiller le sol sur une profondeur de 0m,50, 210 journées complètes, que l'on payait alors 2 fr., ce qui faisait revenir à 420 fr. ce travail ; aujourd'hui, en payant les ouvriers 3 fr., il faudrait dépenser 630 fr. ; aussi on a renoncé, dans la grande propriété, à ce mode de défoncement, comme trop coûteux, car il atteindrait 800 fr., en y ajoutant les travaux de préparation du sol devant toujours compléter la fouille principale pour bien ameublir et nettoyer la terre.

C'est cependant le seul moyen pratique pour défoncer les parcelles de petite contenance, surtout celles constituant les biens de nos ouvriers vignerons qui peuvent se passer de mains mercenaires pour les aider. Ces hommes, vigoureux et habiles, commencent à attaquer le milieu de leur petite propriété en pratiquant une

Fig. 6. — Harpe à trois dents.   Fig. 7.— Pioche.

fouille en rond, et ils avancent vers les bords du champ en ramenant toujours la terre au milieu pour mieux en assurer l'égouttement. Ils font ces travaux à l'époque où la main-d'œuvre est le moins recherchée, tandis qu'ils vont à la journée chez les grands propriétaires lorsque le taux des salaires s'élève ; ils exécutent donc les défoncements à temps perdu. Lorsque le champ est envahi par le chiendent, ils se servent de la harpe à trois dents, et si le sol est pierreux, ils usent de la pioche pour le rompre.

La pioche varie de forme d'un pays à l'autre et le modèle dont je donne le dessin est, selon moi, le plus convenable pour les travaux difficiles.

Pour les soulèvements à la charrue, l'époque la plus

C. BLONDEAU

Fig. 8.— Charrue pour treuil de M. E. Vernette.

favorable est celle qui commence en été, au moment où les attelages deviennent disponibles par suite de la difficulté que l'on éprouve à les utiliser dans les vignes, alors en pleine végétation. Du 15 juillet à la récolte et

Fig. 9.— Treuil à engrenage de M. E. Vernette, combiné pour recevoir le mouvement par une locomobile.

de la fin de la vendange au 15 novembre, les bêtes de labour sont souvent inoccupées et il y a avantage à les employer aux défoncements. D'ailleurs, il est toujours bon de commencer ce travail le plus tôt possible, afin que les mottes soulevées se fendillent sous l'influence dc l'air, de la pluie, du soleil et du froid et que les éléments insolubles du sous-sol mis ainsi à découvert se transforment, par l'action directe de l'atmosphère et des intempéries, en éléments plus utilisables pour le futur vignoble. Ce qu'il faut éviter, c'est de faire ces travaux lorsque le sol est trop imbibé par les eaux.

Le défoncement à la vapeur, qui avait pris une grande extension au moment où la reconstitution était dans tout son développement, perdra de son importance, maintenant que chaque propriété étant presque entièrement reconstituée, on n'aura à planter chaque année qu'une surface plus réduite sur laquelle on pourra utiliser les animaux de trait à l'époque où ils sont sans travail. On peut d'ailleurs reprocher à cette manière d'opérer de bouleverser le terrain par un effort mécanique exagéré, ce qui a pour inconvénient de former quelquefois des creux qu'il faudrait tasser avec un très fort rouleau pour rendre la terre homogène. Souvent même, par suite de l'incurie des ouvriers, ce travail, fait avec trop de précipitation, laisse dans le sous-sol des coussins intacts.

Fig. 10. — Porte-câble sur trois roues.

Mais il est un autre cas que je dois signaler, bien qu'il soit exceptionnel, c'est celui des propriétaires qui ayant déjà une petite locomobile à vapeur appliquée à certains travaux du vignoble ont un intérêt à l'utiliser pour les défoncements pendant son chômage. Ainsi, par exemple, dans les domaines où l'on fait usage d'un moteur à vapeur pour élever les eaux destinées à la submersion ou à l'arrosage des vignes, on a cherché avec raison à étendre les services intermittents et discontinus de ces machines qui restent au repos pendant de longs mois.

Fig. 11. — Porte-câble sans roues.

Un constructeur de Béziers, M. Vernette, a résolu ce problème par la réalisation d'un treuil pouvant être mû par un moteur à vapeur. La locomobile et le treuil sont établis à demeure sur un coin du champ et le mouvement

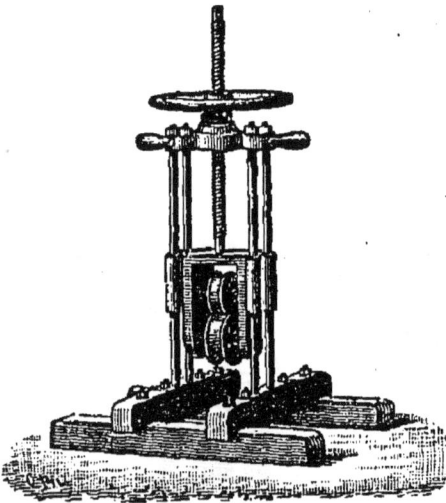

Fig. 12. — Guide-câble.

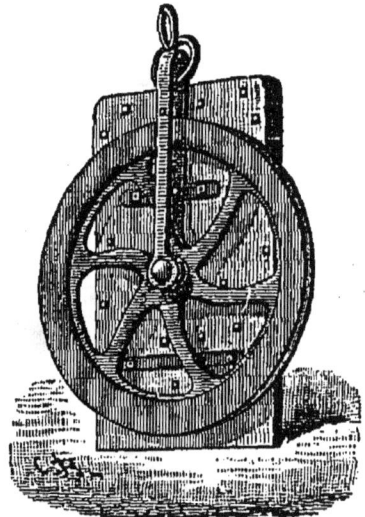

Fig. 13. — Poulie de renvoi (cadre en bois).

est donné à une charrue de l'invention du même industriel par un câble et une poulie de renvoi que l'on déplace à mesure de l'avancement du travail.

Il suffira d'examiner les dessins que je donne du treuil, de la charrue et des accessoires qui accompagnent ces appareils principaux pour comprendre leur fonctionnement. Un appareil particulier permet même d'obtenir le retour automatique de la charrue, de sorte que le travail peut être fait sans l'aide d'aucune bête de trait.

Avec la disposition telle qu'elle a été conçue par M. Vernette, on peut défoncer un hectare de terrain en trois ou quatre jours, et le travail est aussi parfait qu'avec le treuil ordinaire mis en mouvement par la traction des chevaux. J'ajouterai qu'il est plus économique lorsqu'on dispose déjà de la locomobile, dont l'amortissement est payé par un autre chapitre de l'exploitation agricole, par suite d'une organisation antérieure et distincte.

2º *Plantations.* — Le terrain étant bien préparé, nivelé, bien ameubli et purgé de chiendent et de toute racine morte ou vivace, il s'agit de le planter ; en premier lieu il faut faire le choix de la disposition à donner aux rangées de souches et fixer leur nombre par hectare.

Avant l'introduction des cépages américains dans notre vignoble, l'usage général était de disposer les ceps en carré et à une distance de 1ᵐ,50 l'un de l'autre, on arrivait ainsi à faciliter les cultures d'hiver et de printemps

Fig. 14.— Plantation ordinaire dans l'Hérault.

en permettant de faire les labours suivant les diagonales d'abord et les allées en carré ensuite. Il en résultait une plantation de 4444 pieds par hectare. Lorsque la vigne américaine a été introduite chez nous, on crut devoir porter l'espacement des ceps à 1ᵐ,75 en carré et, par suite, les premières vignes reconstituées avec ces nouveaux cépages n'avaient que 3333 ceps par hectare. On espérait que la production serait la même; mais, depuis, l'expérience a prouvé qu'il y avait avantage pour le mode de culture du Midi à conserver les anciens espacements, et, généralement, on est revenu à 4444 pieds par hectare.

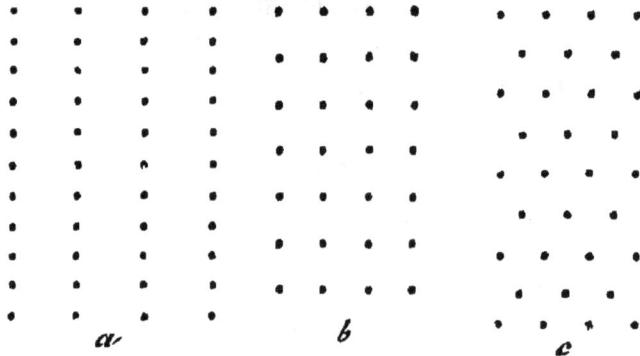

Fig. 15.— *a* Disposition en lignes de St-Adrien; *b* Disposition en carré; *c* Disposition en quinconce.

Chez moi, il n'en est pas tout à fait ainsi, et j'ai planté 4000 pieds par hectare en disposant mes ceps à 1^m,25 de distance dans un sens et à 2 mètres dans l'autre. J'y trouve l'avantage de pouvoir prolonger le temps des labours, en réservant pour les dernières façons le travail des araires ou des bineuses dans les allées les plus larges de mes vignes, et en outre j'obtiens une aération plus grande de mon vignoble et je facilite les traitements anticryptogamiques avec les appareils à grand travail.

Cazalis-Allut avait reconnu l'utilité d'espacer les ceps plus dans un sens que dans l'autre, lorsqu'il écrivait: « Par cette manière de planter, on obtient l'avantage de pouvoir porter les engrais dans les vignes même, d'y charger les sarments, de faire les lairans dans les vignes, là où cette méthode est pratiquée, sans courir le risque de casser les souches; de provigner avec plus de facilité si l'on croit le provignage utile; enfin il serait possible que, le grand espace laissé entre les rangées établissant des courants d'air qui disperseraient plus facilement les brouillards, la floraison eût moins à souffrir de ce fléau, heureusement fort rare dans nos

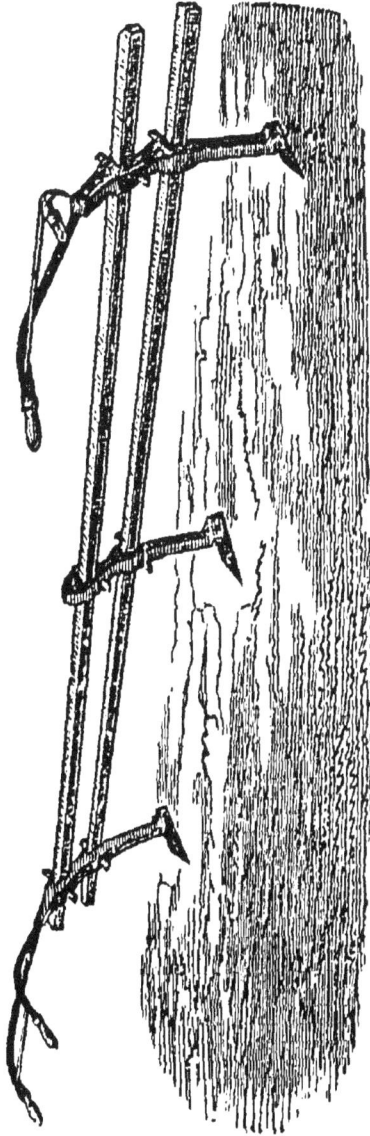

Fig. 16. — Rayonneur pour la plantation des vignes de M. Saturnin Henry.

contrées. Lorsque la Carignane se charbonne par les effets des brouillards, cet accident n'est presque pas sensible sur le bord des routes ou des allées pratiquées pour l'exploitation. Il est bien probable que cet effet est dû à une plus grande aération qui dissipe plus promptement les brouillards. »

Pour tracer une terre destinée à être plantée, on se sert du rayonneur, appareil composé de trois petits âges en bois munis de légers socs en acier montés par des coulisses sur deux traverses, sur lesquelles on peut les faire glisser pour les fixer à la distance voulue qui doit déterminer l'espacement des ceps. Cet appareillage est muni de doubles mancherons qui permettent de traîner le rayonneur. Le maître traceur, au moyen d'une équerre d'arpenteur, commence à marquer avec des jalons la première ligne choisie pour la plantation dans un sens et la première ligne perpendiculaire dans l'autre. Ceci fait, l'ouvrier saisit un mancheron, son aide l'autre, et, en marchant à reculons, ils tracent successivement les lignes parallèlement à la direction des premiers jalons, puis coupent ce premier tracé en suivant la perpendiculaire indiquée par l'autre ligne jalonnée. L'intersection des deux tracés marque l'emplacement de chaque bouture. C'est sur ce point que l'on fera pénétrer le pal ou la fourchette si la plantation se fait sans fosse ; si, au contraire, on pratique des trous pour recevoir les boutures, il faudra en marquer la place en enfonçant auparavant une tige en fer dans le sol pour y laisser une trace imprimée. La fosse se fera par côté, de manière

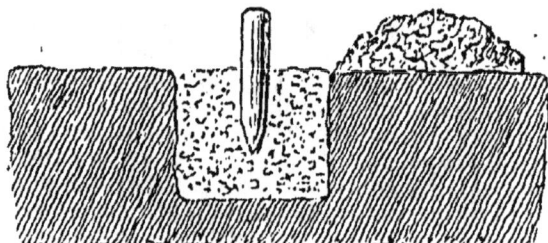

Fig. 17.— Fosse pour plantation.

à ce qu'une des parois conserve la marque provenant de l'enfoncement de cette cheville que l'ouvrier fait suivre d'un trou à l'autre. Ces fosses ont environ 0^m,30 en tous sens ; on les ouvre quelques jours avant le moment de la plantation, pour permettre à l'air et au froid d'agir favorablement sur la terre retirée du trou, comme sur celle qui en constitue les parois. Une fois la bouture introduite à l'emplacement indiqué par la marque laissée par la cheville en fer, il faut prendre soin de tasser légèrement la terre qui sert à combler le trou, en employant pour cela des matériaux secs et émiettés. Quelques-uns poussent la précaution jusqu'à faire porter du sable pour en couvrir le sarment, mais généralement on se contente de choisir de la terre meuble en enlevant à la surface du sol une mince couche du terrain.

Lorsque la terre est trop sèche ou l'époque tardive, on arrose le plant. Lorsqu'elle est trop humide, on fait la plantation au pouce, c'est-à-dire que les ouvriers font pénétrer directement la bouture dans le sol en saisissant le sarment près de l'extrémité taillée en biseau et en déplaçant le pouce au fur et à mesure de la pénétration de la bûche dans le sol, ils l'enfoncent ainsi jusqu'à la profondeur voulue. D'autres fois, on plante au pal, en pratiquant un trou étroit avec la *birone*, tige en fer munie d'un manche. Les boutures sont toujours choisies avec soin parmi les sarments les plus sains et ayant les nœuds moyennement espacés. On doit leur faire subir une préparation avant de les mettre en place. Voici ce que dit M. Henri Marès à ce sujet :

« On les met ordinairement à tremper pendant huit jours en faisant baigner leur partie inférieure sur une longueur de $0^m,20$ environ. Cette précaution, qui est indispensable avec un terrain sec, n'est pas nécessaire lorsque le sol est assez humide à la suite de pluies récentes et quand on plante à la fin de février ou en mars, époque à laquelle, sans être encore en pleine sève, le sarment commence cependant à se gonfler. Dans tous les cas, il convient d'en écorcer çà et là les premiers entre-nœuds, à partir de la base jusqu'à $0^m,20$ de hauteur, d'après la méthode Leroy. Ainsi on écorce seulement la portion de bouture qui doit être enterrée en la raclant imparfaitement d'un nœud à l'autre. On pénètre jusqu'au liber en l'entamant. Les blessures ainsi faites sur la portion du sarment de laquelle partent les racines en facilitent l'émission et accroissent la reprise des boutures ainsi que leur vigueur d'une manière surprenante. C'est à ce point que dans les terrains profonds à sous-sol assez frais, pour que la reprise du sarment soit assurée, la plantation en boutures nous paraît devoir être préférée à toute autre. »

Les plantations peuvent être faites en boutures simples, en pieds racinés ou barbées, et avec des greffes-boutures racinées.

Lorsque l'on plante en racinés, il faut ou en faire l'achat ou préparer une pépinière pour laquelle on réserve un coin de terre que l'on doit particulièrement soi-

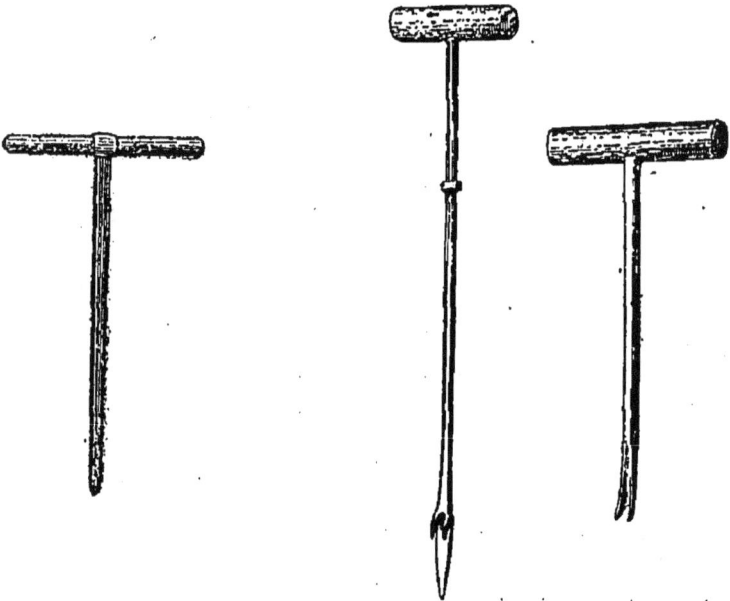

Fig. 18.— Birone ou pal à planter.

Fig. 19. — Pal-fourchette et fourchette simple pour plantations.

gner ; bien que cette manière de procéder soit usuelle, j'y ai renoncé parce que ce mode d'opérer, demandant la transplantation des pieds, rend plus nécessaire le creuse-

ment des petites fosses pour leur mise en place, travail
supplémentaire coûteux. Je me contente de planter mes
boutures directement au moyen de la fourchette, petit pal
terminé par deux griffes avec lesquelles on met le plant
en place en le faisant pénétrer de force dans un terrain
bien ameubli. Les griffes de la fourchette, qui prend dans
d'autres pays la désignation de pied de biche, s'appli-
quent sur le nœud le plus bas de la bouture. Dans les
terrains caillouteux, il faut se servir du pal-fourchette qui
a une pointe dépassant les griffes pour que le trou dans
lequel pénètre le sarment soit ouvert au fur et à mesure
de son enfoncement. Pour faciliter la reprise de ces boutures, il est bon de les travailler une fois plantées, afin
d'ameublir la terre autour du pied et détruire le vide qui a
pu être fait par le passage de la fourchette, sans être
suffisamment rempli par la bûche introduite de force.

Généralement, on se contente de combler avec le
pied le petit vide dont je parle, mais, à mon avis, ce n'est
pas suffisant, et il est mieux de travailler le plant avec le
rabassié en relevant la terre pour butter le sarment.

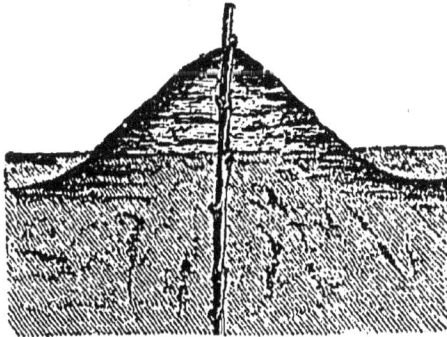

Fig. 20.— Bouture buttée après la plantation.

En traitant ainsi les boutures, elles deviennent assez
fortes pour pouvoir être greffées l'année d'après, et on
évite tout le travail de la pépinière.

En donnant la préférence aux plantations directes, je
ne fais d'ailleurs que suivre les conseils que donnait, en
1882, le président du Comice de Béziers, et je crois de-

voir reproduire le texte même des instructions intelli-
gentes données alors par le regretté M. Emilien Giret :

«La question de savoir s'il y a avantage à planter directement les boutures de vigne en plein champ, sans les
faire passer en pépinière, a été fort controversée. Nous
vous avons souvent entretenus des moyens reconnus
comme les plus efficaces pour obtenir des plantations
bien réussies.

»Ceux qui ont déjà fait une bonne application de ces
moyens n'hésitent plus à adopter la méthode de la plantation directe des boutures ; ils la considèrent non seulement comme plus économique que celle du racinement
préalable des boutures en pépinière, mais encore comme
produisant une vigne plus robuste et dont la mise à
fruit est plus précoce.

»Il n'y a pas de vigneron qui ne sache que la transplantation d'une bouture racinée procure à cette bouture
un état maladif dont les traces disparaissent seulement
après la seconde année de sa plantation. J'avoue que,
pour arriver à une reprise à peu près générale, il faut
que la plantation de la jeune vigne en simples boutures
soit faite avec beaucoup de soins et en suivant stricte-
ment les bonnes méthodes dont les bons effets ont été
sanctionnés par la pratique.»

La plantation en pieds greffés et racinés est certainement celle qui donne les vignes les plus régulières,
mais ce procédé paraît coûteux par le prix d'achat des
sujets ; en tous cas il est prudent, lorsqu'on greffe sur
place, de se procurer une certaine quantité de pieds
greffés et racinés pour remplacer soit les manquants de
la première année, soit les greffes qui n'ont pas réussi.

Voici le détail des frais de plantation d'un hectare lorsqu'on fait les fosses :

Tracé.	10 fr.	
4444 trous, à 2 fr. le cent	89 —	
Préparation des sujets, environ . .	21 —	
Plantation, à 1 fr. le cent.	44 — 50	
Buttage, 5 journées à 3 fr.	15 —	
	179 fr. 50	

Lorsqu'on plante à la fourchette, on dépense moins :

Tracé.	10 fr.
Préparation des sujets	21 —
Plantation.	44 — 50
Buttage soigné et travail du pied, 10 journées	30 —
	105 fr. 50

Le prix moyen de la plantation est donc de 142 fr. 50. A ce prix il est bon d'ajouter environ 17 fr. 50 pour l'achat de 2000 roseaux et leur mise en place au pied de quelques boutures pour marquer leur emplacement et faciliter les travaux de culture en indiquant la direction que doivent suivre les laboureurs.

Lorsqu'on emploie des plants racinés, il est préférable de les mettre en place avant le gros de l'hiver, le mois de décembre est celui qui m'a toujours donné le plus de reprises. Au contraire, les boutures doivent être plantées après les grands froids et au moment de la montée de sève, le mois de mars chez moi est le plus propice pour ce travail.

On a discuté bien souvent sur l'importance qu'il y a à ménager le chevelu des barbées. Aussi je dois signaler que, personnellement, je me range à l'opinion de ceux qui croient qu'il vaut mieux le supprimer, et, dans ma pratique, je plante les pieds racinés à la fourchette après avoir taillé toutes les racines ras de la tige pour les premières plantations. Mais, lorsqu'il faut remplacer les vides d'un jeune plantier, j'emploie toujours des fosses, en prenant soin de les faire creuser à l'avance pour que la terre soit bien purgée des anciennes racines et que les influences climatériques l'émiettent et rendent ses éléments utiles plus assimilables.

3° *Les cépages.* — Dans les nouvelles plantations, on doit tout d'abord considérer le porte-greffe et ne choi-

sir que des variétés complètement réfractaires au phylloxera. Dans les terres de Saint-Adrien, qui sont généralement de bonne nature, toutes les variétés de Riparia et de Rupestris viennent bien, et en sélectionnant
celles qui sont les plus robustes, on est sûr d'obtenir
d'excellents résultats. Presque tous mes porte-greffes
sont des Riparia Grand-Glabre, et, comparativement,
j'ai planté quelques parcelles en Rupestris vigoureux.
Mais tous ces cépages n'ont pas été sélectionnés avec
assez de soin pour qu'il ne se soit pas glissé dans la masse
un petit nombre de sujets d'une qualité inférieure;
aussi, après le greffage, on trouve dans les vignes
quelques ceps d'une végétation plus malingre, qui dénotent soit moins de vigueur dans le pied, soit aussi
quelquefois une soudure incomplète du greffon.

C'est à ces faits et non au phylloxera que je crois devoir reporter le dépérissement accidentel de certaines
parcelles du nouveau vignoble. Dans les terres profondes
et fertiles de l'Hérault, les Riparia et les Rupestris se montrent vigoureux lorsque le sol ne contient pas un excès
de calcaire.

Bien que dans mon domaine quelques coins soient sujets
à la chlorose, vu leur peu d'importance et leur limita-
tion difficile, je n'ai pas eu à m'occuper du choix des
porte-greffes s'adaptant mieux dans ces sols que les Riparia ou les Rupestris sélectionnés. Pour ceux qui seraient dans des conditions plus défavorables que les
miennes, je conseillerai de consulter, avant d'entreprendre la reconstitution d'un terrain trop calcaire,
ou trop sec et sans profondeur, l'étude consciencieuse et
complète que M. Prosper Gervais, mon distingué collègue, vient de publier sous le titre de: *Adaptation et
reconstitution en terrains calcaires.*

Il me reste à parler du choix des cépages qui doivent
être greffés sur les pieds américains, et j'ai hâte avant
tout de justifier pour nos pays méridionaux la préfé-

rence que l'on y donne aux variétés à production abondante sur les cépages fins.

Les plantations de Saint-Adrien ont été faites pour récolter des vins rouges et des vins blancs, et j'y ai introduit les anciens cépages du pays dans des proportions telles que, lorsque le vignoble sera entièrement reconstitué, les ceps seront répartis à peu près ainsi :

1° Aramon, moitié de l'étendue du domaine ;

2° Carignan et Grand-Noir, 1/6 ;

3° Raisins gris, 1/6 ;

4° Raisins blancs, 1/6.

Dans le but de justifier ce choix de nos anciennes variétés, contrairement à l'avis du Dr Guyot qui recommandait déjà en 1863 à nos pères d'introduire des raisins plus fins dans nos vignobles, je crois devoir entrer dans quelques détails pour maintenir à nos vieux cépages méridionaux la réputation qu'on a voulu leur enlever en les considérant comme des vignes grossières ne pouvant donner que des produits inférieurs lorsque, au contraire, nos vins sont convenables pour la consommation ordinaire des populations ouvrières et sont d'ailleurs très susceptibles, lorsqu'on en soigne la vinification, de produire d'excellents vins bourgeois.

Le Dr Guyot le reconnaissait lui-même, lorsqu'il écrivait : « L'Hérault produit des vins de consommation directe, dont quelques-uns sont très renommés : d'abord ses vins muscats et puis ses vins rouges de table de premier ordre, tels que ceux de Saint-Georges-d'Orques. Ses vins rouges et blancs de montagne constituent des vins ordinaires très agréables, très sains, très hygiéniques. J'ai bu à mes repas, chez le vigneron même, des vins de garrigue composés de raisins mélangés, et je puis dire que ces vins supportent parfaitement l'eau, sont très digestifs et augmentent véritablement les forces ; ils sont droits et ne présentent ni excès d'acide à l'avant-goût, ni cette amertume éthérée à l'arrière-goût, que les consommateurs du Nord se plaignent, à juste titre, de trouver dans les vins du Midi (1). »

A côté de ces vins supérieurs, on récolte dans l'Hérault des produits plus ordinaires, mais il en est ainsi dans tous les vignobles.

Dans les pays à vins fins, depuis de longues années, on a sélectionné les ceps donnant leur cachet particulier à ces crus renommés; ce serait une grande imprudence d'y introduire de nouvelles variétés.

Il serait injuste d'imposer à ces pays de vignobles distingués la seule production des vins fins. Aussi, à côté de ces excellents crus, on récolte des vins d'abondance dans les plaines qui entourent ces riches coteaux, et ces produits, de qualité inférieure, profitent, pour la vente, d'un certificat d'origine pouvant seul leur donner quelque mérite.

Les édits des ducs de Bourgogne, proscrivant «l'infâme Gamay», n'empêchent pas les nombreuses variétés de cette espèce de couvrir de grandes étendues de terrain, et c'est justice, car l'on ne peut réduire, dans aucune région, la culture de la vigne à la production des vins de haut prix.

Au lieu d'abandonner le Gamay, on a sélectionné les variétés les plus avantageuses, et les vignerons intelligents de l'Est en ont tiré un grand parti en soignant leur vinification.

Chaque contrée viticole possède des cépages qui lui sont propres, et c'est ce que le savant secrétaire perpétuel de la Société centrale d'agriculture de l'Hérault, M. Henri Marès, a si bien indiqué, lorsqu'il a écrit:

«La vigne, comme un grand nombre de végétaux, tout en conservant les mêmes caractères botaniques, a varié

---

(1) J'ai publié les *Procédés modernes de vinification* pour démontrer qu'en soignant la vinification, on arrivait toujours à produire des vins exempts de ce goût de terroir.

ses allures et ses apparences selon les climats, les sols
et les expositions. La culture a développé cette tendance
et fixé ensuite pour chaque contrée les caractères et les
propriétés des cépages qui lui sont le mieux appropriés.
C'est ainsi que s'expliquent naturellement la création des
variétés propres à chaque région et la difficulté que l'on
éprouve à en introduire la culture hors de leur berceau.
Il est probable que jamais la vigne n'eût été cultivée sur
une grande échelle en Bourgogne ou en Champagne si
l'on n'y eût connu que les Terrets, l'Aramon, le Grenache, la Carignane, etc., si répandus dans le Midi et dont
les fruits ne peuvent mûrir au delà de Lyon, pas plus
qu'il n'est probable qu'elle eût occupé de grandes surfaces en Provence et en Languedoc, si l'on n'y eût connu
que le Pinot, dont les produits sont tellement faibles
qu'ils ne peuvent suffisamment couvrir les frais de culture. »

Il serait imprudent de nous objecter la qualité défectueuse de nos vins dans les mauvaises années, car il en
est de même pour tous les vignobles, et ceux du Midi,
sans être complètement à l'abri des circonstances climatériques qui influent sur l'incertitude de la conservation des vins, sont, par suite de l'époque plus avancée
de leur récolte, moins contrariés par des vendanges plu-
vieuses, qui deviennent trop souvent le fléau des vignobles à récoltes plus tardives dans les pays moins
favorisés par le soleil.

Dans notre Midi, nous plantons, sur des coteaux dont
le sol n'est pas suffisamment riche, des vignes choisies,
qui conviennent très bien à ces terrains particuliers, et on
ne saurait trop encourager la récolte de ces produits
fins dont le meilleur type, pour les vins rouges, est donné
par le cru de Saint-Georges, toutes les fois que dans
une région l'on n'est pas sûr de recueillir des vendanges abondantes avec les cépages communs.

Mais ce serait une erreur de chercher à répandre les
variétés qui donnent ces vins de qualité dans nos bon-

nes terres de Soubergue et dans nos plaines dont les prix d'achat sont très élevés, et avec juste raison on a préféré y planter les ceps qui répondent le plus, par des récoltes abondantes, aux capitaux engagés dans ces entreprises viticoles, basées sur la culture intensive.

De pareils vignobles, grâce au soleil du Midi, deviennent une source intarissable d'alcool, et il suffit d'en soigner la vinification pour en retirer des produits d'un prix modéré, pouvant subvenir à la consommation si étendue des bons vins ordinaires.

L'Aramon, qui est devenu le bouc émissaire chargé de toutes les préventions des pays à vins fins, est un plant précieux pour nos grandes exploitations méridionales, et les produits que l'on obtient avec ses fruits délicats, lorsqu'ils sont soignés, sont souvent supérieurs à ceux que l'on retire des basses plaines dans les autres régions viticoles.

Si nous n'avons pas la prétention de récolter, dans les grands vignobles du Midi, des vins de prix, nous avons le droit d'affirmer qu'avec nos cépages ordinaires, on obtient généralement des vins communs de bonne consommation et de conservation certaine.

Je citerai Cazalis-Allut pour démontrer cette assertion, par un texte assez ancien, pour qu'on ne puisse pas l'écarter comme une affirmation de complaisance :

«Les vendanges de 1822 m'ont fourni la preuve que le plant d'Aramon est celui que l'on doit regarder comme le type du cépage qui fait dans le Midi le vin le meilleur et le moins sujet à s'altérer. Ce cépage réunit en outre, à l'avantage d'une grande fertilité dans les bons sols, qui ne craignent pas la sécheresse, celui de produire du vin excellent..... Il est reconnu que ces petits vins s'améliorent beaucoup en séjournant dans le Nord; l'accroissement de leur consommation, qui ne se ralentit pas, en fournit la preuve.

»Les vins d'Aramon provenant des terrains fertiles sont bons de goût, d'une couleur rouge et vive, mais d'autant moins foncée qu'ils proviennent d'un sol plus fertile, ce qui arrive aussi aux autres plants. En plantant dans les vignes d'Aramon un quart de Morrastel, on obtient alors une coloration qui convient au commerce. On atteint le même but en tirant de chaque cuve, avant la fermentation, une quantité de moût plus ou moins considérable avec laquelle on fait du vin d'une nuit ou paillet. Ce vin a beaucoup de rapport avec le Langlade, cru très estimé. Fortement alcoolisé, il imite le Tavel et, dans cet état, il offre une grande ressource pour donner de la finesse et du corps à certains vins communs du Nord, qui sans ce coupage ne fourniraient qu'une mauvaise boisson.»

Dans son étude ancienne, mais toujours instructive, des *Vignobles du Midi de la France*, M. Henri Marès, correspondant de l'Institut, fait ressortir les qualités du vin d'Aramon :

«L'Aramon fait du bon vin dans les conditions normales de sa production ; comparé aux autres cépages, on peut lui donner un rang très honorable, surtout quand on le destine à la consommation directe, sans le faire passer par des coupages auxquels il n'est guère propre.

»C'est l'Aramon qui produit dans l'Hérault, à raison de 75 hectolitres à l'hectare, les vins désignés sous le nom de petits vins ; rouges et vifs de couleur, fermes, francs, dosant 10 o/o d'alcool en moyenne, ils constituent pour l'homme de travail la boisson la plus salutaire, la plus agréable.»

J'ajouterai que l'on peut, avec ce même cépage, obtenir à la fois des vins en blanc et des vins colorés par des procédés de vinification très simples.

L'Aramon gris, variété dernièrement sélectionnée, donne plus facilement des vins blancs, mais est impropre à produire des vins rouges. Ce nouveau plant est recommandable, non seulement par la qualité supérieure de son vin, mais aussi parce que l'époque de sa récolté ne coïncidant pas tout à fait avec celle de l'Aramon rouge, il en résulte plus de facilité pour la rentrée de la vendange. Quels que soient en effet les avantages de l'Aramon, je ne conseille pas de planter ce cépage à l'exclusion de tout autre dans un vignoble étendu, par suite des conditions économiques et matérielles de la cueillette et de la rentrée des raisins qui s'opposent à cette solution trop radicale.

A côté de l'Aramon, on peut avec avantage cultiver la Carignane, autrefois plus répandue qu'aujourd'hui. Ce cépage a été un peu délaissé parce qu'il est souvent envahi par les maladies cryptogamiques au début de la végétation ; mais comme l'a si judicieusement observé mon ami, le savant docteur Despetis, si l'attaque de ce cépage par les maladies est plus fréquente, elle n'est pas trop à redouter, car, par les procédés de défense ordinaire, on peut le protéger plus facilement que les variétés qui n'ont pas un port érigé.

De plus, après l'époque de la floraison, la Carignane se montre beaucoup plus réfractaire que les autres cépages aux maladies cryptogamiques, lorsqu'elle a reçu en temps opportun les traitements préventifs.

Ce plant entrait autrefois dans la composition des gros vins de coupage provenant principalement du mélange de la Carignane, de l'Espar et du Morrastel, qui donnaient la couleur, le corps et le feu, et du Grenache, qui ajoutait de la souplesse à ces produits remarquables, bien supérieurs aux gros vins d'Espagne, qui ne leur font concurrence que par suite de leur bas prix.

Les hybrides Bouschet, au moment de la reconstitution des vignes, ont été l'objet d'un engouement général ; actuellement ils sont moins en faveur. Ce qui prouve combien il est difficile d'introduire dans un vignoble des variétés nouvelles qui ne conviennent pas toujours pour remplacer les anciens cépages dont le choix a été imposé par les conditions particulières du climat, venant s'ajouter à celles de l'origine géologique des terrains.

Bien que la coloration des vins perde tous les jours

de l'importance, on ne doit pas abandonner complétement ces cépages, à jus colorés, et en choisissant avec soin les terres qui conviennent le mieux pour leur culture, en y plantant les variétés les plus robustes, on trouvera avantage à consacrer, dans une propriété importante, une petite partie du vignoble à la plantation de ces ceps hâtifs qui permettent de rafraîchir les vins vieux usés et facilitent le gros travail de la vendange, en donnant plus de latitude aux vignerons pour la rentrée des raisins. Le Grand Noir de la Calmette paraît aujourd'hui recherché parmi tous les hybrides Bouschet comme donnant les produits les plus réguliers.

Je ne ferai que citer les cépages blancs : Muscats, Clairettes, Picardans, Piquepouls, dont les vins liquoreux ou secs ne peuvent être surpassés par ceux d'autres variétés semblables mais moins appropriées à notre climat.

Le Terret-Bourret même, tout en donnant dans les terrains riches des récoltes abondantes, lorsque sa fertilité n'est pas exagérée, produit des vins de bonne qualité, solides, corsés, spiritueux, incolores, mais dépourvus de bouquet. Ce cépage ne prospère pas toujours sur les Riparia et on lui préfère dans ce cas le Bourret blanc.

On peut associer les vins de Terret-Bourret à ceux plus corsés donnés par les Piquepouls et ces coupages sont employés avec avantage dans la fabrication des vermouths.

Cette rapide revue des cépages les plus répandus dans le Midi était nécessaire pour démontrer qu'ils convenaient très bien pour la production particulière de cette région. Il suffit de soigner la vinification de nos raisins pour obtenir en quantité des vins très convenables pour la consommation courante ; les nombreuses affaires contractées dans le Midi par les maisons des pays dont les crus sont plus estimés prouvent que nos produits sont de bonne qualité ; malheureusement, le commerce les vend sous des étiquettes qui ne rappellent pas leur pays d'origine, réservant le nom de vin du Midi à des coupages dans lesquels il ne fait entrer que les produits les plus inférieurs de toute provenance.

C'est une raison de plus pour que le vigneron, en se mettant directement en rapport avec les pays de consommation, cherche à faire apprécier la qualité de sa récolte naturelle.

Certes, on peut, dans quelques terrains et avec beaucoup de soins, obtenir, même dans le Midi, des produits de choix, se rapprochant des Bordeaux et des Bourgognes; je puis citer les succès obtenus dans cette voie par Cazalis-Allut, Henri Marès et Du Lac, de la Gauphine; mais les mêmes terrains pouvant aussi donner des vins blancs de liqueur, il est préférable, pour le vigneron, de choisir cette production qui ne peut être égalée dans les autres vignobles moins favorisés par le soleil. Dans chaque région, le commerce va chercher à s'approvisionner des vins dont une longue série d'années a caractérisé les qualités particulières. Il serait imprudent de s'écarter de ces types reconnus si on veut facilement vendre la récolte. On n'improvise pas un marché pour les qualités exceptionnelles, et dans le Midi ce sont les vins de bas prix qui s'écoulent le plus facilement.

Pour démontrer qu'il n'était pas inutile de mieux faire connaître les vrais produits naturels du Midi, objets d'un *dénigrement systématique*, je citerai le passage suivant d'une publication récente:

«C'est ainsi que les Méridionaux plaisantent lourdement dans les cabarets après avoir bu de l'Aramon, tandis que les châtelains du Bordelais font assaut de saillies spirituelles et gaies après avoir offert du Médoc à leurs convives.»

Je ne pense pas que les viticulteurs si distingués de la Gironde soient flattés d'être mis en comparaison avec la clientèle des cabarets; aussi je leur laisse le soin de mieux prôner les produits si renommés de leur cru que je n'aurais jamais osé mettre en balance avec des vins ordinaires du Bas-Languedoc. Je signalerai pourtant que l'auteur que je cite ne connaît pas suffisamment le Midi, car il saurait que nos sobres populations des campagnes ne consomment pas du vin entre les repas, que les cabarets n'existent pas dans nos villages et que, dans les cafés qui les remplacent, on ne sert jamais du vin rouge à la clientèle qui, pour se rafraîchir, consomme principalement des apéritifs ou de la bière.

Les Méridionaux sont gais, expansifs, bruyants, travaillant sous le ciel pur du Midi, pouvant aller se délasser sur les rives calmes de leur belle mer Méditerranée, ils ne peuvent avoir le caractère lourd, taciturne et morose qui serait plutôt le propre des pays dont le soleil est obscurci par les brouillards.

Ces vignobles, dont on critique avec tant d'acrimonie les cépages, ne sont-ils pas ceux qui, les premiers plantés après les désastres du phylloxera, constituent comme un témoignage permanent de l'énergie, de la sagacité, de la persévérance des viticulteurs méridionaux, et comment peut-on penser que ceux qui ont eu l'intelligence, le courage, le mérite de créer ces nouvelles vignes, aient agi sans discernement dans le choix des variétés employées pour les greffages dont ils avaient établi la pratique et précisé les lois ? Ces critiques sont sans fondement, et nous avons le droit de proclamer que, loin de rougir de nos beaux raisins, nous les dressons au-dessus de nos têtes comme le trophée de nos luttes contre les fléaux qui, à un moment, avaient détruit nos vignobles. Nous améliorons nos vins par l'étude attentive de leur cuvaison, et les progrès que nous avons réalisés sont tels qu'après avoir copié notre reconstitution, les viticulteurs voisins viennent étudier les améliorations de la vinification dans nos celliers, comme nous allons chez eux pour profiter de leur science traditionnelle dans l'art de soigner et d'élever les vins après leur préparation.

La pratique actuelle des vignerons les plus éclairés du Midi comme celle plus ancienne des habiles viticulteurs qui ont précédemment honoré notre région s'accordent pour affirmer que la prospérité du vignoble méridional dépend de la production, en abondance et avec économie, d'un bon vin ordinaire tel que le donnaient les anciens cépages du pays. Il convient donc de ne pas abandonner nos vieilles variétés, et le seul conseil à donner à tous les viticulteurs est de les avertir que les *jeunes vignes* étant plus sensibles aux influences climatériques que les ceps d'un âge plus avancé, il convient, *dans tous les pays* où l'on a reconstitué le vignoble, de conduire les cultures et la vinification avec les soins particuliers recommandés pour les jeunes plantiers.

4° Greffage. — Le greffage est devenu une opération courante dans le vignoble. Les ouvriers greffeurs habiles sont communs et on ne fait plus aucune opposition sérieuse à ce procédé de reconstitution. Les premiers partisans des cépages américains fructifères ont dû renoncer à les propager, car on a eu bien vite constaté, par les revenus de la propriété, quelle était la [plus profitable manière de reconstituer les vignes. Tous ceux qui ont planté les Jacquez, Cunningham, Othello, etc., ont bien dû reconnaître que les vignes greffées donnaient des récoltes plus fructueuses que les cépages américains à production directe. Aussi, tout en faisant des vœux pour que les savants hybrideurs arrivent à trouver un plant fructifère résistant au phylloxera et donnant d'abondantes vendanges, je déclare que presque toujours la reconstitution doit se faire par le greffage en cépages français des pieds américains bien adaptés au sol du vignoble.

Le greffage, lorsqu'il est pratiqué sur des sujets américains résistant au phylloxera et choisis suivant la nature du sol qui doit les nourrir, lorsque l'opération est bien faite et bien soignée, loin de provoquer l'affaiblissement des ceps, peut au contraire, dans beaucoup de cas, augmenter la vigueur et la production de la vigne, au moins dans les premières années.

La greffe en fente, actuellement, est adoptée dans tout le Midi, c'est l'ancienne tradition qui a fini par prendre le dessus, et on suit aujourd'hui presque partout, pour reconstituer les nouvelles vignes, les anciens procédés que l'on employait autrefois lorsqu'on voulait rajeunir les vieilles souches.

Au début de la reconstitution, ces malheureuses greffes étaient entourées de soins si exagérés que l'on arrivait sûrement à empêcher leur reprise en les tripotant trop.

Aujourd'hui, la ligature a été simplifiée : plus de mastic, un bon buttage, une culture régulière et soignée pour entretenir la terre fraîche et bien émiettée sans découvrir le pied, la suppression des rejetons avec prudence et surtout l'enlèvement des racines en fin de saison, lorsque la soudure est devenue suffisamment aoûtée. Combien de greffages ont été compromis par un déracinage hâtif, par l'enlèvement brutal des rejetons ou par la curiosité inquiète d'un propriétaire voulant vérifier trop tôt la soudure de la greffe ! L'étendue des plantations a eu pour résultat de supprimer toutes ces minuties qui compliquaient les premières instructions données pour propager le greffage, sans tenir un compte suffisant de la différence qui existe entre les pratiques agricoles et celles de l'horticulture. N'est-ce pas le moment de répéter ici un adage que j'ai cité quelquefois, sans arriver peut-être à me faire comprendre : « Le mieux est souvent l'ennemi du bien ». En agriculture, les procédés les plus simples sont souvent les meilleurs et presque toujours les plus économiques, lorsqu'on les applique rationnellement.

Mais si la pratique du greffage a triomphé de toutes ces complications qui en arrêtaient le succès, il y a encore deux points contestés : c'est l'époque à choisir pour l'opération même et la meilleure préparation des sarments qui doivent donner les greffons.

Là encore, des discussions sans nombre sur le mode

le plus favorable de conservation des greffons et sur la greffe hâtive, printanière, tardive, automnale. Longtemps j'ai hésité moi-même et aussi j'ai eu à constater, au début de la reconstitution de mon vignoble, des échecs humiliants.

Mais, depuis, j'ai simplement copié les procédés de nos pères, qui greffaient le plus souvent à la fin de l'hiver avec des greffons choisis au fur et à mesure sur les sarments d'une vigne dont on retarde la taille pour cet usage.

Certes, cette méthode, qui m'a donné un plein succès depuis 1891, époque à laquelle je l'ai adoptée, puisque j'ai eu en moyenne 90 o/o de reprises, ne peut pas assurer une réussite certaine lorsque les intempéries viennent la contrarier ; la sécheresse et la grande humidité sont les ennemis de toutes les greffes, et les greffages hâtifs ne peuvent s'y soustraire pas plus que ceux que l'on fait tardivement. Si, comme une année je l'ai constaté chez moi, un plantier greffé est inondé pendant le printemps, il sera aussi bien étouffé par l'eau, qu'on ait pratiqué l'opération en février ou plus tard. Rien ne peut mettre les jeunes greffes à l'abri de ces accidents. Mais, contrairement à ce que l'on croit, dans le Midi tout au moins, un greffage fait en février par exemple ne souffre pas du froid si on a pris la précaution de bien butter la greffe.

Il faut en outre observer que la réussite des greffes dépend aussi de la nature du sol et que dans les terrains souples les succès sont plus assurés que dans les terres fortes. Pour obvier à ces inconvénients de la nature du sol, on entoure quelquefois la greffe avec du sable maintenu au moyen d'un entonnoir mobile tout autour du sujet, pendant qu'on le butte.

Etant admis que tous les greffages sont soumis à des causes générales d'insuccès auxquelles on ne peut les soustraire, il reste à discuter quels sont les procédés qui doivent donner des sujets bien soudés, d'une grande vitalité, d'une reprise plus sûre et d'une mise à fruits plus précoce.

Sur ce terrain, j'affirme non seulement par mon expérience, par celle de nos pères, mais aussi par l'étude des conditions essentielles à une bonne reprise, que ce sont les opérations faites avec des greffons frais sur des sujets dont la sève n'est pas encore en grande activité qui donnent les résultats les plus parfaits.

Je greffe du 15 février au 15 mars, c'est-à-dire que je combine mon travail pour qu'il soit terminé à l'époque où les bourgeons commencent à s'ouvrir.

En procédant ainsi, je me conforme aux pratiques anciennement adoptées par les hommes les plus compétents, et pour s'en rendre compte on n'a qu'à consulter les études de Cazalis-Allut, dont je me contente de citer le passage suivant :

«On greffe habituellement depuis le commencement de mars jusque vers le milieu de mai, mais je préfère greffer en mars que plus tard. Les greffes faites de bonne heure poussent plus tôt, aoûtent mieux leurs bois et peuvent produire des raisins qui atteignent leur maturité à l'époque ordinaire des vendanges.

»M. H. Salger a écrit, dans le *Messager agricole* (N° du 5 juillet 1860), qu'il n'attendait pas pour greffer la montée de la sève. Il pratique cette opération à partir de fin novembre jusqu'à la sève montante, pendant cinq mois environ, et de préférence, dit-il, plus tôt que plus tard, pour avoir plus de chances de réussite.

»Je savais depuis longtemps que la greffe pratiquée en hiver réussissait fort bien sur les arbres fruitiers ; il en est de même pour la vigne. J'avais greffé, une année, plusieurs souches dans la deuxième quinzaine de janvier, et, malgré les fortes gelées qui survinrent après l'opération, ces greffes prospérèrent tout aussi bien que celles qui furent faites plus tard et successivement jusqu'à la fin de mai ; il est à craindre, toutefois, qu'en greffant de bonne heure, la réussite ne laisse quelque chose à désirer, si l'on rencontre une année *trop plu-vieuse*».

M. Henri Marès, dans le *Livre de la ferme*, en parlant de l'époque la plus convenable pour greffer la vigne, s'exprime ainsi : «Cette époque est celle de la première végétation de la vigne, qui correspond à la fin de février, au mois de mars tout entier et aux premiers jours d'avril selon la précocité des variétés et la douceur de l'année.

»Lorsqu'on greffe avant la pousse de la vigne du 1er au 15 mars (ce qui est le meilleur parti à prendre), on conserve sans les tailler des ceps de la variété que l'on veut propager et on tire des sarments à mesure des besoins pour en faire des greffes. On les choisit de moyen diamètre, bien sains, peu garnis de moelle si c'est possible.»

Dans ma pratique, je me suis simplement conformé à ces conseils si judicieux.

D'ailleurs, cette manière d'opérer a une raison qui me paraît devoir l'imposer. En greffant avant d'avoir terminé la taille de mon vignoble, j'ai l'immense avantage de choisir mes sarments sur la souche, de prendre ainsi les plus sains et les plus fructifères qui correspondent à la partie des rameaux ayant déjà produit des raisins.

Les boutures que j'emploie, n'ayant pas été mortifiées par un ensablement plus ou moins soigné, jouissent de toute leur vitalité et, en les fixant sur un cep plein de sève, je n'ai plus à craindre que la greffe soit étouffée par cette exubérance du pied. Les cellules du sujet et du greffon ayant le même degré de vitalité, la soudure se fait plus promptement, plus intimement, et la circulation séveuse n'est plus arrêtée par cet antagonisme néfaste entre un pied en pleine végétation et un sarment dont les cellules sont encore peu actives. Il en résulte une harmonie entre le travail des racines et l'élaboration des cellules du greffon qui n'existe pas, lorsqu'on use de sarments conservés dans le sable.

On n'a plus à craindre cette objection d'un nain greffé sur un géant faite autrefois par un membre des Sociétés agricoles de Montpellier : la vigne française n'a rien à envier aux cépages américains, elle a faibli, il est vrai, sous les attaques de l'insecte dévastateur, mais c'est la seule raison qui lui a fait céder la place à la vigne américaine. Une bouture française bien saine et bien vivace se mariera sans inconvénient avec son sauvage protecteur ; ce n'est que lorsqu'on en diminue la vigueur par une taille hâtive ou par sa conservation dans un milieu souvent malsain que l'on peut craindre de la voir étouffer par la sève généreuse de son allié exotique (1).

Si on opère avant l'époque du départ de la végétation, les greffes ne poussent pas plus tôt que celles du mois d'avril, mais leur départ est si régulier, leur pousse si vigoureuse, que l'on peut mieux établir la souche par une taille exécutée sur des sarments bien aoûtés ; il en résulte que l'année suivante on obtient facilement une demi-récolte.

Généralement on greffe en fente tous les jeunes sujets un an après leur plantation, en réservant pour une autre année les pieds mal venus. On commence par déchausser les ceps, et si on opère au moment des pleurs abondants de la vigne, il faut décapiter les sujets quelques jours avant l'opération, dans ce cas l'ouvrier doit rafraîchir la coupe du pied avant de le fendre pour y fixer le greffon. Lorsqu'on opère hâtivement, cette précaution est inutile et les greffeurs peuvent opérer derrière l'équipe chargée de déchausser les pieds.

Dans tous les cas, la section doit être faite autant que possible au niveau du sol, mais si une première opération met à découvert un bois mal sain, il faut que l'ouvrier, par des coupes successives de plus en plus basses, recherche un bois sans tares.

---

(1) On a pourtant observé quelques exceptions, ainsi le Morrastel et le Terret-Bourret ne viennent pas toujours bien sur les Riparia, et les Rupestris étouffent souvent les greffons. Dans ce cas, il convient de laisser végéter quelques repousses du sujet pour faciliter la

On fend alors le pied suivant le plus grand diamètre au moyen d'une serpette et on introduit le greffon que l'on prépare en le choisissant d'un diamètre correspondant à celui du sujet, de manière à ce que ses couches génératrices correspondent bien à celles du pied. Pour faciliter le travail, les greffons, découpés et choisis à l'avance dans les sarments, sont classés suivant leur grosseur dans une caisse divisée en compartiments.

Si le sujet est d'un trop fort diamètre, on doit disposer le greffon sur le bord de manière à ce que les couches génératrices soient en contact sur un seul côté; dans ce cas, quelquefois on place deux

Fig. 21. — Greffe en fente sur un jeune pied.

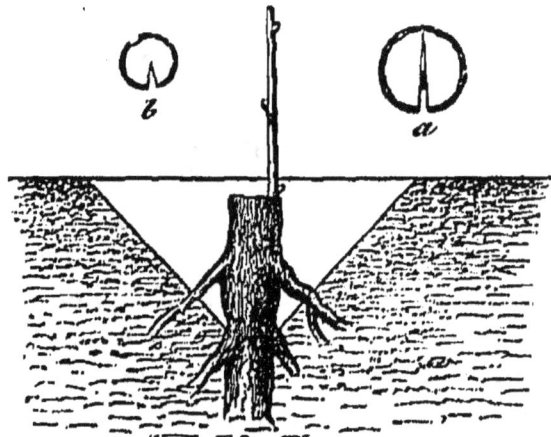

Fig. 22. — Greffe en fente sur côté d'un vieux pied.

greffons pour mieux assurer la réussite de l'opération faite sur un vieux tronc.

Ce cas se présente souvent pour les pieds anciennement plantés, et quelquefois, au lieu de fendre les sujets trop forts, on se contente de les ouvrir sur le côté avec un ciseau, pour faire place au greffon.

M. Foëx, dans son *Cours complet de viticulture*, expose très bien les détails de l'opération du greffage et explique les phénomènes de la végétation qui en assurent le succès.

Voici particulièrement ce qu'il dit de la préparation des greffons :

« Le greffon lui-même est coupé habituellement de telle sorte qu'il lui reste trois bourgeons et le mérithalle situé au-dessus de l'œil inférieur. Cette dernière partie du sarment est taillée en forme de lame de couteau, de manière à ce que les deux biseaux convergent à partir de l'œil inférieur vers le bas et en même temps se rapprochent du côté qui leur est opposé. Les deux biseaux ne doivent pas avoir la même obliquité par rapport à l'axe, de façon à éviter de mettre à nu la moelle des deux côtés. On obtient ainsi une lame de bois continue qui offre plus de solidité. Le greffon est ensuite fortement enfoncé dans la fente, de manière à mettre en contact les couches génératrices des bois en présence, la soudure ne pouvant avoir lieu, ainsi que nous l'avons dit précédemment, que dans ces conditions. »

Une fois le greffon bien disposé sur le sujet, l'ouvrier doit en faire la ligature avec beaucoup de soin avec un lien en raphia. *Immédiatement après* on doit faire recouvrir le pied greffé en

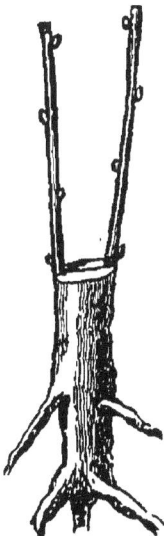

Fig. 23. — Greffe en fente avec 2 greffons pour vieux pied.

Fig. 24. — Greffon pour greffe en fente.

faisant suivre les ouvriers par une équipe de femmes chargées de combler les trous et de butter le greffon jusqu'au nœud le plus haut en employant autant que possible de la terre bien meuble. On évite ainsi le desséchement du greffon avant sa soudure; en outre, une fois la soudure faite on serait exposé, sans cette précaution, à voir les jeunes greffes décapitées sous l'action du vent. Une femme suffit pour servir deux greffeurs, en couvrant les pieds et en les marquant par des roseaux.

Beaucoup de propriétaires riches préfèrent acheter des

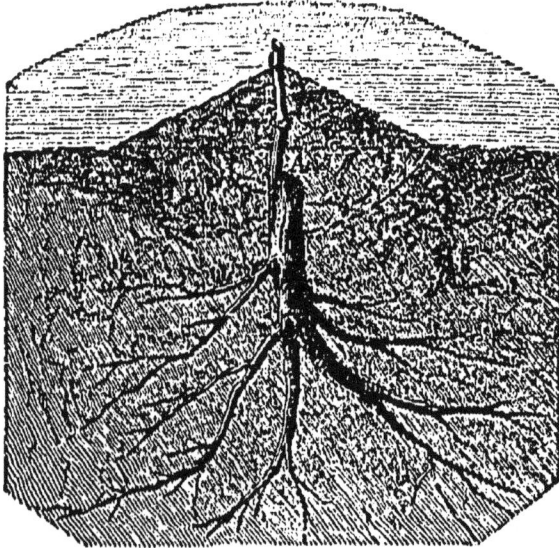

Fig. 25.— Cep greffé et butté.

racinés greffés pour les planter sur place, en évitant ainsi les soucis et les incertitudes du greffage. Il convient donc d'examiner quels sont les prix comparatifs des deux manières d'opérer, en faisant abstraction du coût de la plantation dont j'ai déjà donné les détails.

Les racinés greffés, qui se vendaient au début de la reconstitution jusqu'à 250 fr. le mille, sont cotés aujourd'hui 175 fr. le mille, de sorte que l'achat en revient à 775 fr. par hectare de 4444 pieds. A ce prix, on trouve des sujets de choix dont les pépiniéristes garantissent la reprise.

Dans le cas du greffage sur place, les dépenses semblent moindres, et voici comment on peut les établir comparativement à l'achat des racinés greffés :

Achat de 4444 boutures de choix, à 30 fr. le mille . . . . 133 fr.

Greffage sur place, à 2 fr. 50 le cent . . . . 110 —

Les travaux complémentaires du greffage, achat et pose des roseaux, nettoyage des rejetons, buttage, section des racines françaises, environ . . . . 200 —

———

443 —

Si on admet une reprise de 85 o/o, l'année d'après il faudra, pour remplacer les vides, acheter 660 pieds de racinés greffés, à 175 fr., soit . . . . • . . . 115 —

Mise en place de ces pieds isolés, à 10 fr. le cent 66 —

———

624 fr.

Le greffage sur place paraîtrait donc donner une économie de 151 fr. par hectare, mais si on considère que la plantation a été faite une année avant, on comprendra que la préférence donnée aux pieds racinés greffés est avantageuse ; en adoptant cette solution, le propriétaire économise en effet le loyer de son terrain et les cultures à donner au jeune plantier pendant l'année qui précède le greffage. De plus, on est plus assuré de la régularité des récoltes de la jeune vigne complantée avec des racinés greffés.

Pourtant, généralement, on recule devant les frais considérables de l'achat des racinés greffés et on donne la préférence aux greffages sur place. Il est vrai que pour tourner la difficulté on pourrait préparer les sujets dans une pépinière établie dans le domaine même ; mais rarement cette solution a donné des réussites satisfaisantes, parce qu'elle exige un bon terrain, des ouvriers habiles et des soins particuliers que ne savent bien donner que les pépiniéristes de profession. Dans les domaines importants, cette dernière solution s'impose pour éviter des frais considérables d'achat ou les incertitudes du greffage sur place ; dans ce cas, on ne recule pas et on s'assure du concours d'ouvriers spéciaux en leur donnant un salaire exceptionnel.

Pendant l'année du greffage, le plantier doit être soigneusement cultivé et la couche supérieure du terrain tenue dans un état de friabilité et de propreté complet à l'effet de maintenir dans le sol l'humidité suffisante pour faciliter la végétation des jeunes pousses.

L'année qui suit le greffage, on doit, après avoir supprimé les racines françaises émises par le greffon, planter un tuteur près de chaque pied et attacher le sujet à ce support rigide par de la ficelle. C'est ainsi qu'on assure au jeune cep un port droit qui permet de donner au tronc de la souche la hauteur et la charpente nécessaires pour que les raisins soient plus tard bien suspendus et bien aérés.

Lorsqu'on recule devant l'achat des piquets, il faut prendre soin de mieux butter les greffes et de redresser chaque année par la taille les troncs dont le port ne serait pas régulier.

Le commerce des tuteurs, depuis la reconstitution du vignoble, a pris une grande importance et on peut les rerecevoir franco par wagons complets contenant en moyenne, suivant la hauteur choisie :

60.000 piquets de 0^m,50.
40.000   —   de 0^m,60.
35.000   —   de 0^m,70.
23.000   —   de 0^m,80.
18.000   —   de 0^m,90.
14.000   —   de 1^m,00.

Les prix varient suivant la qualité et la grosseur des bois :

	$0^m,60$	$0^m,70$	$0^m,80$
Hauteurs usuelles			
Bois de pin rond	17^{fr}50	24^{fr}50	25^{fr}50
— refendu à la hache.	12 25	14 25	
— — à la scie .	13 75	16 25	19 25

5

Bois de pin refendu arrondi.	16ʳ25	19ʳ25	22ʳ25
Acacia	13 75	15 75	19 25
Châtaignier	11 75	13 25	16 25

Souvent on donne la préférence aux tuteurs de pin sulfaté; pourtant, *intentionnellement*, je n'ai pas indiqué le prix des piquets ayant reçu cette préparation, parce que je ne conseille pas leur achat, car généralement cette opération, bonne en principe, a été faite avec trop de précipitation pour être efficace. Mieux vaut faire à la propriété le sulfatage des tuteurs de pin, à temps perdu, en les plongeant pendant 48 heures dans un bain contenant 5 kilos de sulfate de cuivre par hectolitre d'eau. On aura ainsi la certitude de ne pas être trompé.

Après beaucoup de tâtonnements, j'ai adopté dans ma pratique des tuteurs d'acacia de 0ᵐ,60 et je considère que le piquetage complet, y compris attachage avec de la ficelle, me revient à 80 fr. par hectare, mais c'est certainement un des travaux dont le coût peut varier le plus, suivant l'habileté des ouvriers chargés de l'exécuter, indépendamment même des écarts du prix d'achat des matières premières.

CHAPITRE III

TRAVAUX ORDINAIRES DU VIGNOBLE

1º Taille : Taille en gobelet. — Rabaissements. — Époque favorable
pour la taille. — Avantages de la taille tardive. — Levage et utilisation des sarments.—Prix de tous ces travaux.

2º Déchaussement: Avantages du travail du pied du cep. — Précautions à prendre pour les déchaussements. — Dépenses. — Travaux
anciens.

3º Cultures ordinaires: Préférence à donner aux travaux tardifs. —
Comparaison de la culture à bras et des labours.—Instruments aratoires anciens et nouveaux. — Binages d'été.

4º Prix de revient des cultures; Culture complète mixte.—Labours et
binages avec les instruments aratoires. — Travaux à bras.

1º *Taille.*— A Saint-Adrien comme dans tout le Midi,
les ceps sont taillés en gobelet et ce n'est encore qu'à
l'état d'essai que quelques vignes en terres très fertiles
ont été palissées sur fil de fer. Je me contente de signaler
ici cette nouvelle taille, me proposant d'en examiner les
avantages et les inconvénients, en discutant à la fin de ce
volume les moyens d'abaisser le prix de revient du vin.
La taille en gobelet sera la seule que je me propose d'étudier en ce moment Le nombre de coursons et leur longueur varient d'un vignoble à l'autre ; chez moi, j'ai adopté
la taille à 2 bourgeons francs et j'augmente le nombre
des bras ou des coursons suivant l'âge des ceps et leur
vigueur. Mes bonnes vignes en rapport sont garnies au
moins de 5 à 6 coursons, et lorsque le nombre de bras n'est
pas suffisant, je laisse 2 têtes pour un bras en pratiquant
la taille dite à oreille de lièvre.

La vigne en gobelet sur souches basses répond aux
exigences de notre climat caractérisé par une grande séche-

resse en été et de chutes d'eau abondantes, irrégulière-
ment réparties dans l'année. Aussi convient-il de régler
les ceps en tenant les coursons assez élevés pour que les

Fig. 26.— Souche taillée en gobelet.

raisins ne touchent pas le sol, mais assez bas pour que
la souche puisse facilement résister aux vents violents très
fréquents dans le Midi. Les cépages anciens du Midi étant
fructifères sur les yeux de la base du sarment se prêtent
facilement à la taille courte.

La taille et la culture doivent être combinées dans nos
pays méridionaux pour que, pendant les grandes chaleurs
de l'été, la terre bien émiettée et propre soit tapissée et
ombragée par les rameaux de la vigne. Les grappes étant
ainsi abritées contre les ardeurs du soleil sont moins
sujettes à l'échaudage. La maturité du fruit se trouve
d'ailleurs avancée par suite du maintien de la fraîcheur
de la terre protégée contre les effets d'une évaporation
exagérée de ses réserves en humidité ; en outre, le raisin
profite mieux de la chaleur réfléchie par le sol, faisant
office, par rapport aux vignes basses, du mur des vignes
conduites en espaliers, dans les régions moins favori-
sées par le soleil. La taille est exécutée par des hommes
expérimentés se servant du sécateur, plus expéditif, plus
commode et moins dangereux que l'ancienne serpe aujourd'hui complètement abandonnée. Il faut prendre soin
de ne faire ce travail que par un temps sec et vif et de le

suspendre pendant les jours de pluie, de neige, de givre ou de fortes gelées.

On doit tailler sur le nœud placé au-dessus du dernier bourgeon conservé, on préserve ainsi autant que possible le mérithalle des accidents de gélivure et de répercussion de sève, si fréquents en hiver.

L'habileté de l'ouvrier consiste à séparer le sarment sans meurtrir le bois et à bien choisir les coursons pouvant porter une bonne récolte. Une bonne taille doit laisser les bois nets et sans onglets ; la base des rameaux supprimés doit être parée, c'est-à-dire qu'elle ne doit laisser aucun faux bourgeon pouvant donner des rameaux adventices.

La hauteur du tronc est réglée suivant la position du vignoble ; on maintient dans les plaines les ceps plus élevés que dans les terres de Soubergue pour éviter que la récolte y puisse être compromise par les gelées printanières ou par la pourriture au moment de la vendange. Le nombre des coursons doit être proportionné à la vigueur des

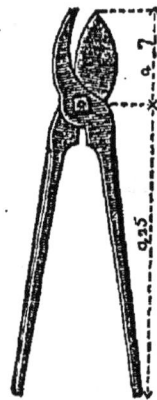

Fig. 27.
Sécateur ordinaire.

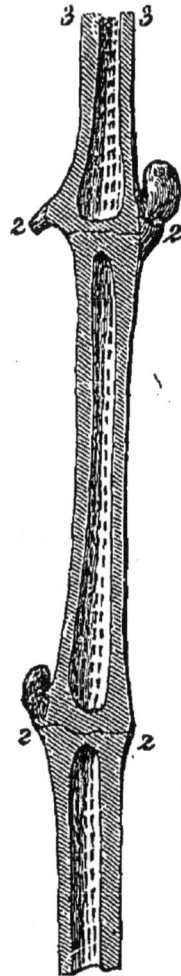

Fig. 28. — Coupe d'un sarment indiquant les nœuds et la moelle.

sujets, et c'est encore au tailleur à apprécier la récolte que l'on peut retirer d'un cep sans l'affaiblir.

On cherche aussi à étaler les coursons des souches jeunes, mais dans les vignes vieilles on doit au contraire veiller à ce qu'un allongement anormal des bras ne vienne pas contrarier les labours.

Dans les vignes complantées en Aramon, on doit,

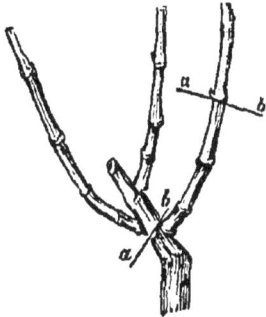

Fig. 29.— Bras avant la taille.   Fig. 30.— Courson taillé.

autant que possible, choisir des coursons ayant une di-rection se rapprochant de la verticale pour que le sar-ment, lorsqu'il se couche sous le poids de la récolte, se courbe en formant une arcure suffisante pour main-tenir les raisins suspendus.

Enfin, dans les vignes de la plaine, on laisse souvent quelques longs bois sur les souches les plus vigoureuses

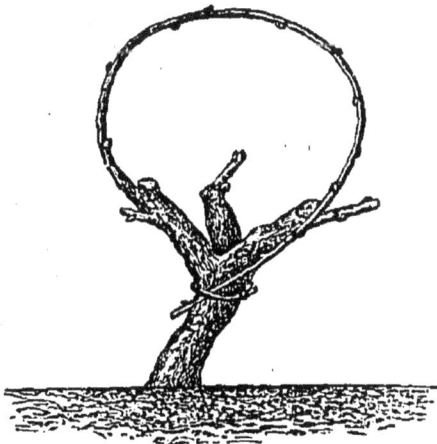

Fig. 31.— Souche avec long bois recourbé en treille.

pour que, si les gelées viennent frapper le vignoble, les bourgeons mieux préservés puissent donner encore du fruit sortant de ces *pisse-vins*. On recommande aussi de tailler avec des coursons longs les ceps donnant plus de bois que de fruit. Quelquefois on laisse deux longs bois que l'on enlace pour former un berceau auquel on donne le nom de *treille*. Cette pratique était souvent employée dans les vieilles vignes que l'on voulait épuiser avant de les arracher. D'autres fois on laisse un seul long bois que l'on recourbe pour le fixer sur le tronc au moyen d'un lien. On a même proposé de figer en terre l'extrémité de ce sarment pour le laisser raciner.

Je dois signaler que depuis l'introduction du greffage dans le vignoble, il faut se préoccuper pour la taille non seulement de la fructification du cep, mais aussi de son bon état de conservation. Je m'explique, on est plus souvent obligé dans ces nouvelles vignes à rectifier le port du tronc par des rabaissements partiels ou complets qui n'étaient pratiqués autrefois que dans les vignobles d'un âge avancé. Ce travail doit être fait avec précaution, car il est à craindre qu'une nécrose accidentelle, provenant du retranchement d'un bras, envahisse le tronc et nuise à la durée du cep. On emploie pour sectionner les bras une cisaille assez forte construite comme les sécateurs.

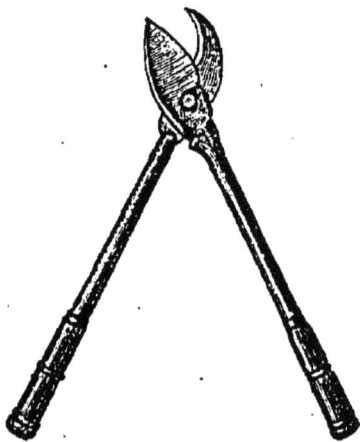

Fig. 32. — Cisaille pour rabaissements.

Bien souvent, malgré les tuteurs, sous l'influence du vent et d'une récolte trop pesante, un jeune pied prend une inclinaison fâcheuse et on a avantage dans ce cas à redresser la souche avec les cisailles en sacrifiant la récolte d'une année ; à cet effet, on laisse sur le tronc un rejeton choisi, que l'on taille court pour en former ensuite la souche l'année suivante.

Enfin les bras doivent être souvent rabaissés aussi pour maintenir l'ensemble de la végétation dans un équilibre plus parfait et autant que possible mieux vaut charger en bois le côté du nord du pied que celui du midi pour que les vents régnants soient moins funestes au bon port de la vigne.

Ces précautions ont une grande importance pour la qualité du vin, car si le raisin, par suite de la mauvaise direction du cep, touche au sol, il est exposé à pourrir lorsque les pluies suivent la véraison. En outre, une souche couchée est moins bien aérée que celle dont le port est droit, et par suite elle est plus sujette aux attaques des cryptogames, et lorsqu'elle devient malade, la guérison en est plus difficile. Au contraire, si la souche est droite et les sarments régulièrement étalés autour du tronc, grâce à une aération plus parfaite, non seulement les rameaux sont mieux abrités de tous ces accidents, mais les traitements anticryptogamiques peuvent atteindre plus facilement toutes les parties, feuilles et raisins; en outre, la maturation se produit régulièrement et le vin récolté est de composition normale.

Mais si le genre de la taille est peu discuté, il n'en est pas de même de l'époque la plus favorable pour l'exécuter.

Généralement on commence à opérer dès la chute des feuilles pour terminer de bonne heure l'élagage des ceps ; les viticulteurs prudents suspendent pourtant le travail pendant les grands froids. Autrefois nos pères ne taillaient que tard, en février et mars. Pourquoi ces pratiques si opposées ? La réponse est bien simple : lorsque la vigne ne couvrait pas toute l'étendue d'un domaine, on pouvait, pendant les premiers mois de l'hiver, occuper le personnel et les bêtes de labour à la préparation des champs. Aujourd'hui que la vigne a pris un grand développement en faisant disparaître les autres cultures, il devient nécessaire, pour ne pas interrompre les travaux, de tailler au moins une partie du vignoble pour pouvoir y exécuter facilement les façons ordinaires. Pour moi, c'est *un mal nécessaire* et non une pratique rationnelle. Les herbes de l'hiver n'épuisent pas le sol, elles y sont incorporées avec profit lorsqu'on les retourne par un labour au début du printemps ; tandis que lorsqu'on a remué la terre trop tôt, elle peut être lavée par les pluies qui surviennent avec plus d'abondance dans la saison froide.

La nitrification n'est pas active à l'époque des froids, le serait-elle qu'elle deviendrait souvent une cause d'appauvrissement du sol, puisque les sels azotés solubles qui en résulteraient pourraient être entraînés dans les eaux de drainage pendant les grosses pluies de l'hiver.

Aussi dans ma pratique particulière je ne taille en premier lieu qu'une faible partie de mon domaine, celle destinée à recevoir les fumures volumineuses, dont l'assimilation est lente, ou bien les terres dont le labour deviendrait difficile, si j'en retardais trop l'exécution ; et je conserve la plus grande étendue de mon vignoble pour être taillée et travaillée après les grands froids, c'est-à-dire en février et mars. J'organise mon travail pour que la fin de ce travail corresponde au départ de la végétation de la vigne.

Dans le but de vérifier si cette manière de conduire mon vignoble est avantageuse, depuis 9 ans j'ai conservé ma terre du Ruisseau pour être taillée la dernière, c'est-à-dire du 15 au 20 mars, et j'ai constaté que si au départ de la végétation cette vigne se trouve en retard, elle reprend bien vite le dessus et me donne les récoltes les plus abondantes en fruits et en sarments. Cette expérience me permet d'affirmer les avantages de la taille tardive précédant la sortie des bourgeons. Ce qu'il faut éviter, ce sont les opérations trop tardives, celles que l'on pratique après la pousse de la vigne et que l'on appelle la taille à *sève coulante*

D'ailleurs, les vieux praticiens avaient observé les mêmes faits et il me suffira de citer encore Cazalis-Allut pour le démontrer:

«Plusieurs expériences m'avaient déjà autorisé à dire

que la taille tardive était préférable à la taille précoce, je puis affirmer aujourd'hui qu'il ne me reste plus aucun doute à cet égard. Les ceps taillés tard conservent, en effet, toujours plus de vigueur que ceux qui ont été taillés de bonne heure. J'entends par taille tardive celle qui est exécutée au moment où les yeux des extrémités des sarments sont déjà gonflés. Cette taille retarde la pousse; les ceps, par suite de ce retard, ont moins longtemps à souffrir des changements de température, si fréquents au commencement du printemps, et ce motif contribue sans doute à leur donner plus de vigueur; ce qui le prouve, c'est qu'ils réparent bientôt, par une végétation plus active, le retard qu'on leur a occasionné en les taillant tard, puisqu'ils fleurissent en même temps que ceux qui ont été taillés de bonne heure; je crois pouvoir dire en même temps, car il m'a été rarement possible de constater un retard de plus de deux jours. C'est aussi en privant moins longtemps les ceps de leurs sarments que la taille tardive favorise la végétation qui a lieu après la chute des feuilles. Cette végétation se fait au profit de la partie ligneuse. Elle se manifeste par le grossissement des sarments et la consistance plus grande qu'ils acquièrent.

»On ne voit que bien rarement des retours de sève dans les vignes taillées dans l'arrière-saison. Voilà encore un fait en faveur de la taille tardive.

»Lorsque les coursons ne poussent pas, on dit que la vigne a des retours de sève. C'est l'expression consacrée, mais elle n'est pas toujours exacte. Les coursons ne poussent pas quand leurs yeux ont été tués par le froid, le verglas ou toute autre cause qui échappe à nos investigations.

»Les sarments protègent encore, après la chute des feuilles, les yeux inférieurs que l'on laisse aux coursons, et ce motif explique l'absence des retours de sève dans les vignes taillées tard.»

D'après M. Henri Marès, les jeunes vignes greffées ne

doivent être taillées qu'après les froids, dans les premiers jours de mars, il en est de même pour toutes les vignes jeunes.

Parlant de la taille des vignes en production, le savant Secrétaire perpétuel de la Société centrale d'agriculture de l'Hérault dit :

«La majeure partie des vignes est taillée en décembre, non que ce soit l'époque la plus convenable, mais parce qu'elle facilite les travaux subséquents, pour le provignage, la fumure, les terrassements et les labours d'hiver.

»La nécessité et la rareté de la main-d'œuvre obligent d'ailleurs à tailler sans perdre un instant, pendant toute la période où la taille est praticable sans de graves inconvénients, c'est-à-dire pendant les quatre mois qui séparent le 15 novembre du 15 mars. On a généralement soin, quand on a des vignes d'âges très différents, de tailler les plus vieilles les premières et de finir par celles dont la pousse est la plus précoce.

»Si l'on pouvait choisir l'époque de la taille, il faudrait sans hésiter préférer la fin de l'hiver, c'est-à-dire le mois de février, alors que les grands froids sont passés et que le tissu des sarments a acquis toute sa fermeté.»

En taillant tard, on a l'inconvénient de payer, il est vrai, la main-d'œuvre à un prix plus élevé, puisque généralement le salaire de l'ouvrier, fixé à 2 fr. 50 en hiver, atteint 3 fr. dès que, les froids ayant disparu, les travaux du vignoble deviennent plus urgents. Je me demande si cette objection est fondée, car j'ai toujours remarqué que le travail effectif pendant l'hiver dépendait beaucoup de la température, et certes lorsqu'un ouvrier a les mains engourdies il fait moins d'ouvrage et le fait moins bien que lorsque ses doigts sont plus déliés.

Enfin, le levage des sarments qui suit nécessairement la taille devient plus coûteux lorsque la température est froide, surtout lorsqu'on les prépare suivant l'antique tradition pour en faire de petits fagots destinés à allumer le feu.

Voici l'ancien usage pour ce travail : Les femmes réunissent d'abord une vingtaine de bûches qu'elles enlacent pour en former un premier paquet, que l'on appelle *un sarment*, puis elles englobent de 8 à 12 de ces paquets pour en former un fagot pesant environ 5 kilos. Un cent de fagots coûte environ 5 fr. pour sa confection et les ouvrières doivent même en outre les disposer en tas réguliers sur les bords de la vigne pour faciliter leur enlèvement par les charrettes qui doivent les transporter aux bûchers.

La grande quantité de ce combustible recueilli dans un vignoble en rend le prix de vente peu élevé, aussi on a avantage à donner ce travail à façon aux femmes, en leur laissant pour salaire une partie plus ou moins importante du bois qu'elles ramassent. Heureux les propriétaires qui peuvent faire enlever leur bois de taille en donnant ainsi la moitié des sarments aux ouvrières chargées de les enlacer. Elles ont alors intérêt à aller plus vite. D'autres fois, on taxe les femmes en les obligeant à faire un nombre déterminé de fagots et en les autorisant à rentrer chez elles, lorsqu'elles ont ainsi accompli leur tâche. C'est encore pour les ouvrières un stimulant pour aller plus vite. Malgré tout, le levage du bois de la vigne par les femmes devient une source de difficultés ; aussi, depuis quelque temps, je ne fais enlacer les bûches qu'en quantité suffisante pour mon usage personnel et je fais préparer, avec le reste, de gros fagots destinés à être brûlés au four ou sur place. Les hommes, peu aptes à faire les sarments enlacés, sont au contraire propres à confectionner des paquets plus simples.

On utilise encore le bois de la vigne en le faisant disposer en tas le long des chemins et des fossés de la propriété pour en faire des abris, dans lesquels les insectes vont se remiser pendant les rigueurs de l'hiver. On peut, en y mettant le feu au milieu de la saison froide, détruire ainsi de nombreux ennemis de la récolte. Ces abris doivent être formés par des brassées de bois de faible hauteur. Les bûchers de sarments destinés à l'alimentation des foyers de l'exploitation ou à la vente doivent être disposés sur un emplacement assez éloigné des vignes pour qu'ils ne constituent pas un centre de propagation des insectes et même des maladies cryptogamiques. Lorsqu'on fait enlever ce bois pour le vendre ou le brûler dans les foyers de l'exploitation, il est bon toujours de mettre le feu aux débris plus ou moins pourris du bas du tas pour détruire les insectes qui pourraient y être cachés.

Fig. 33.— Hache-sarments de M. E. Vernette.

Dans les années de pénurie des fourrages on a cherché à employer les rameaux de la vigne pour la nourriture des

bestiaux ou pour leur litière, et plusieurs constructeurs
ont contribué à rendre cette application usuelle en créant
des machines spéciales dites *hache-sarments* pouvant,
suivant le débit, être mises en mouvement à bras ou
par des animaux attelés à un manège.

M. Vernette, de Béziers, a créé un type aujourd'hui
assez répandu dans le pays.

M. Gustave Giret, président du Comice agricole de
Béziers, qui, l'un des premiers, a introduit dans son domaine cette utilisation des sarments frais, continue ainsi
à nourrir ses bêtes de travail depuis plusieurs années,
bien que la baisse des fourrages ait rendu cette pratique
moins profitable.

Suivant les expériences faites par M. Giret, en substi-
tuant des sarments broyés à une partie du foin, le ration-
nement le plus convenable des animaux de travail et son
coût lorsque les fourrages sont chers, seraient par tête et
par jour :

8 kil. sarments broyés à 3 fr. le 100		0 fr. 24
4 kil. avoine à 22 fr.	—	0 fr. 88
2 kil. foin à 16 fr.	—	0 fr. 32
		1 fr. 44

Cette nourriture serait favorable aux bêtes de trait ;
M. Giret l'assure en ces termes :

«Depuis que mes animaux sont soumis à ce régime,
aucun signe d'affaiblissement ou d'amaigrissement n'a
pu être constaté chez aucun d'eux. Ils paraissent même
avoir plus d'énergie, plus de sang, comme on dit vulgairement, que soumis au régime ordinaire. Il serait possible que l'expérience démontrât la nécessité de donner
un ou deux barbotages par semaine pour calmer l'irri-
tation intérieure qui serait occasionnée par cette nourriture trop échauffante.»

L'expérience a démontré qu'il fallait donner les sarments broyés aux animaux en les associant à un aliment
plus aqueux, constitué par exemple par des betteraves

fourragères coupées en tranches, et c'est actuellement ainsi que le distingué Président du Comice agricole de Béziers nourrit toutes les bêtes de ses écuries.

Dans mon exploitation, ayant à ma disposition les foins d'une autre propriété pour la nourriture de mes bêtes de travail et pour leur litière, je n'ai pas essayé d'utiliser dans cette voie mes sarments; mais je considérerai comme une chose très avantageuse que l'on établît dans nos vignobles des entreprises de broyage, avec appareils mis en mouvement par un moteur à vapeur se déplaçant d'une propriété à l'autre pour réduire économiquement les sarments en fragments propres à fabriquer des composts que l'on pourrait enfouir dans les vignes.

On évalue généralement que la valeur des sarments comme combustible compense à peu près le prix de leur ramassage, mais il y a lieu d'évaluer le prix de la taille.

Avec l'organisation que j'ai introduite dans mon exploitation, avec des mézadiers travaillant pendant un temps plus prolongé que celui des journaliers, en comptant leur salaire à 3 francs par jour, pour tenir compte des journées perdues par suite du mauvais temps, j'estime que chez moi la taille d'une vigne en pleine production me revient à 30 francs par hectare, comprenant 4,000 ceps.

Lorsque le travail est fait par des journaliers payés ordinairement 2 fr. 50 pour un travail effectif de six heures, chaque ouvrier peut tailler 300 à 400 ceps, ce qui maintient le prix de cette opération entre 28 fr. et 37 fr. par hectare.

Je ne parlerai pas du provignage de la vigne pour remplacer les ceps morts, car avec les vignes greffées on doit renoncer à cette pratique; mieux vaut planter des nouveaux pieds pour les greffer. Il est désirable que l'on découvre pour ces remplacements des producteurs directs vigoureux et suffisamment fructifères. Dans tous les cas, lorsqu'on plante de nouveaux ceps dans une vigne déjà venue, il faut nécessairement creuser des fosses plus profondes et plus larges pour préparer aux nouveaux pieds un terrain propice à leur développement qui pourrait, sans ces précautions, être arrêté par les racines puissantes des vieux ceps voisins.

2° *Déchaussement.* — La pratique du déchaussement est très ancienne dans le Midi et cette façon était autrefois donnée régulièrement chaque hiver. Non seulement on y trouvait l'avantage de faciliter les fumures, de détruire toutes les herbes logées au pied de la souche, d'enlever les rejetons partant du collet, mais on attribuait avec raison à ce travail l'avantage de faire périr un grand nombre de larves d'insectes logés dans le bas du tronc de la vigne, en les exposant ainsi aux grands froids de l'hiver. Enfin cette façon permettait de travailler profondément le pied du cep que n'atteignent pas les labours et que l'on ne peut que superficiellement nettoyer par les travaux de binage de l'été. Souvent dans les vieilles vignes le tour de la souche est garni de chiendent et on en fait périr beaucoup par le déchaussage. De plus, on peut ainsi supprimer les sagattes, jeunes pousses partant du pied et qui sont pour eux une cause d'affaiblissement.

Pourtant, lorsqu'une souche est trop défectueuse, on doit choisir un de ces rejetons vigoureux pour remplacer le tronc taré que l'on rabat ras du sol.

Avec les cépages américains, le déchaussage du pied est d'autant plus utile qu'il permet le sevrage des racines françaises, opération qu'il ne faut jamais négliger de pratiquer avant le départ de la végétation. Cette façon facilite, en outre, le piquetage des tuteurs destinés à redresser les jeunes souches.

Mais pour déchausser les cépages américains sans inconvénient, il ne faut pas oublier que ces vignes étant greffées, si on laisse la soudure mal aoûtée à l'air pendant l'hiver, on s'expose à voir la souche périr par les effets de la gelée : il faut donc recouvrir les creux avant les gros froids si on a exécuté ce travail de suite

après la chute des feuilles. Dans le cas où l'on découvre
le pied de la vigne après l'hiver, on doit aussi combler
le plus vivement possible les augets, parce que au commencement du printemps, lorsque les grands vents

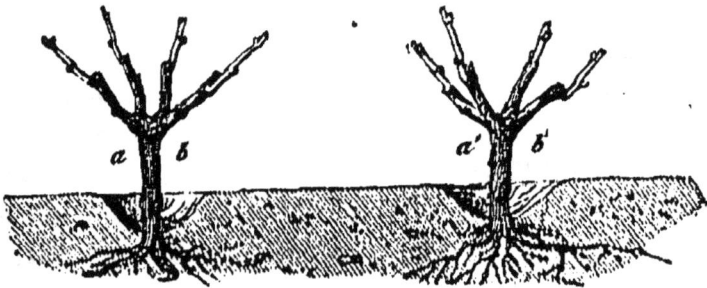

Fig. 34.— Jeune vigne déchaussée.

soufflent avec violence, il arrive souvent que les souches
dont le pied grêle soutient quelquefois un tronc trop volumineux sont renversées jusqu'au sol.

On perd donc, dans les vignes greffées, un des bénéfices de cette façon, celui de faire périr les larves d'insectes par l'action du froid, mais il est facile d'y remédier en pratiquant l'écorçage du tronc pour le badigeonner ensuite avec une solution acide.

Nous verrons bientôt que les badigeonnages au sulfate
de fer ont une action réelle sur la chlorose et l'anthracnose ; en les pratiquant sur toute la souche découverte,
on obtiendra par le même traitement la destruction des
larves.

Le déchaussement se fait à bras d'hommes munis de la
trinque ou du rabassié, il doit être toujours terminé
avant la sortie des bourgeons ; on l'opère en pratiquant
au pied de la souche un trou circulaire, appelé cintre,
auget ou escaousel.

Il faut le faire le plus large possible et assez profond
pour découvrir les racines françaises dans les vignes
greffées. Pour le combler il suffit de tracer une raie de
part et d'autre de la rangée avec une charrue à versoir.
Le déchaussage se fait ordinairement en hiver ; mais,

lorsque accidentellement il est retardé jusqu'à la sortie des bourgeons, il demande à n'être confié qu'à des ouvriers exercés pour ne pas compromettre la récolte en détruisant les jeunes pousses.

Généralement, le déchaussage suit la taille ; pourtant, pour les vignes à sarments érigés, on peut le faire plus tôt en enlaçant les sarments entre eux. Dans les vignes

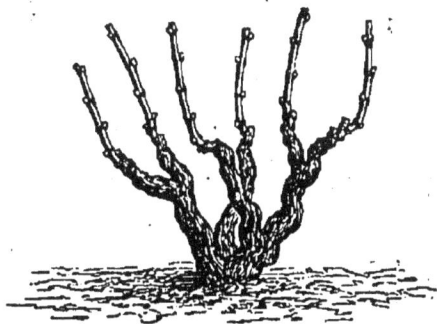

Fig. 35.— Souche taillée provisoirement pour faciliter le déchaussement.

à sarments étalés, si on veut retarder la taille et découvrir les pieds pour les fumer, on doit élaguer la souche en pratiquant une taille incomplète consistant à retrancher tous les sarments inutiles pour conserver ceux qui doivent constituer les coursons que l'on règle provisoirement à une longueur de 0^m,40 environ. C'est la pratique vulgairement appelée *espoudassage*.

Le déchaussement ordinaire se fait à bras d'hommes et on donne souvent ce travail à façon en payant 5 fr. le 1000, soit environ 22 fr. par hectare lorsque la terre a été préalablement labourée ; on dépense le double de ce prix si la terre n'a pas reçu encore cette culture.

Autrefois, surtout dans les anciennes vignes que l'on ne pouvait pas cultiver à la charrue, le déchaussement se faisait en plein, c'est-à-dire qu'on donnait aux augets une profondeur de 0^m,18 et un diamètre assez grand pour que leur circonférence fût presque tangentielle à celle des cintres voisins. Il en résultait une façon complémen-

taire pour le travail de la terre et dans ces conditions on
payait les ouvriers à raison de 8 à 10 fr. les mille souches découvertes. Aujourd'hui, avec l'augmentation du

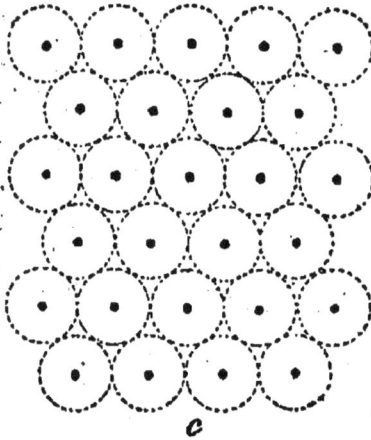

Fig. 36.— Vigne en quinconce
déchaussée en plein.

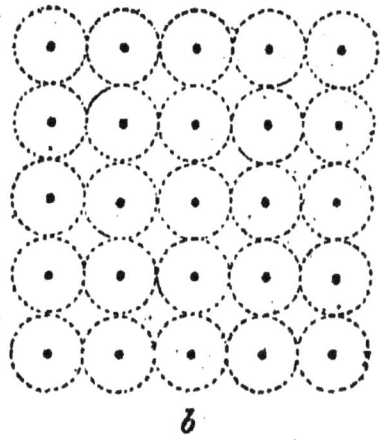

Fig. 37.— Vigne en carré
déchaussée en plein.

prix de la main-d'œuvre, il faudrait payer un peu plus
cher, mais en choisissant pour faire ce travail les premiers mois de l'hiver et en le pratiquant dans les vignes

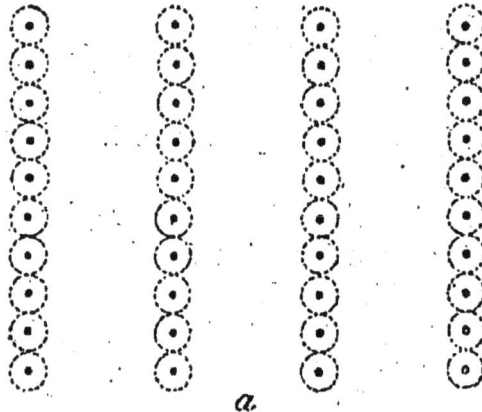

Fig. 38.— Vignes en ligne déchaussées.

assez âgées pour que la soudure bien aoûtée ne craigne
plus les froids rigoureux, on arriverait encore dans des
prix qui permettraient aux viticulteurs de donner à leurs

plantations cette façon supplémentaire qui n'était jamais négligée, autrefois, dans les vieilles clairetières de Marseillan.

Le déchaussement en plein ne peut se faire que dans les vignes disposées en carré ou en quinconce, car, dans celles plantées plus resserrées dans un sens que de l'autre, les cintres ne peuvent toucher ceux des lignes voisines et ne restent tangentiels que suivant l'alignement sur lequel les ceps sont le moins éloignés les uns des autres.

Autrefois, lorsqu'on donnait dans les vignes vieilles la première façon de labour à bras d'homme, on évitait de faire des augets en conduisant le travail de manière à

Fig. 39.— Vigne déchaussée et travaillée en sellette.

dégager les pieds des souches, pour tenir le terrain bombé au milieu des allées. On appelait cette façon travailler la vigne *en sellette*. Il en résultait que les ceps étaient tous découverts suivant une tranchée étroite mais continue. Le premier labour à bras est aujourd'hui presque complètement abandonné, mais on peut, avec des charrues spéciales dites déchausseuses, dégager le pied des souches, en pratiquant une tranchée suivant la direction d'une ligne.

Ce travail, entrepris de bonne heure, lorsqu'il est fait de manière à ce que les raies de déchaussement soient tracées en suivant la grande pente du terrain, permet son assainissement en facilitant l'écoulement de l'excès des eaux provenant de pluies abondantes.

3º *Culture ordinaire* — En parlant de la taille, j'ai déjà exposé les raisons qui me font retarder le plus possible les travaux du vignoble et les résultats que j'ai obtenus en renvoyant la plus grande partie de mes cultures après les grands froids. Je signalerai que les expériences de

M. Dehérain, sur les déperditions en azote de terres arables pendant l'hiver, sont venues expliquer scientifique-
ment les faits que j'avais observés dans ma pratique.
Mais indépendamment de l'économie des réserves en azote
du sol cultivé, il faut aussi considérer que la vigne étant
un arbuste vivace, il y a intérêt à la tailler le plus tard
possible, pour que son bois et ses bourgeons soient mieux
nourris. Exceptionnellement, dans les terres chlorotiques, on recommande de faire le contraire.

La croissance des végétaux n'étant pas complètement
arrêtée par la chute des feuilles, on doit admettre que
cette végétation insensible mais continue s'accomplit
mieux lorsque la vigne reste garnie de ses sarments et
qu'il est par suite avantageux de les supprimer aussi tard
que possible.

Certes, en taillant tard, sans dépasser pourtant le 15
mars, on s'expose à une déperdition de sève, peu importante il est vrai si on agit avant l'épanouissement des
bourgeons. Malgré cet inconvénient de pleurs plus abondants, lorsque le sol lui convient et qu'une certaine harmonie règle alors son assimilation, la vigne taillée en
mars végète avec une vigueur que l'on ne peut expliquer
que par l'accumulation pendant l'hiver de réserves pré-
cieuses pour son accroissement rapide

Enfin on a remarqué que les vignes supportent plus
facilement les gros froids de l'hiver si on ne les taille pas
que lorsqu'on les a débarrassées trop tôt de leurs sarments : en outre, le départ de la végétation étant un peu
retardé par la taille tardive, il s'ensuit que l'on a moins
à craindre sur les jeunes pousses les effets de la gelée
blanche. Certains cépages et particulièrement les Alicante-
Bouschet sont plus sujets que les autres aux effets désastreux de la gélivure, et on doit tenir compte de ce fait
dans l'ordre des façons. Mais, comme je l'ai aussi indiqué, il ne faut pas perdre de vue que les travaux ne
peuvent pas être complètement suspendus pendant l'hiver et qu'il serait onéreux de laisser les bêtes de trait

inoccupées pendant cette saison. Le personnel des
ouvriers peut, il est vrai, être réduit, et on doit d'ailleurs
trouver à l'employer utilement à la destruction du chiendent, au creusement des fossés, aux défoncements, etc.
Mais il ne serait pas économique de suspendre complètement le travail des attelages, et aussi faut-il tailler de
bonne heure une partie du vignoble pour avoir une superficie suffisante à cultiver.

Généralement, à Saint-Adrien, un tiers du domaine seulement est dégarni des sarments pendant l'hiver, et
je choisis à cet effet les vignes de la plaine, environ 7
hectares, et celles du diluvium alpin, environ 16 hectares. Les terres basses sont cultivées en premier lieu,
parce que lorsque le printemps est pluvieux, on né peut
plus les labourer à temps, et il en est de même des parcelles sableuses du diluvium alpin ; bien plus, pour ces
dernières, une autre difficulté est à prévoir, c'est que
lorsque le vent sec succède à la pluie, le sol durcit, se
prend en masse et ne peut plus être entamé par la charrue. En avançant les travaux pour ces terrains difficiles,
on compense les inconvénients de la culture d'hiver par
quelques avantages, et chaque année je les taille de
bonne heure pour les travailler, en laissant incultes les
deux autres tiers de mon vignoble.

Dans les terres basses, cette première façon est faite
après une taille à longs bois que l'on rabat en dernier
lieu au moment de la pousse des bourgeons. J'évite
autant que possible ainsi les dangers de la gelée si fréquents dans les plaines pour les vignes taillées de bonne
heure.

Mais avant d'entrer dans le détail des labours, ne faut-
il pas dire un mot des avantages que peuvent avoir les
cultures à bras comparées à celles des instruments aratoires. Cette question a été agitée de tout temps, et je crois
qu'il est utile de citer l'opinion d'un ancien praticien estimé comme Cazalis-Allut : « La plupart des agriculteurs
regardent les cultures à la main comme si supérieures

à la charrue qu'à les entendre on doit obtenir un double
produit par ce premier mode. C'est là une grande exagération. Je ne crains pas d'affirmer qu'une vigne qui est
déchaussée et reçoit *quatre labours* donnera un produit au
moins égal, pour ne pas dire supérieur, à celle qui ne
recevra que *deux façons à la main*. La terre sera mieux
divisée par quatre labours donnés de mois en mois que
par deux cultures à bras d'homme données à d'assez
grands intervalles l'une de l'autre. La terre, plus divisée,
aura l'avantage de tenir la vigne plus fraîche pendant
les grandes chaleurs, ce qui n'est pas sans importance
dans un climat aussi sec que le nôtre, et plus de fraîcheur accroîtra nécessairement le volume des raisins. Je
n'ai établi ma comparaison que sur deux façons à la main
et quatre labours, ce mode de culture étant le plus généralement usité. *La thèse change lorsque l'abondance des
bras et le prix plus modéré des journées permettent de
donner trois et quatre façons.* Dans ce cas, il n'y a pas à
hésiter : trois à quatre façons à la main valent plus que
quatre labours ; mais je répéterai que quatre labours
bien donnés valent plus que deux façons à la main également bien soignées. »

Aujourd'hui, presque toujours, la première culture
se fait à la charrue en cherchant à creuser le plus possible le guéret pour bien aérer la terre. Pratiquement,

Fig. 40. — Araire ancien.

les premiers labours doivent atteindre 15 à 20 centimètres
de fond. Généralement on commence à ouvrir le sol avec
l'ancien araire romain, vulgairement *araire plat,* en suivant les diagonales (*galig*) et on fait suivre cette façon
sommaire par le travail des allées principales des vignes

(*amples*) avec l'araire à versoir, en ramenant la terre au milieu des allées. Si on a le temps on croise par un labour perpendiculaire et on estime que la première façon est complète lorsqu'on a tracé 16 raies dans les vignes plantées à 1ᵐ50, savoir: 3 raies dans chaque *galis* et 5 raies dans chaque *ample*.

Si le travail est en retard, on se contente de creuser dans l'*ample* les 2 raies les plus près du pied et on complète plus tard la culture sans craindre de toucher les bourgeons en s'approchant trop des ceps.

Pour les labours d'été, on doit se borner à travailler les *amples*, et on diminue même le nombre des raies, lorsque la végétation ne permet plus d'approcher autant le versoir du tronc.

Il faut, autant que possible, éviter de travailler les terres à l'époque des gelées, de la floraison ou des grandes chaleurs; mais, dans un grand domaine, on peut éviter ces arrêts du travail, en choisissant avec discernement les terres à cultiver aux époques critiques.

Les variations des cépages, de la nature du sol et de l'exposition ou de l'emplacement de la vigne doivent guider un observateur attentif pour conduire les travaux

Fig. 41.— Charrue vigneronne attelée.

sans trop de témérité pendant les périodes considérées comme dangereuses pour la végétation.

Dans beaucoup de domaines, la première façon est

donnée complètement avec l'araire romain. Cet appareil
bien simple pénètre dans le sol avec une grande facilité,
même lorsqu'il a été durci par l'action des vents des-
séchants, mais il déchire le terrain sans le retourner.
Si, au contraire, les terres sont dans un état de cohésion
favorable au travail, on lui préfère avec raison la charrue
vigneronne dont le type le plus répandu est construit
par M. E. Vernette, de Béziers.

Fig. 42.— Charrue vigneronne.

Lorsque le terrain n'est pas suffisamment sec, il est
bon d'ouvrir la 1re raie avec l'ancien araire romain avant
de faire entrer la charrue vigneronne dans les vignes.
La pratique usitée à Saint-Adrien est de commencer à
donner les *galis* avec l'araire plat et de terminer la façon
en passant la charrue vigneronne dans les *amples*. On
évite ainsi de soulever la terre en mottes qui ne pourraient pas s'effriter à temps lorsque les travaux sont en
retard.

Les charrues vigneronnes sont généralement construites avec un versoir étroit, un soc à longue pointe mobile,
le tout ajusté sur un âge en fer que l'on adapte au

moyen d'une clavette dans la palette d'un brancard en bois disposé pour l'attelage d'une seule bête de trait. Le régulateur très simple, puisque la profondeur des labours ne dépasse jamais 0ᵐ20, est constitué par une vis s'engageant dans un étrier en fer qui porte le nom de bascule. Les différentes pièces de la palette sont retenues par des frettes en fer. Autrefois, on attelait ces

Fig. 43.— Sellette d'attelage.

Fig. 44.— Brancard en fer.

charrues avec un timon unique venant s'engager dans un joug porté par deux chevaux avançant chacun dans une allée différente. Il en résultait une grande difficulté pour tourner au bout des lignes et de plus les efforts des chevaux étaient mal équilibrés, en sorte qu'une bête était toujours plus fatiguée que l'autre.

L'usage du brancard ou fourcat est devenu aujourd'hui général. On attelle la bête avec un harnachement composé d'une sellette supportant le brancard au moyen d'une glissière dont on peut régler la longueur et d'un collier de labour muni d'anneaux en cuir (mansanes) dans lesquels on engage les bras que l'on retient par une cheville en bois sur laquelle s'opère la traction. Le harnachement est complété par une bride portant muselière pour empêcher la bête de brouter les pousses de la vigne et par des rênes en corde pour la guider dans son travail et lui faire tracer une raie bien droite.

Lorsque l'appareil est garni de chaînes, on remplace les anneaux en cuir par des crochets dans lesquels on engage un maillon de la chaînette.

Aujourd'hui, quelques industriels, suivant l'exemple donné par M. Guy, mécanicien à Agde, construisent des brancards en acier creux, qui sont peut-être un peu lourds, ou mieux des brancards en acier avec bouts en bois dont le poids plus réduit diminue l'effort du laboureur obligé à soulever la charrue pour tourner au bout de la raie.

Fig. 45.— Traînoirs simples et relevés de M. Saturnin Henry.

Il ne faut, en effet, jamais oublier que le poids total de la charrue et du brancard doit être le plus que possible réduit pour faciliter les tournées dans un espace très limité, sans briser les coursons des ceps plantés sur les bords de la terre. Pour conduire les charrues sur le lieu du travail, sans les charger sur une charrette, on a imaginé des traînoirs particuliers, sur lesquels on peut placer les instruments aratoires.

M. Henry Saturnin a perfectionné le brancard en acier en y ajoutant un écrou mobile qui se loge et est fixé par des vis dans l'épaisseur de la palette pour recevoir le régulateur, la bascule est ainsi supprimée.

Les charrues vigneronnes doivent toutes être construites dans des conditions de légèreté, de stabilité, de simplicité et de bon marché pouvant les rendre pratiques dans les grandes comme dans les petites propriétés.

On a adopté généralement un soc mobile, parce que les terres sèches et caillouteuses si nombreuses dans le Midi usent rapidement la pointe qu'il faut pouvoir remplacer pendant le travail, si cela devient nécessaire.

Ces charrues n'ont qu'un seul mancheron, ce qui laisse à l'ouvrier un bras libre lui permettant de guider la bête attelée au fourcat

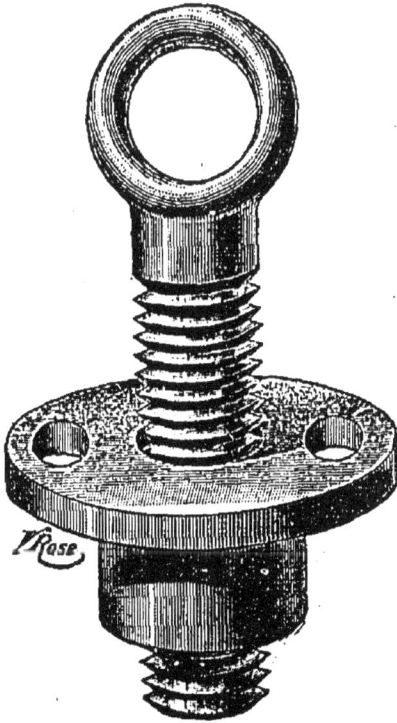

Fig. 46. — Ecrou mobile pour régulateur de M. Saturnin Henry.

pour éviter qu'avec ses pieds elle puisse endommager les coursons. Il faut que le brancard soit suffisamment élevé, afin que les bras passent au-dessus des souches et le versoir assez bas pour glisser au dessous des ceps. Toutes les pièces en fer de la charrue doivent être simples pour être facilement réparées par les forgerons du village. Enfin, le prix d'achat et les frais d'entretien doivent être très réduits.

Lorsqu'on obtient le tirage de la charrue vigneronne

par le brancard, on perd une partie de la force et on s'expose, dans les terrains difficiles, à des accidents de rupture des différentes pièces. Un praticien habile, M. Arbieu-Fesquet, a combiné un autre appareil évitant ces inconvénients. Dans ce nouveau système, la traction s'opère directement sur la charrue, un peu au-dessus de l'étançon, au point même où est fixé le couteau. Le tirage est obtenu au moyen d'une chaîne se séparant en deux à la naissance des bras du brancard, muni d'anneaux dans lesquels on engage ces branches qui viennent ensuite aboutir aux crochets du collier. Le brancard ne sert plus qu'à diriger la charrue et il peut être plus court. La traction par les chaînes étant directe utilise mieux l'effort développé par le cheval dont on peut économiser les forces.

La première façon a pour but de favoriser l'aération du sol et par suite la nitrification des matières organi-

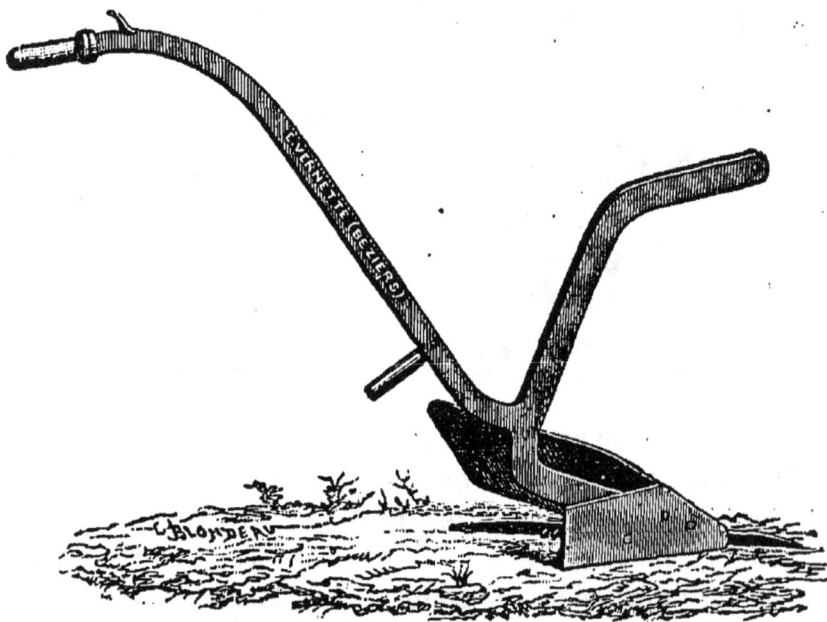

Fig. 47. — Déchausseuse de M. E. Vornette.

ques en réserve dans la terre et d'augmenter la provision d'humidité retenue par la couche arable.

On peut perfectionner le travail et approcher davantage la charrue du tronc en coudant le bas de l'âge pour faciliter son passage sous les bras. La charrue ainsi modifiée prend le nom de déchausseuse.

Les labours d'hiver sont très importants et on doit alors fouiller la terre plus profondément que lors des façons d'été, qui peuvent être plus superficielles. Dans les terres argileuses, lorsque le premier labour n'a pas assez pénétré, les terres se fendent pendant l'été et la récolte dépérit rapidement si une pluie bienfaisante ne vient pas à tomber à propos.

Dans le Midi, en effet, on a peu à compter sur la régu-

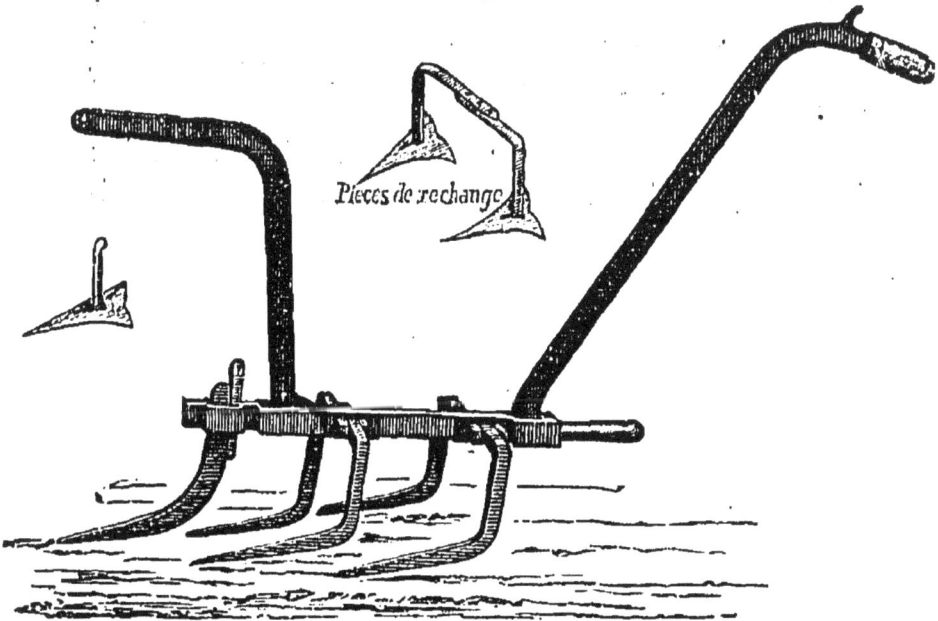

Fig. 48.— Gratteuse avec pièces de rechange.

larité des chutes d'eau, et il est important de ménager l'approvisionnement des pluies printanières. Aussi peut-on avancer que les cultures profondes de l'hiver sont d'autant plus utiles que les terres sont compactes et le climat plus sec.

Les premiers labours coïncident avec d'autres travaux confiés aux ouvriers: taille, déchaussage, greffage, fu-

mure, piquetage, et il est donc logique de n'employer
que la charrue pour les exécuter, car la main-d'œuvre
deviendrait insuffisante si on ajoutait à toutes les opéra-

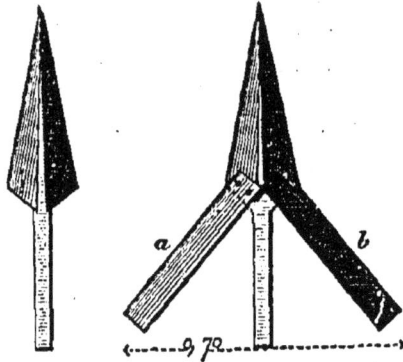

Fig. 49. — Soc de l'araire de l'Hérault simple
ou transformée en raclette.

tions que je viens d'énumérer le travail pénible de la
fouille du sol à la main. Ce n'est donc qu'exception-

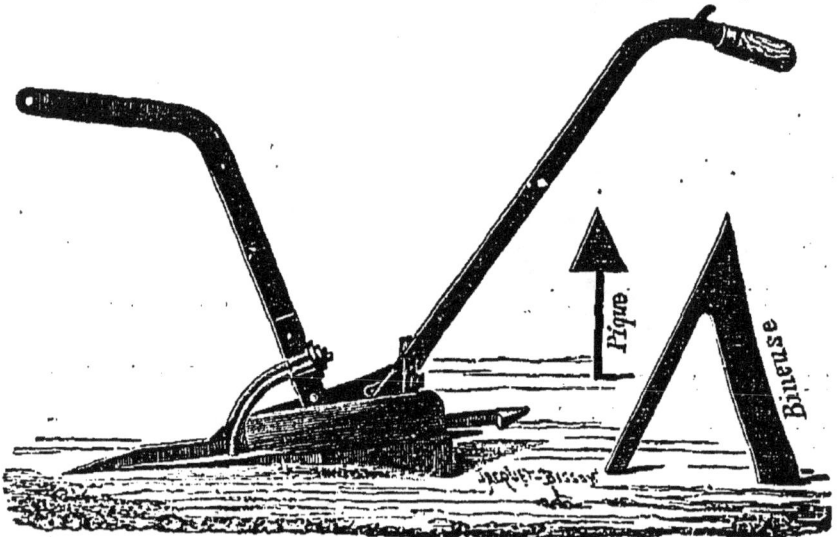

Fig. 50. — Araire dental de M. E. Vernette.

nellement que la première culture se fait à bras d'homme
avec l'aide des outils : bigot, trinque et rabassié.

Mais il n'en est plus de même pour les façons de binages, qui ont pour but d'entretenir la terre en bon état

d'aération et d'humidité. A ce moment, la main-d'œuvre
est moins rare et le travail moins pénible, puisqu'il n'est
plus nécessaire de pénétrer aussi profondément dans le
sol, mais par contre, avec des gratteuses vigneronnes,
des houes diverses, ou encore des bisocs, on peut
alors souvent, dans les terres meubles, obtenir un travail suffisamment parfait, bien plus économique et

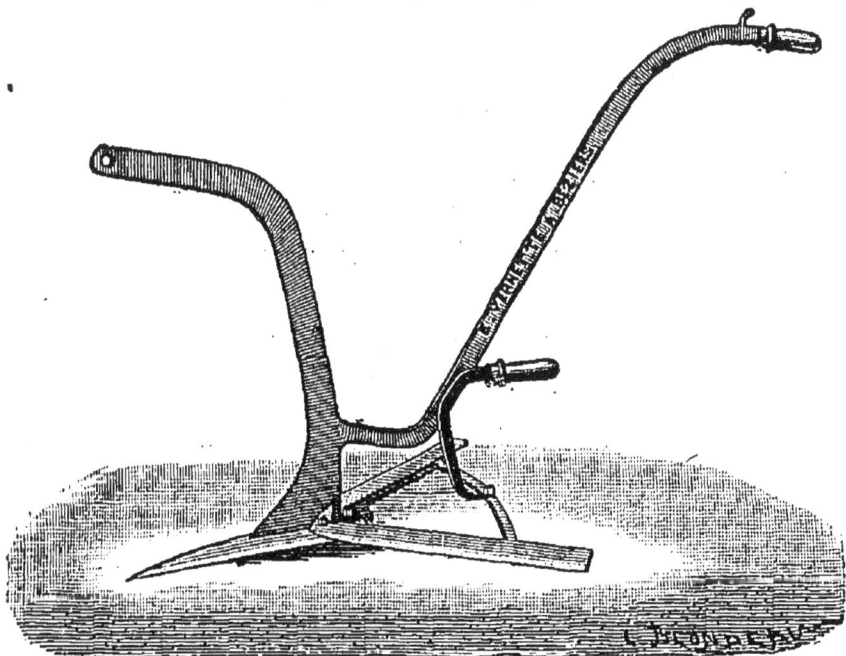

Fig. 51.— Bineuse à queue d'hirondelle de M. E. Vernette.

multiplier les façons pour ne pas laisser les herbes
envahir le terrain. Aussi les bons propriétaires doivent-
ils user à la fois de la main-d'œuvre et des instruments
aratoires pour maintenir la terre dans un émiettement
et une propreté qui permettent à la vigne de se développer avec vigueur malgré la sécheresse de l'été.

Il faut en effet, à la vigne, de l'humidité au pied, du
soleil à la tête et dans nos contrées méridionales, si dépourvues de pluies régulières, ce n'est que par le travail
du sol que l'on peut arriver à entretenir une végétation
vigoureuse en multipliant les cultures.

Les instruments aratoires combinés pour faciliter et rendre économiques les travaux de binage de l'été sont très nombreux, et sans parler de l'ancienne gratteuse, si

Fig. 52. — Houe cultivateur Pilter-Planet.

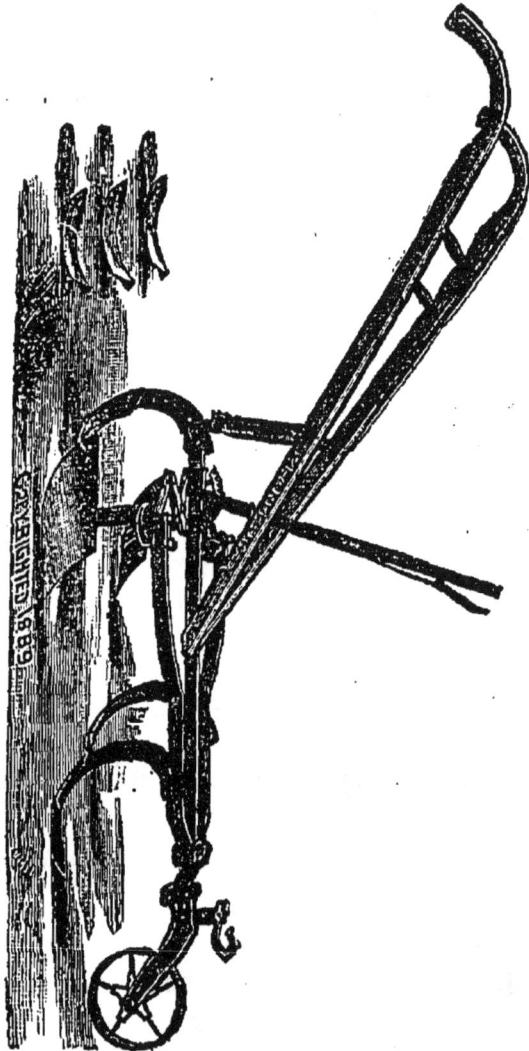

répandue dans nos vignobles du Midi et dont on peut modifier le travail par des pièces de rechange, sans insister sur la transformation en raclette de l'araire ancien, je donnerai le dessin de plusieurs instruments aratoires imaginés par M. Saturnin Henry ou par M. E. Vernette, constructeurs à Béziers, pour permettre d'entretenir éco-

nomiquement les terres propres lorsqu'un premier labour profond la suffisamment divisé le sol.

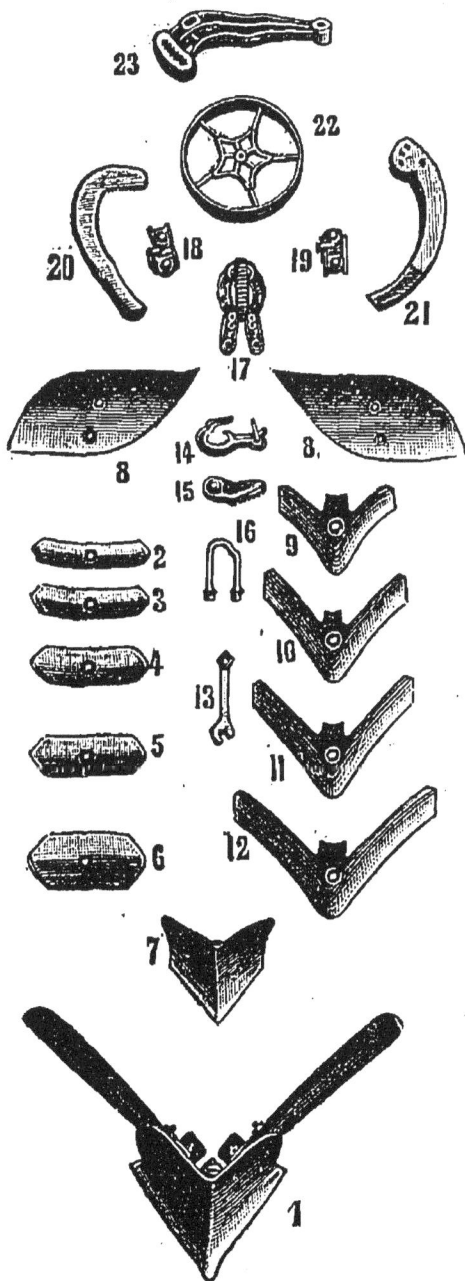

Fig. 53. — Accessoires des houes Pilter-Planet.

1. Soc butteur avec ailes,
2, 3, 4, 5, 6. Lames en acier.
7. Soc en acier.
8. Versoirs en acier (droite ou gauche).
9, 10, 11. 12. Socs triangulaires,
13. Clef.
14. Crochet de traction.
15. Crémaillère du levier de la roue.
16. Boulon-étrier de porte-socs.
17. Crémaillère d'écartement.
18. Cale de gauche de l'étrier.
19. Cale de droite de l'étrier.
20. Porte soc pivotant de côté.
21. Porte-soc fixe.
22. Roue.
23. Bras de la roue.

La houe Pilter est aussi très avantageuse pour ces travaux de binage. On peut facilement la transformer suivant les cultures particulières, profondes ou légères que l'on veut donner.

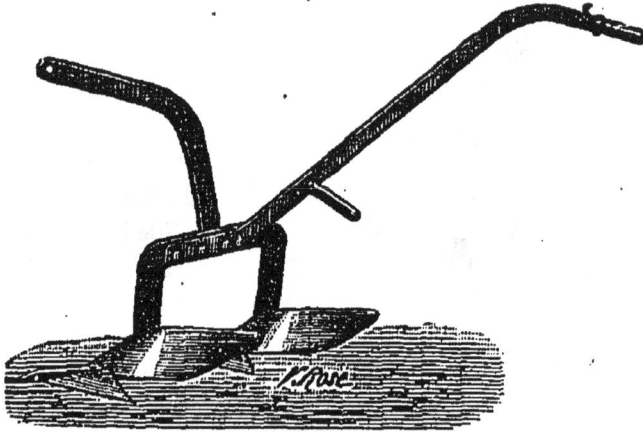

Fig. 54.— Bisoc de M. Saturnin Henry

Une description de ces instruments variés m'entraî-nerait trop loin ; un vigneron exercé comprendra leur

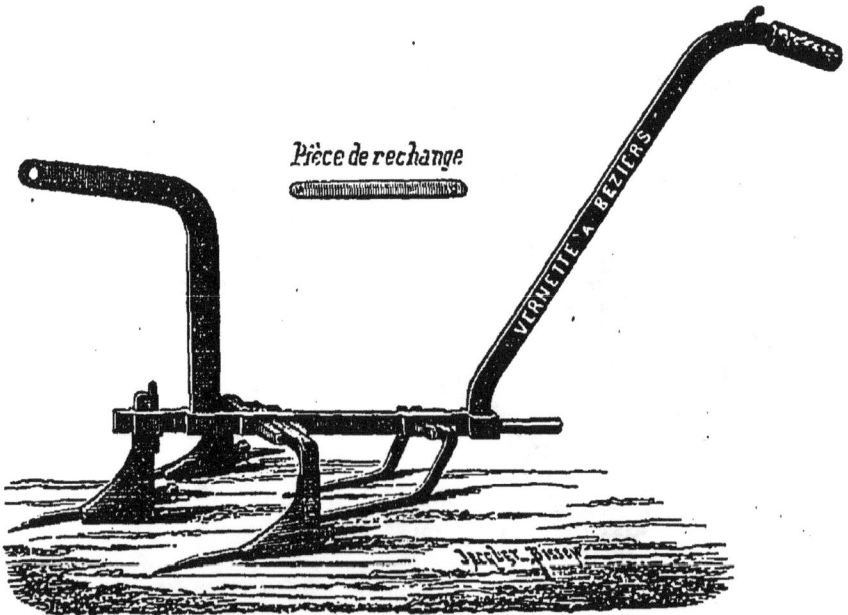

Pièce de rechange

Fig. 55.— Scarificateur avec pointes mobiles de M. E. Vernette.

fonctionnement à première vue et je me contenterai de

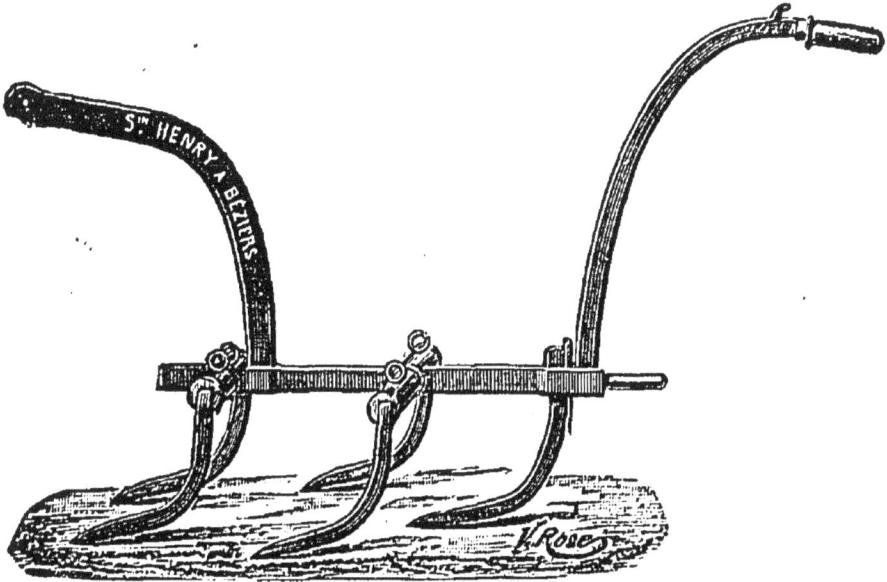

Fig. 56. — Nouvelle houe à cylindres et à goupilles de M. Saturnin Henry, montée en gratteuse.

reproduire les dessins des types perfectionnés les plus en

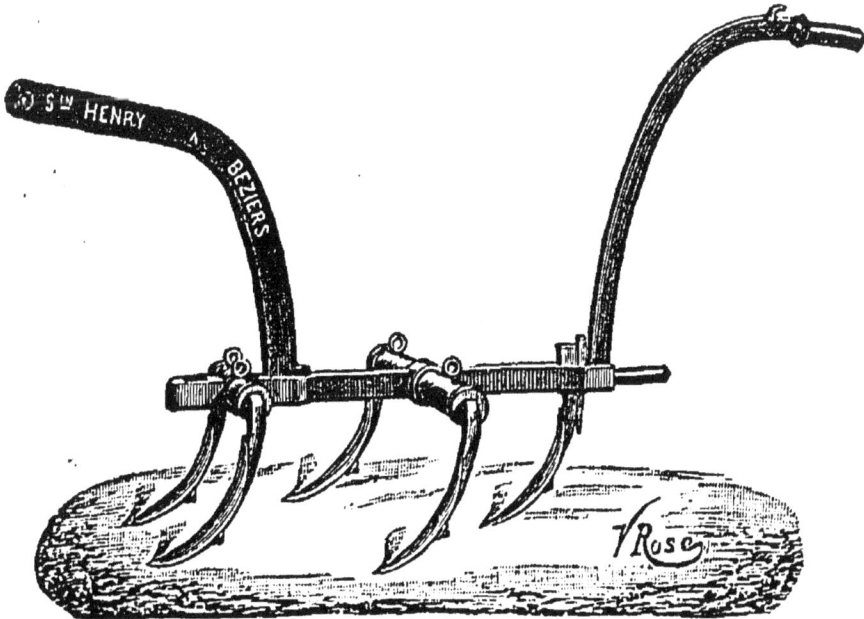

Fig. 57.— Nouvelle houe montée en cultivateur.

usage construits dans les meilleurs ateliers de notre région.

Je crois pourtant utile, pour indiquer comment on peut transformer les appareils perfectionnés en outils particuliers plus appropriés aux travaux que l'on en veut retirer, de reproduire la nouvelle houe de M. Saturnin Henry avec les quatre dispositions que l'on peut lui donner.

Fig. 58.— Nouvelle houe montée en bineuse.

On emploie tous ces instruments aratoires en les ajustant à un brancard, sauf la houe Pilter que l'on attelle ordinairement avec un palonnier. M. Arbieu-Fesquet a pourtant combiné un brancard mobile pouvant s'adapter à la houe Pilter.

Il est nécessaire de terminer les travaux par une façon à la main, puisque, lorsque les pousses ont pris un grand développement, la culture à bras d'hommes devient la seule possible dans les vignes. Il faut aussi commencer à labourer les terres dont les sarments sont couchés et terminer par le travail des vignes dont le port érigé per-

met sans inconvénients la circulation des diverses houes
à une époque plus tardive.

Un binage bien fait vaut, dit-on, un arrosage. Cet
adage est bien vérifié par la pratique des petits propriétaires qui, souvent, avec peu d'engrais, obtiennent des
récoltes abondantes, grâce aux façons qu'ils donnent de
leurs mains à leur petite terre avec autant de sollicitude
que d'à-propos.

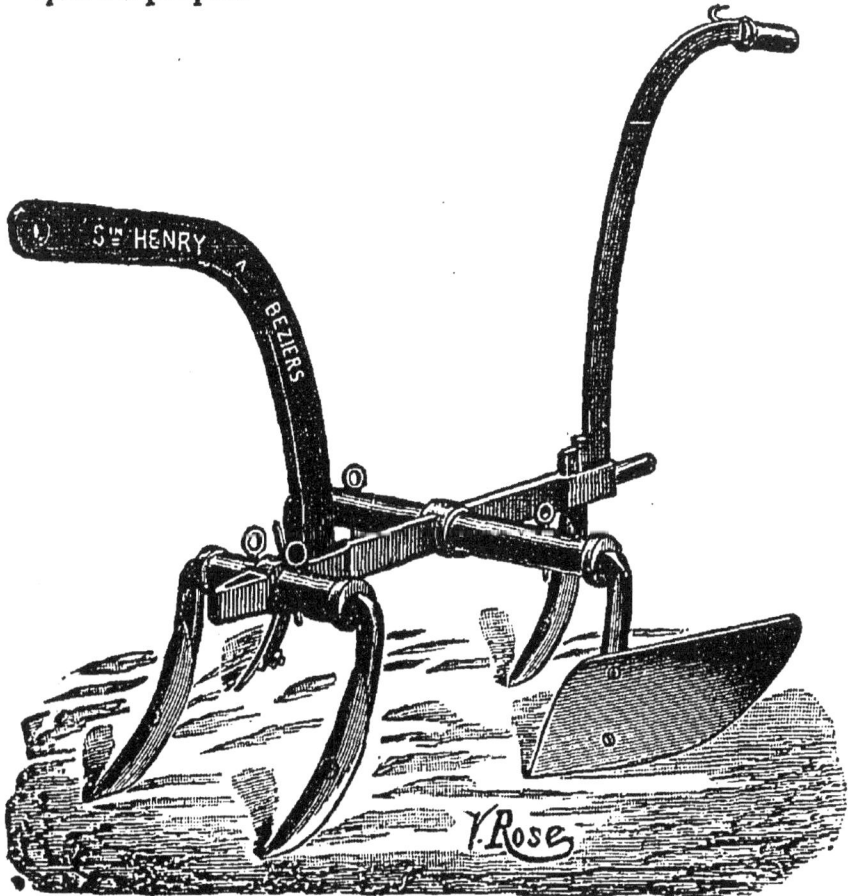

Fig. 59. — Nouvelle houe disposée pour chausser.

A Saint-Adrien, sans négliger les labours et les binages donnés avec les divers instruments aratoires, je
considère comme plus importants les travaux exécutés
par les ouvriers.

Les outils pour le travail de la terre à bras d'hommes varient suivant les régions viticoles; j'en donne ci-après plusieurs modèles, bien que dans mon exploitation le seul en usage soit le rabassié que nos ouvriers agricoles savent manier avec beaucoup de dextérité.

Pourtant, lorsque les vignes sont trop fourrées, on emploie, pour purger la terre d'herbes, des raclettes ou bineuses à main qui permettent de sarcler jusqu'à la

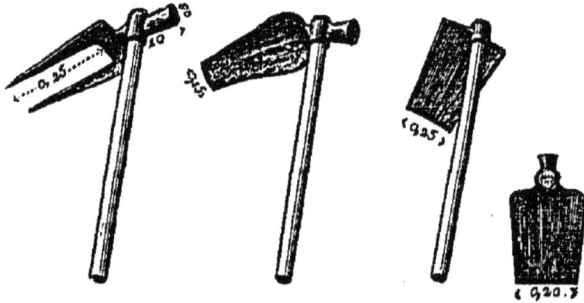

Fig. 60
Bigot
ou croc

Fig. 61
Trinque

Fig. 62
Rabassié
ordinaire

Fig. 63
Sape
pour binages

veille de la vendange. Quelquefois même on abat les herbes au moyen de pelles tranchantes.

Pour les cultures il n'y a pas de règle fixe, sinon celle que l'on ne doit jamais laisser les herbes se développer

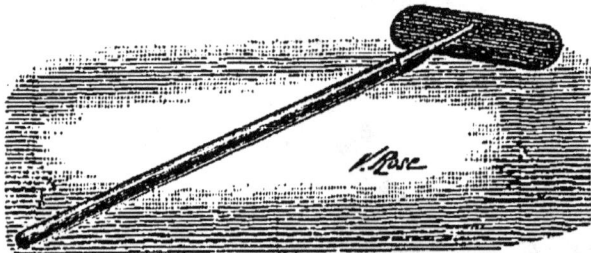

Fig. 64.— Bineuse à main de M. Saturnin Henry.

entièrement, c'est-à-dire qu'il faut multiplier les façons pour éviter que les plantes adventices dépassent leur floraison.

Il me paraît inutile d'insister sur le détail des labours, ce serait diminuer l'importance de la règle qui doit toujours être suivie : *Conduire le travail pour détruire complètement les herbes avant qu'elles ne deviennent nuisibles.* Aucune exception, aucune raison ne doit faire abandonner ce but à atteindre.

Il arrive quelquefois que dans les vignes submergées les travaux de culture sont faits en retard et que la char-

Fig. 65. — Bineuse à main triangulaire de M. E. Vernette.

rue soulève alors de grosses mottes que l'on est obligé à écraser de suite, dans ce cas, on a grand avantage à user d'un rouleau brise-mottes. Il est préférable de commen-

Fig. 66.— Bineuse à main rectangulaire de M. E. Vernette.

cer à gratteuser la croûte des terres submergées lorsqu'elles sont encore un peu humides au-dessous et de ne les labourer qu'après : ainsi on évite de soulever de trop grosses mottes et le travail du rouleau est alors bien facilité.

4° *Prix de revient des cultures.* — Les frais provenant de l'entretien de la vigne sont variables suivant que l'on donne une culture soignée ou incomplète ; mais on peut affirmer que, quels que soient les modes particuliers suivis, on arrive toujours à une dépense approchant de

300 fr. environ par hectare en comptant le prix du laboureur à 3 fr. et celui du cheval à 5 fr., soit 8 fr. pour la journée de labourage (1).

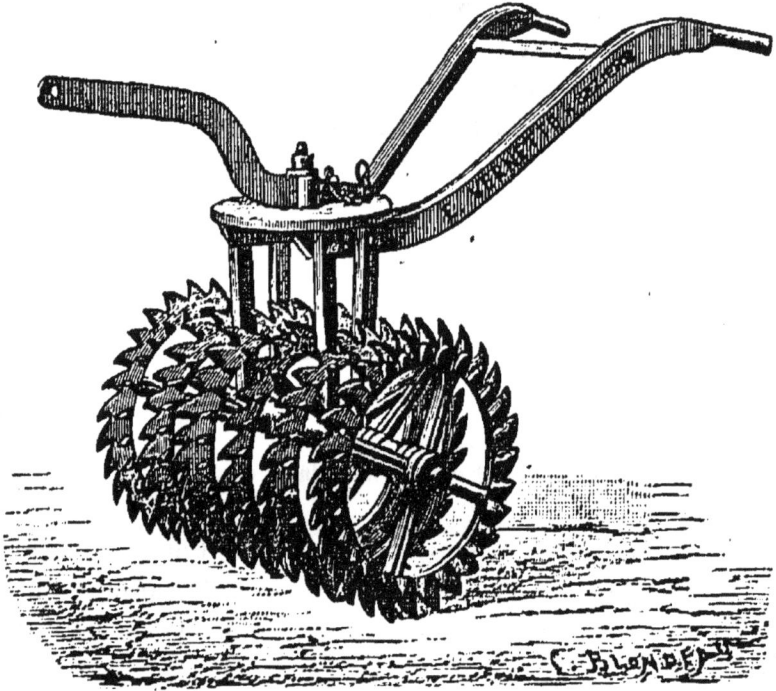

Fig. 67.— Rouleau brise-mottes de M. E. Vernette.

Voici un prix type établi sur ces bases :

Labours à la charrue (deux façons complètes) . . . . . 16 journées à 8 f. = 128 fr.
Un binage croisé à la gratteuse 4   —   à 8 f. = 32 —
Deux entrepiquages. 20   —   à 3 f. = 60 —
Un binage complet à la pioche. 25   —   à 3 f. = 75 —

En tout................. 295 fr.

Souvent le coût de la main-d'œuvre augmente, ce qui fait que, dans beaucoup de localités, on donne la préfé-

_____

(1) Je donnerai, à la fin du volume, des comptes établissant le prix de la journée effective d'une bête de trait.

rence aux travaux de binages exécutés avec les instruments perfectionnés. Dans tous les cas, l'entrepiquage,
c'est-à-dire le travail à la main du pied des souches pour
compléter les labours, est indispensable.

Une charrue devrait toujours être suivie par un ouvrier pour parachever son travail.

Comme je l'ai dit, chez moi je n'ai qu'une règle : faire
la guerre aux herbes et entretenir mes terres en bon état
d'émiettement pour conserver l'humidité emmagasinée
au début du printemps, en sorte que rien n'est régulier
dans mes cultures qui se succèdent sans interruption
dans certaines pièces, pour être moins fréquentes dans
d'autres, de sorte que je ne puis pas donner d'autre résultat pour mon exploitation particulière que le prix total moyen de 300 fr. par hectare d'après mon livre de
compte. Certaines pièces, dans mon domaine, peuvent être entretenues en bon état par des cultures légères d'été, succédant à un labour complet d'hiver, d'autres,
au contraire, reçoivent, indépendamment des binages
d'été avec les instruments aratoires, deux façons à la
main. J'ajouterai qu'indépendamment de la variation
de l'humidité du sol, la nature des engrais peut faciliter
la pousse des herbes, ce qui oblige à multiplier les façons dans les pièces plus particulièrement envahies par
les plantes adventices. Je dois pourtant fixer mieux les
dépenses nécessaires pour l'entretien du vignoble en bon
état d'entretien, suivant la méthode que l'on aura adoptée.

Si on choisit la seule culture aux instruments aratoires, on doit faire 4 labours croisés : en admettant qu'un
cheval attelé puisse travailler 25 ares par jour, on trouve
32 journées d'araires, revenant à 8 fr. l'une, soit en
tout. . . . . 256 fr.

En outre, 2 entrepiquages, y compris le travail des bords de la vigne, soit 20 journées
d'hommes à 3 francs, ... 60 fr.

$\overline{\qquad\qquad}$
316 fr.

Si on cultive entièrement à la main, il faut 25 journées en moyenne par façon, soit pour 4 façons, 100 journées à 3 fr. = 300 francs. Cette dépense augmente beaucoup les années où la main-d'œuvre venant à faire défaut, les salaires s'élèvent au-dessus de 3 fr.

Il semblerait donc que les deux modes de culture sont équivalents comme débours en temps ordinaire. Pourtant on peut facilement diminuer la dépense des labours d'été en employant des instruments aratoires permettant de faire le double de travail avec une seule bête: gratteuses, houes, bisocs, etc., ce qui permet de cultiver le vignoble avec 24 journées seulement de labours revenant à. . . . .   192 fr.
auxquels il faut ajouter 2 entrepiquages . . . .   60 fr.
                                                                                  252 fr.

Dans les vignes à grande végétation, la dernière façon doit être toujours donnée à la main, ce qui supprime un des labours de binage du prix de 32 fr., pour le remplacer par le travail à bras revenant à 75 fr., soit une augmentation de 43 fr., faisant revenir la culture complète à 295 fr., auxquels il faut ajouter les frais généraux grevant les travaux quelle que soit la manière de les conduire. Pratiquement la culture intensive comprend donc 2 labours complets avec entrepiquages, un binage avec instrument perfectionné, un binage à bras.

CHAPITRE IV

ENGRAIS

1° Besoins de la vigne : Proportion des éléments absorbés par la vigne. — Avantages de l'entretien de la fertilité du sol. — Expériences discordantes — Dangers d'un excès de fumure azotée. — Sources diverses des éléments azotés assimilables.

2° Prépondérance de l'acide phosphorique dans la végétation : Remarques faites par différents viticulteurs. — Observations générales sur le rôle de l'acide phosphorique. — Actions spécifiques des phosphates. — Appauvrissement du sol en phosphates.

3° Fumures ordinaires : Préparation et épandage des fumiers de ferme. — Composition variable de ces engrais. — Sources naturelles de la potasse. — Nécessité des engrais complémentaires. — Engrais potassiques. — Supériorité des phosphates des os.

4° Choix et pratique des engrais : Chiffons, tourteaux, cornailles. — Avantages de la torréfaction des engrais d'origine animale. — Exemples et prix de fumures rationnelles et complètes.

1° *Besoins de la vigne.* — Les travaux culturaux ont une grande influence sur le développement et la fructification de la vigne ; ils favorisent la pousse des racines, provoquent la mobilisation des réserves du sol et maintiennent la fraîcheur de la terre en facilitant l'absorption de l'eau de pluie comme en s'opposant à son évaporation trop rapide.

Autrefois on trouvait, même dans le Midi, beaucoup de vignobles qui recevaient si rarement des engrais qu'on pouvait les considérer comme conduits sans fumure ; la vigne y végétait normalement, mais ne donnait que de faibles produits. Cazalis-Allut, dans ses écrits, s'est même prononcé contre les avantages généralisés de la fumure des vignes, en citant quelques cas particuliers où l'on n'avait pu en retirer une augmentation de récolte. Ces expériences, disons-le, étaient faites dans des terrains maigres qui auraient exigé, pour devenir fertiles, des quantités d'engrais supérieures aux anciennes fumures parcimonieuses et incomplètes.

Si on évaluait seulement les besoins de la vigne par la petite quantité d'éléments azotés ou minéraux qu'elle absorbe pour son accroissement, on serait porté à admettre que les réserves du sol sont plus que suffisantes pour alimenter copieusement les ceps Voici en effet, d'après M. Müntz, les matériaux enlevés à la terre par une récolte abondante comme celle du vignoble de Verchant, qui me paraît mieux répondre à la moyenne générale des bonnes exploitations de l'Hérault que les autres domaines cités par le savant professeur.

Matières fertilisantes absorbées par hectare

	Azote	Acide phosphorique	Potasse	Chaux	Magnésie
Vin 94h.27...........	2.659	2.076	11.237	1.129	0.233
Marc 292kg3 sec.	6.314	1.871	3.712	3.039	0.731
Feuilles 1255kg7 sèches.	22.351	3.893	7.785	62.910	1.883
Sarments 750kg4 secs..	5.553	2.026	5.478	12.757	1.201
Lies 22kg4 sèches.....	0.630	0.125	2.240	0.336	traces
	37.507	9.991	30.452	80.171	4.048
Soit environ en tout..	37kg5	10 kil.	30 kil.	80 kil.	4 kil.

On pourrait même, à la rigueur, penser qu'une partie des feuilles et des sarments et presque tout le marc pouvant revenir à la terre, les éléments dont elle est épuisée ne correspondent qu'au vin produit. Je considère cette manière de raisonner comme inexacte, car les feuilles, balayées par le vent, vont pourrir dans les fossés, et leurs détritus sont entraînés par les eaux dans les ruisseaux ; les sarments sont en partie brûlés hors du domaine, et ce n'est que la petite quantité utilisée dans les foyers du siège de l'exploitation qui donne des cendres que l'on peut incorporer aux fumiers d'écurie pour les enrichir en sels minéraux. Je crois donc prudent d'admettre que le terrain est appauvri chaque année de tous les matériaux que le cep en retire, pour former les pousses annuelles et les fruits de la récolte; il n'en est pas moins vrai que dans tous les cas, les analyses le prouvent, la vigne épuise moins le sol que les autres cultures. Et pourtant, la pratique indique d'une manière bien nette et bien définie qu'il y a intérêt à donner aux ceps des matières fertilisantes en abondance.

Les viticulteurs soucieux d'augmenter leurs revenus ne se contentent pas d'utiliser les fumiers provenant des écuries de leur domaine, mais s'accordent pour acheter des engrais en quantité suffisante pour fumer leur vignoble au moins chaque trois ans, le plus souvent tous les deux ans et quelquefois tous les ans.

La vigne bien entretenue voit en effet ses produits augmenter en proportion souvent considérable, dépassant, dans presque tous les cas, de beaucoup les dépenses d'achat et d'épandage des engrais qu'on y apporte. Mais si on est convaincu de l'importance générale des fumures pour maintenir le vignoble en bon état de production, on diffère au contraire complètement sur le choix des matières fertilisantes. La raison en est qu'assailli par les marchands toujours prêts à dénigrer les produits de leurs concurrents et à exagérer la valeur de leur marchandise, le propriétaire se trouve tellement embarrassé qu'il varie chaque année ses achats, ce qui le met dans l'impossibilité presque absolue de bien se rendre compte de la valeur d'un engrais dont l'effet peut être prompt ou lent à se produire.

Supposons, en effet, qu'à des matières fertilisantes de décomposition lente on fasse succéder d'autres à absorption rapide, on arrivera à accumuler les effets des deux fumures dans la même année, ce qui troublera les résultats. D'ailleurs, la nature du terrain intervient et il ne faut pas oublier que le meilleur engrais est constitué par les matières utilisables par la plante, mais que le sol ne peut lui fournir en proportion suffisante. Un exemple peut en être donné par les magnifiques résultats que l'on obtient par le chaulage des terres complètement dépourvues de chaux, tandis que généralement les terrains cultivés sont assez riches en calcaire, pour que l'on puisse négliger la restitution de cet élément essentiel de la végétation que j'aurai à étudier plus particulièrement en parlant de la chlorose de la vigne. Le seul moyen de vérifier la valeur d'un engrais est de réserver une partie du domaine pour le recevoir plusieurs années de suite.

Il n'y a pas de règles fixes à tirer de la pratique compliquée de l'entretien des vignobles. Je ne puis pas partager l'opinion de M. Müntz, malgré l'autorité incontestée de son nom, lorsque, d'après son enquête sur les vignobles de l'Hérault, il donne le premier rang aux matières azotées pour fertiliser la vigne, et conseille de distribuer les autres substances utiles en quantité moins importante que l'azote.

Je considère, au contraire, que sans négliger l'azote des engrais, il est plus souvent nécessaire de distribuer les éléments minéraux en plus grande proportion. La nature des terrains doit intervenir certainement pour déterminer le choix des engrais, mais, en outre, l'alimentation de chaque espèce végétale est réglée par des phénomènes compliqués par l'intervention des microbes du sol sur les éléments absorbés par la plante.

Les conclusions de M. Müntz sont conformes à l'opinion ancienne des praticiens de la région qui considèrent les matières azotées comme les plus favorables à la végétation de la vigne, et plusieurs éminents viticulteurs, tout en admettant la nécessité de compléter les engrais organiques par des sels minéraux, sont convaincus que l'azote doit dominer dans les fumures de la vigne, mais on peut leur opposer des expériences contraires.

J'ai obtenu, dans mon domaine, des résultats si mani-

festes en forçant la proportion des composés minéraux
dans mes engrais que je me sépare des partisans des fumures principalement azotées.

On pourra m'objecter que l'analyse des matériaux élaborés par la vigne indique que l'azote est fixé par ses
tissus en quantité bien supérieure à la potasse, à l'acide
phosphorique et à la magnésie ; je répondrai que les
mêmes études démontrent que c'est la chaux qui
domine dans les pousses annuelles des ceps, et que,
si on suivait les indications brutales de la composition
élémentaire sans les discuter, ce serait la chaux que l'on
devrait considérer comme devant être donnée en abondance à la vigne avant l'azote.

Pour moi, l'analyse démontre que, dans tous les terrains de notre région qui sont, on le sait, généralement
assez riches, la vigne puise gloutonnement la chaux, l'a-
zote, avec facilité la potasse, et n'absorbe l'acide phosphorique et la magnésie qu'avec difficulté.

Aussi, si on compare les différents terrains, on trouve
que c'est dans ceux qui sont riches en carbonates de
chaux et en matières organiques que les vignobles sont
plus facilement atteints par le phylloxera, la chlorose,
le court-noué et par les maladies cryptogamiques, et
qu'au contraire, comme l'a démontré M. Dejardin, ils se
défendent mieux dans les terres riches en phosphates et
en magnésie.

Il faut donc se préoccuper de donner à la souche ces
éléments essentiels qu'elle ne puise qu'avec difficulté
dans le sol, sous une forme plus assimilable qui assure
leur absorption par le cep. On doit en outre les incorporer dans le sol en quantité suffisante pour que les radicelles puissent les rencontrer dans toute la masse de
la terre dans laquelle elles se développent; il faut les
apporter sous une forme assez soluble pour qu'ils se
répandent uniformément dans toute l'épaisseur de la
couche arable.

Je suis loin d'exclure l'azote de mes fumures : j'en

réduis seulement la dose. Les résultats que j'ai obtenus dans ma pratique personnelle me font approuver complètement les conclusions du rapport présenté au Congrès de Montpellier par mon savant collègue, M. Pastre, qui a très bien résumé les conditions économiques de l'emploi des engrais et a précisé les avantages de la fumure intensive et progressive pour les vignobles.

J'ajouterai que personnellement, je considère l'exagération des fumures azotées comme une faute grave pour la sécurité de la récolte et la bonne qualité du vin. J'estime même que ces engrais trop azotés sont funestes à la durée des vignes lorsqu'on les prodigue trop tôt aux jeunes plantiers, et qu'il est préférable de favoriser leur développement par de nombreux labours.

Le professeur Wagner a indiqué qu'un fumage rationnel et substantiel n'augmente pas seulement la récolte, mais rend les ceps plus résistants à toutes les influences nuisibles et améliore la qualité du vin.

D'après M. Damseaux, l'emploi exclusif des engrais azotés favorise le développement des maladies cryptogamiques. Ce savant professeur, en parlant spécialement de la vigne, a écrit :

« Diverses observations tendent à établir que l'acide phosphorique exerce une action accélératrice sur la maturité du raisin ; la vigne mûrirait plus tôt et plus complètement ses grappes quand on fait usage d'engrais phosphatés que lorsqu'elle en est privée. Nous ajouterons qu'une bonne alimentation au moyen d'engrais appropriés assure non seulement des récoltes plus abondantes, mais aussi une proportion de sucre dans les grappes. Il est même vraisemblable, ainsi qu'on l'affirme d'ailleurs, que le vin est de meilleure consommation et plus parfumé lors de l'emploi judicieux des engrais concentrés que lorsqu'on fait un usage exclusif d'engrais d'étable, auquel on a souvent adressé le reproche d'exercer une influence fâcheuse sur la saveur du vin.

»Ainsi qu'on le constate aujourd'hui dans les meilleurs cépages, un emploi rationnel des engrais de ferme avant l'hiver, combiné avec les engrais complémentaires, garantit, avec l'abondance et la résistance aux maladies, la meilleure qualité possible dans les conditions où on se trouve placé. »

J'aurai successivement, à propos des maladies de la vigne, à démontrer l'influence nuisible des engrais à excès d'azote. Pour le moment, je me contenterai de signaler que les vignes fumées exclusivement avec des matières organiques azotées sont plus facilement attaquées par la pourriture.

Sans insister sur le pourridié des racines qui est favorisé par un excès de matières organiques en décomposition dans le sol, j'ai dû constater dans ma pratique que les engrais azotés donnaient lieu à une pourriture excessive des raisins lorsque la saison devenait humide à l'époque de la vendange. Cela résulte surtout des faits observés dans les vignes vieilles de Clairette d'Amirat qui étaient fertilisées par mon père avec beaucoup de substances organiques azotées et qui produisaient des récoltes plus abondantes que les vignes voisines non fumées les années dont la vendange était favorisée par le beau temps ; tandis que lorsque la pluie venait contrarier la rentrée des raisins, elles ne donnaient que peu de produits par suite de leur envahissement par la pourriture qui n'atteignait pas autant les vignes moins bien entretenues dans les mêmes terrains. Avec les engrais complémentaires phosphatés, ces inconvénients disparaissent.

En parlant de la chlorose, du court-noué et des maladies cryptogamiques, j'étudierai plus particulièrement l'influence pernicieuse des matières à excès d'azote sur les maladies de la vigne. Pour le moment, il me suffira de signaler que leurs bons effets ne sont qu'éphémères et qu'elles appauvrissent le sol.

Les engrais à excès d'azote ne peuvent donner de résultats qu'en enlevant au sol les réserves disponibles des éléments minéraux absorbés par les ceps en plus grande quantité, sous l'influence de ces fumures incomplètes.

Déjà, le fait avait été signalé par M. Henri Marès dans sa déposition lors de l'enquête sur les engrais :

« Je connais des exemples de cultures dans lesquelles on employait la substance la plus riche, celle qui donne tout d'abord, lors des premières applications, les résultats les meilleurs, les chiffons de laine, et où, après un emploi trois ou quatre fois répété, cet engrais a fini par ne plus donner de résultat appréciable. Ce que je dis des chiffons, on peut aussi le dire des tourteaux, qui se trouvent dans les mêmes conditions. »

Je citerai encore, sur ce sujet, Liebig :

« A Bungen, sur le Rhin, on avait obtenu des résultats fort avantageux pour la vigne, en faisant usage d'un engrais de rognures de corne ; mais après quelques années, le rapport des feuilles et du bois, le rendement de la vigne en général diminuèrent, au grand détriment du propriétaire, et il eut bien sujet de se repentir de s'être écarté du procédé d'engraissement usité dans ces pays et reconnu pour y être le meilleur. Par l'emploi des rognures de corne, la vigne fut surexcitée dans son développement ; dans deux ou trois ans, toute la potasse qui en aurait assuré l'existence future fut ainsi consommée par la formation du fruit, des feuilles et du bois que l'on enlevait aux vignobles pour les remplacer, car l'engrais qu'on y amenait ne contenait pas de potasse.

»Près du Rhin, on rencontre des vignobles dont les ceps sont âgés de plus de 100 ans, mais ils atteignent cet âge seulement lorsqu'on engraisse le sol avec du fumier de vache, qui est le plus pauvre en azote et le plus riche en potasse. »

L'expérience a démontré que le nitrate de soude ne peut être employé avec avantage que dans les sols abondamment pourvus de tous les éléments minéraux, car il deviendrait nuisible en épuisant les réserves des

terrains qui manqueraient d'une seule des substances nécessaires pour la végétation régulière de la vigne.

Damseaux, dans sa brochure sur les effets que l'on
peut retirer de l'emploi judicieux du nitrate de soude,
donne les indications suivantes :

«Aussi est-il devenu de règle presque générale de n'employer le nitrate que simultanément avec les phosphates
à action rapide. Ne donner que de l'azote aux terres, quelque frappants que soient ses effets, c'est suivre les erre-
ments dommageables de la *culture vampire*, selon l'expression de Liebig.»

Il faut donc associer l'azote aux éléments minéraux
utiles, si l'on ne veut pas détruire la fertilité du sol ;
mais si l'on admet que, dans certaines cultures, la terre,
loin de s'appauvrir en azote, peut maintenir et quelquefois augmenter ses réserves en substances azotées,
on sera amené à discuter si, pour la vigne en particulier,
ces circonstances favorables ne se présentent pas et s'il
n'y a pas lieu d'en tenir compte pour modérer l'apport
des engrais organiques azotés.

On sait, d'après des études récentes, combien les microbes du sol et principalement ceux qui se développent
sur les racines des légumineuses sont susceptibles d'enrichir la terre arable en éléments azotés, puisés dans le
réservoir immense de l'atmosphère.

Sans insister sur l'hypothèse que la vigne pourrait,
comme les racines de la luzerne, être le siège du développement de ces parasites bienfaisants, il me suffira
d'indiquer que le mode de culture continue de la vigne,
maintenant l'ameublissement et l'aération de la couche
superficielle pendant le printemps et l'été, favorise la
multiplication de tous ces micro-organismes, les uns fixa-
teurs de l'azote atmosphérique, les autres ayant pour
propriété particulière de transformer en sels solubles les
matières azotées en réserve dans le sol. Lorsque les
cultures sont peu profondes, l'action nitrifiante ne se
produit que dans une couche de terre de peu d'épais-

seur et, en outre, les pluies étant rares sous notre climat méridional, il y a moins à redouter que les sels azotés solubles soient entraînés dans le sous-sol ou perdus par l'excès d'eau s'écoulant au dehors de la vigne.

Il n'est pas d'ailleurs à craindre que cette couche superficielle s'épuise en éléments organiques, car non seulement elle est chaque année enrichie par les débris de la végétation aérienne et souterraine des ceps, mais, en outre, par l'effet des cultures d'été, on incorpore constamment dans les vignobles, soumis pour ainsi dire à une *jachère travaillée*, toutes les mauvaises herbes qui naissent dans les interlignes. Les matières organiques du sol dans un vignoble sont ainsi renouvelées d'une manière continue.

L'expérience d'ailleurs a démontré que lorsqu'on arrache une vigne, le terrain est si peu épuisé en principes azotés que, sans aucun apport d'engrais, on peut retirer de la terre retournée à la charrue plusieurs récoltes de céréales et, dans ces champs, les premières années, on retrouve l'emplacement des ceps, par suite des touffes d'herbes plus vigoureuses qui poussent sur les points enrichis auparavant par le renouvellement des radicelles des souches.

S'il faut à la vigne des engrais azotés bien appropriés pour l'alimenter au moment du départ de la végétation, elle peut, dans les autres périodes de sa vie active, suffire à ses besoins d'azote; j'ai essayé d'en donner plusieurs raisons, mais il est difficile de déterminer celle qu'il convient de considérer comme la plus importante.

Il était pourtant nécessaire de démontrer que la vigne pouvait être constamment enrichie en matières organiques par la nature même de sa culture, car il résulte de ce fait l'importance plus grande que l'on doit accorder aux engrais minéraux pour accroître les récoltes que l'on cherche à obtenir.

2° *Prépondérance de l'acide phosphorique dans la végétation.* — L'influence des éléments minéraux a été mise en évidence, sans être sérieusement contestée, au Congrès de Montpellier, dans un milieu pourtant favorable par tradition aux fumures azotées, et je crois utile de rappeler quelques-unes des déclarations qui ont été faites alors par plusieurs orateurs qui ont plus tard précisé encore mieux leur opinion.

Tout d'abord, M. Castel, ancien président de la Société d'agriculture de l'Aude, certifie que l'acide phosphorique a un rôle prépondérant, qu'il donne de la vigueur et de la rusticité à la vigne, qu'il influe sur la production des pépins, hâte la maturité du raisin, augmente sa teneur en sucre et régularise la fermentation. Que les engrais phosphatés ont une influence capitale au point de vue de la production des récoltes, qu'ils provoquent l'émission et le développement des racines, ont une action sur la fécondation de la vigne et empêchent la coulure, qu'ils augmentent la résistance du porte-greffe à la chlorose et facilitent l'aoûtement du bois. D'après mon distingué collègue, pour savoir si l'acide phosphorique est en quantité suffisante, il faut examiner les pépins où il se localise principalement, ils doivent être bien nourris et ventreux.

D'après M. Lagatu, les phosphates avancent l'époque de la maturité.

D'après M. Zacharewicz, l'acide phosphorique facilite l'aoûtement du bois.

Dernièrement, ce distingué professeur écrivait :

«Dans les fumures à apporter, nous recommandons surtout de doubler la dose d'acide phosphorique. En opérant ainsi, nous avons eu des sarments plus résistants aux vents et dont la végétation et la fructification se sont maintenues pendant les quatre ans que le rognage a été opéré.»

D'après M. Malafosse, la coulure proviendrait souvent

du manque de phosphore dans la plante, et, au moyen des phosphates, on évite l'invasion des terreaux par les cryptogames.

M. Joulie a distingué l'action de chaque élément minéral sur la formation du fruit :

«Si la chair de la baie est abondamment développée, c'est que la potasse, qui spécialement produit sa formation, existe dans le sol en quantité suffisante.

»Si le pépin est bien développé, c'est que l'acide phosphorique qu'il lui fallait a été livré par un sol qui en était suffisamment pourvu.

»Un beau fruit bien équilibré indique une teneur suffisante à la fois en acide phosphorique, en potasse et même en magnésie.»

Plusieurs viticulteurs distingués de notre région, et parmi eux je citerai MM. Pastre et Culeron, ont tiré de leurs vignobles de gros revenus en leur distribuant avec abondance des engrais complets et en donnant la prépondérance aux éléments minéraux dans leur composition.

Ces remarques sont tout à fait conformes aux faits observés dans mes cultures depuis dix ans que j'emploie sur les mêmes parcelles l'acide phosphorique à haute dose, soit par l'apport d'engrais appropriés, soit en enrichissant mes fumiers d'étable en phosphates.

Déjà, en 1888, mon opinion sur le rôle important de l'acide phosphorique dans la végétation était tellement arrêtée que j'ai résumé alors les faits qui démontrent combien on doit se préoccuper d'augmenter les doses de phosphates dans la fumure de la vigne.

Je crois utile de résumer cette étude pour démontrer l'importance de l'acide phosphorique dans la végétation, bien que ce ne soit que depuis peu d'années qu'on ait reconnu l'utilité des engrais phosphatés.

Théodore de Saussure constata, en 1804, la présence du phosphate de chaux dans les végétaux :

«J'ai trouvé, dit-il, ce sel dans les cendres de toutes les plantes que j'ai examinées, et l'on n'a aucun motif pour admettre qu'elles puissent exister sans lui.» Mais ce n'est qu'en 1843, par suite des expériences faites par le duc de Richemond, qu'il fut admis que le phosphate de chaux était un puissant agent de fertilisation. Depuis ces observations, l'action spécifique de l'acide phosphorique dans la nutrition des plantes devient de plus en plus évidente par suite des nombreuses expériences faites par les plus savants agronomes.

On sait que pour vérifier l'utilité et l'importance de chaque élément fertilisant dans la végétation, il faut organiser une série de cultures artificielles dans le sable.

Liebig, Boussingault, Dehérain, Georges Ville ont vulgarisé ce genre d'expériences qui a servi de base à leurs études.

Si on jette les yeux sur les tableaux qui résument les expériences de M. Georges Ville, on constate que, tandis que les autres éléments nécessaires à la végétation manifestent leur importance en agissant plus ou moins sur l'accroissement du végétal, l'acide phosphorique seul serait absolument indispensable, puisque la plante meurt lorsqu'elle en est complètement privée.

C'est ce qui est expliqué par M. G. Ville en ces termes :

« L'action des phosphates est excessivement puissante; si, en effet, on supprime l'acide phosphorique dans l'engrais destiné à une culture dans un sol factice exempt aussi d'acide phosphorique, la plante meurt; c'est qu'en effet l'acide phosphorique a un double rôle dans la végétation: son action directe sur la nutrition des plantes et son action sur les minéraux assimilables, qui ne peuvent agir utilement que par l'intervention de l'acide phosphorique. Aussi, croyons-nous que la nature a concentré dans la graine, autour des germes, des phosphates, qui servent à la nutrition de la plante dans la première période de la vie végétative. »

L'acide phosphorique est en effet indispensable à la végétation, parce que les matières albuminoïdes ou protéiques ne peuvent se former sans son concours. C'est ce qu'affirmait Boussingault lorsqu'il écrivait : « On aperçoit une certaine relation entre la proportion d'azote et celle de l'acide phosphorique contenue dans les substances alimentaires : généralement les plus azotées sont les plus riches en acide, ce qui semble indiquer que dans les produits de l'organisation végétale, les phosphates appartiennent particulièrement aux principes azotés, et qu'ils les suivent jusque dans l'organisme des animaux. »

D'après Corinwinder, on a constaté que les bourgeons naissants et les jeunes végétaux sont riches en matières azotées. Celles-ci sont toujours accompagnées d'une proportion relativement considérable de phosphore, et il n'est pas douteux que ces deux éléments soient unis dans le végétal, suivant un mode de combinaison encore mystérieux.

Isidore Pierre affirme que dans plusieurs séries d'épreuves faites sur diverses plantes, il a pu constater que les parties les plus riches en matière azotée sont en même temps les plus riches en phosphore. C'est ce qu'a confirmé le professeur Wagner lorsqu'il 'a écrit : « Les plantes riches en protéine sont toujours relativement riches en acide phosphorique, et nous voyons toujours la protéine et l'acide phosphorique circuler ensemble d'un organe à l'autre dans les plantes. »

Dehérain, après avoir discuté l'importance de chacun des éléments minéraux dans les engrais, conclue ainsi : « En résumé, si la restitution de la chaux et de la silice paraît inutile, si celle de la potasse n'a habituellement qu'une médiocre importance, il n'en est pas de même pour l'acide phosphorique. Cette substance paraît absolument nécessaire à la formation des matières albuminoïdes et le cultivateur doit se préoccuper d'en donner à son sol des quantités suffisantes pour que les plantes le trouvent toujours à leur disposition. »

C'est sous l'influence d'une matière albuminoïde, la chlorophylle, que les feuilles élaborent la matière sucrée, et, par suite, l'acide phosphorique a une grande action sur cette production, puisque la chlorophylle ne pourrait se former sans la présence du phosphore.

Je puis affirmer que dans mes terres de St-Adrien, depuis que j'ai commencé à acheter des engrais complets riches en acide phosphorique soluble, le degré alcoolique de mes vins a sensiblement augmenté, si bien que, plusieurs fois, leur richesse moyenne a dépassé 11 degrés d'alcool, sans jamais avoir été inférieure à 10 degrés.

Non seulement l'acide phosphorique a une influence favorable sur la richesse des moûts en sucre, mais il a encore une action très marquée sur la fermentation, puisque les ferments, pour se développer, doivent se trouver en contact avec des matières riches en acide phosphorique et azote. Si bien que l'on peut augmenter l'activité d'une fermentation trop lente par l'introduction dans les moûts d'une petite quantité de phosphate d'ammoniaque. On a même proposé de remplacer le plâtrage par le phosphatage des vendanges.

Depuis longtemps, les physiologistes ont constaté que le phosphore se concentre dans les fruits et on sait que toutes les semences, et particulièrement les pépins de raisins, sont surtout riches en phosphates.

Il résulte de tout ce que je viens d'exposer que l'acide phosphorique a une action marquée sur la qualité et la quantité des récoltes ; j'ajoute que les engrais, surtout ceux destinés à la vigne, doivent contenir ce corps sous une forme très assimilable, puisque, après la floraison, l'acide phosphorique, d'après certains auteurs, ne serait plus absorbé par la plante. La période de végétation de la vigne jusqu'à la floraison étant très courte, on a avantage, par suite de ce fait, à employer des engrais contenant surtout du phosphate très assimilable.

J'ai souvent observé que par suite de l'emploi d'un engrais riche en phosphates d'os, la grosseur des grains de raisins était sensiblement augmentée. Cet effet est remarquable pour les cépages à bois dur et pour les hybrides Bouschet. Tous les raisins provenant de vignes ayant reçu un excès d'engrais phosphaté résistent mieux aux intempéries pendant le temps de la vendange. Mes raisins sont particulièrement veloutés et conservent plus longtemps leur bon état de conservation que ceux des vignes ayant reçu des engrais organiques pauvres en phosphates. La végétation de mes vignes est régulière, leur fructification abondante et l'aoûtement de leurs sarments plus hâtif.

D'autres expérimentateurs ont observé des faits du même ordre; c'est ainsi que M. Albert Levallois a dit : « On sait que l'agriculteur ne doit pas se préoccuper seulement de mettre de l'engrais dans sa terre, mais qu'il lui faut aussi choisir les éléments qui composent son engrais et tenir compte des proportions dans lesquelles ils seront mélangés. La vigne qui recevra beaucoup de potasse et peu de phosphate donnera un développement de feuilles exagéré. »

Il paraît d'ailleurs certain que l'acide phosphorique a une action marquée sur la hâtivité des récoltes et voici, d'après les publications récentes, quelques opinions autorisées à l'appui de cette action spécifique.

M. Petermann, le célèbre agronome belge, s'exprime ainsi :

«L'addition de l'acide phosphorique aux engrais a toujours un effet favorable parfaitement déterminé : la hâtivité des récoltes et souvent l'augmentation de l'élaboration du sucre.»

On a, au contraire, constaté que les engrais qui ne contiennent que de l'azote retardent la maturité, et M. Damseaux, dans son étude remarquable sur le nitrate de soude, recommande même de lutter contre la tardivité de végétation, à laquelle expose le nitrate de soude par l'application d'acide phosphorique, qui agirait en sens contraire

Le professeur Wagner, en discutant les avantages et les inconvénients de cette action particulière de l'acide

phosphorique, recommande de ne l'employer que combiné avec des engrais azotés, de crainte qu'il agisse trop,
et il conclut ainsi : « Nous devons cependant convenir
que cette action accélérante présente des avantages dans
la culture des betteraves, où il importe d'assurer à la
récolte une maturation tranquille et rapide. On a aussi
observé une accélération de maturité et un développement plus complet par l'emploi d'engrais phosphatés
dans les vignobles.»

Cette influence de l'acide phosphorique sur la hâtivité
des récoltes est bien précieuse pour les vignobles,
surtout pour ceux des plaines souvent inondées par les
rivières pendant les vendanges. Comme le fait observer
le professeur Wagner, plus la situation du vignoble
est basse, plus il est humide, moins il faut employer
d'azote.

Il résulte de ce que je viens d'exposer que l'acide
phosphorique est indispensable pour la végétation des
plantes en général et de la vigne particulièrement ; il me
reste à démontrer que cet élément manque surtout au
sol des vignobles de la région maritime.

On sait que tous les sols s'appauvrissent nécessairement en acide phosphorique. « C'est du sol, en effet,
que provient la quantité considérable d'acide phosphorique que renferment tous les os mis dans le commerce, sous une forme ou sous une autre ; c'est encore
du sol que proviennent tous les phosphates conservés
dans les cimetières ou enfouis dans les catacombes, qui
se trouvent ainsi retirés de la circulation générale. Le
phosphore engagé dans des compositions fixes, peu
altérables, reste là où il est déposé.» Plus une terre
donne d'abondantes récoltes, plus elle s'appauvrit en
acide phosphorique par l'exportation de ses produits,
et c'est à cette cause que Sir Humphry Davy attribuait
la stérilité de certaines contrées, autrefois célèbres par
leur fertilité. Aussi, Dumas a-t-il dit que le phosphore

est celui des éléments fertilisants, dont l'absence se fait le plus vite et le plus durement sentir.

La restitution de l'acide phosphorique ne peut se faire que par les engrais qui en général ne contiennent pas une proportion d'acide phosphorique suffisante pour les besoins des récoltes.

Dans les vignobles, en particulier, on emploie, pour subvenir à l'insuffisance des fumiers produits sur place, des matières naturelles principalement riches en azote ; je citerai : les chiffons, cornailles, tourteaux. Depuis peu de temps, on mélange à ces matières azotées de la potasse, mais peu de propriétaires se sont préoccupés de leur ajouter des phosphates. Il en résulte que ces engrais azotés donnent de bonnes récoltes pendant quelques années aux dépens du sol qui s'appauvrit en éléments minéraux. C'est cette méthode, stigmatisée par Liebig de culture vampire, qui a ruiné successivement les grandes exploitations où on a abusé des engrais azotés pour forcer les récoltes de betteraves ou de cannes à sucre.

On doit signaler une autre cause très importante de perte d'acide phosphorique provenant de la situation particulière des vignobles plantés dans la région maritime. Dans notre pays, par suite du voisinage de la mer, les pluies sont très chargées de chlorure de sodium, de potassium et de magnésium, il en résulte que certains terrains contiennent une proportion notable de ces sels. Or, une propriété importante des chlorures alcalins est de rendre solubles les phosphates insolubles du sol. Dans ces conditions, les terres qui se trouvent dans le voisinage de la mer étant, depuis plusieurs siècles, soumises à l'action dissolvante des chlorures si elles sont perméables, ont perdu depuis longtemps les réserves d'acide phosphorique qui auraient pu servir d'aliment aux récoltes en devenant peu à peu utilisables par les plantes, et si on trouve dans la Camargue et dans beaucoup d'alluvions des terrains riches en acide phosphorique, c'est que ces plaines ont été colmatées par suite des dépôts des eaux bourbeuses. J'ai fait faire à Paris plusieurs analyes de mes terres et j'ai dû constater leur appauvrissement en acide phosphorique. En voici quelques exemples :

1° Terres argilo-calcaires

	I	II	III
Chaux............	17.00	27.30	18.14
Acide phosphorique	0.08	0.06	0.07
Potasse-.........	0.33	0.53	0.24

2° Terres sableuses

	I	II
Chaux............	0.04	10.10
Acide phosphorique	0.06	0.01
Potasse..........	0.14	0.11

On voit, par ce tableau, dont j'aurais pu augmenter l'étendue, que les terres soumises à l'analyse contiennent une quantité suffisante de potasse, mais que toutes sont pauvres en acide phosphorique, de sorte que l'emploi des engrais phosphatés ne peut être que rémunérateur dans ces terrains.

Pour résumer cette discussion sans exagérer les effets que l'on peut retirer des engrais phosphatés, je conclurai avec le professeur Wolff : «Il est hors de doute que l'acide phosphorique possède au point de vue agricole une importance immense. Les nombreuses analyses de terre que nous possédons indiquent que la proportion de cet élément varie extrêmement dans le sol et que le résultat positif ou négatif que l'on observe lors de l'emploi des engrais phosphatés est en rapport avec le degré de richesse de la terre en acide phosphorique. »

3° *Fumures ordinaires*. — Le fumier le plus usuel est celui qui est recueilli dans les étables de l'exploitation.

Avant de discuter sa valeur, mieux vaut indiquer tout d'abord les pratiques proposées pour l'améliorer.

Il résulte d'études récentes que l'on a intérêt à traiter, dès leur production, les déjections des animaux par des matières acides pouvant détruire certains microbes naturels dont l'action nuisible a été exagérée il est vrai, mais dont il convient de se préoccuper. Même, avant cette découverte, j'avais été amené à traiter ainsi mes litières et toutes les fois que l'on nettoyait mes écuries, je faisais répandre sur le sol découvert quelques kilogrammes de plâtre phosphate acide. J'avais en vue de détruire la vermine qui quelquefois pullule dans les écuries lorsqu'on en retarde le nettoyage et de fixer le carbonate d'ammoniaque qui les rend souvent insalubres pendant l'été. Les nouvelles et curieuses études faites sur l'action des microbes nuisibles et sur les moyens de les détruire confirment les avantages de la méthode que j'avais adoptée pour assainir mes écuries. Les acides libres du plâtre phosphaté agissent contre ces microbes destructeurs des substances azotées. J'emploie, dans ma pratique, 3 kilogs de plâtre phosphaté par tête de bête et par semaine.

Les fumiers de St-Adrien sont entassés sous un hangar les mettant à l'abri du soleil et de la pluie jusqu'au moment de leur emploi. Ces fumiers ne se composent pas seulement des litières des écuries, mais ils comprennent en outre toutes les autres matières fertilisantes que l'on peut recueillir dans le domaine : rafles, marcs et lies de la vendange, vidanges, curures des fossés, cendres des foyers, balayures des cours.

Pendant les jours pluvieux, lorsque les ouvriers ne peuvent être occupés aux cultures de la vigne, on les utilise à remuer les fumiers en les arrosant pour régler leur fermentation et les rendre bien homogènes. On ne porte les fumiers sur le terrain qu'au moment de l'enfouissement. La quantité ainsi produite sur place est approximativement de 100 tonnes, pouvant servir à engraisser 5 hectares à raison de 20 tonnes par hectare.

Ce fumier volumineux est enfoui dans des cuvettes pratiquées au pied des souches lors du déchaussement;

Fig. 68.— Tombereau à brancard mobile de M. E. Vernette.

la fumure en couverture des vignes ne paraît pas convenable pour les engrais volumineux qui seraient ramenés souvent à la surface du sol par les labours répétés pour entretenir la terre propre et favoriseraient ainsi la pousse des herbes.

Les fumiers préparés sur place sont ordinairement

chargés sur des charrettes pour être déposés sur les bords de la vigne, ce qui oblige ensuite à les transporter au milieu au moyen de grandes corbeilles, de civières ou de comportes. Ce travail supplémentaire dépasse toutes prévisions lorsque la vigne a une certaine étendue; aussi a-t-on cherché, pour les grandes terres, à diminuer cette dépense. C'est ainsi que l'on peut employer le tombereau à brancard mobile imaginé par M. Jean Grégoire, mon beau-père, qui fut honoré, à cette occasion d'une récompense par le Comice de Narbonne. M. Vernette, de Béziers, construit un excellent modèle de ce tombereau. D'autres constructeurs ont imaginé des wagonnets étroits pouvant être traînés dans l'espace restreint d'une allée. Enfin, il faut signaler que lorsque l'on a un couple de bœufs on peut les faire pénétrer avec leur char dans les vignes.

Dans certains vignobles, on a ménagé des chemins assez rapprochés pour pouvoir porter les engrais très

Fig. 69. — Wagonnet pour engrais de MM. Bompard et Grégoire.

près du lieu de leur enfouissement, en se servant des chariots ordinaires.

Quoi qu'il en soit, l'épandage des engrais volumineux est toujours onéreux comparativement à celui des engrais concentrés, mais il faut encore examiner si le fumier d'écurie ou de ferme est approprié aux besoins de la végétation de la vigne, ou bien s'il doit être corrigé par l'addition des matières minérales. Si on examine les analyses de différents fumiers, on vérifiera non seulement qu'ils sont généralement pauvres en acide phosphorique, mais que leur composition est variable.

Composition centésimale de quelques fumiers

	Eau	Azote	Acide phos.	Potasse	Chaux	Magnésie
Fumier frais d'après Wolff . . .	75	0.39	0.18	0.45	0.49	0.12
Fumier consommé d'après Wolff.	75	0 50	0 26	0.53	0.70	0.18
— très consommé —	79	0.53	0.30	0.50	0.88	0.18
— de Rothamstedt (Wœlcker)...............	76	0.64	0.23	0.32	»	»
— de Tomblaine (Grandeau)	73	0.32	0.36	0.82	»	»
— de Béchelbroun (Boussingault)............	79	0.41	0.20	0.52	0.58	0.24
Fumier de ferme suisse............	78	0 38	0.22	0.51	0.60	0.22

Après avoir donné ces analyses, MM. Müntz et Girard s'expriment ainsi au sujet de l'incertitude de la composition du fumier :

« Les différences très grandes que nous observons pour ces divers fumiers tiennent en partie aux soins apportés à leur récolte et à leur conservation, mais bien plus encore à la nature de l'alimentation et à la constitution du sol. En effet, si on introduit dans la ration des aliments concentrés, tels que les tourteaux, les graines, etc., on aura des fumiers plus riches. Le sol influe en ce sens que la composition des fourrages varie suivant la richesse de la terre. Cette relation intime entre le sol et le fourrage déterminera, dans des exploitations en terrains granitiques, une plus forte teneur des plantes en potasse, une plus faible teneur en acide phosphorique. La composition du fumier s'en ressentira. Ces différences de composition font voir que les agriculteurs, en évaluant en poids le fumier qu'ils emploient, ne se rendent compte que très imparfaitement des quantités de matières fertilisantes qu'ils mettent en œuvre. Ils ont le plus grand intérêt à connaître la richesse de leur fumier. Cette donnée leur permettra de déterminer la nature des engrais chimiques auxquels il pourra être nécessaire de recourir

pour compléter dans le sol les éléments fertilisants nécessaires à la production de la récolte. »

Dans son Traité sur les engrais, le docteur Emile Wolff,
examinant les conséquences de l'emploi exclusif du
fumier, s'exprime ainsi : «Il reste donc essentiellement
deux corps, la potasse et l'acide phosphorique, qui
paraissent surtout déterminer, dans le système d'exploitation appuyé sur la production et la consommation des
engrais de ferme, la chute progressive dans le rendement
moyen des récoltes. L'appauvrissement est moins à
craindre pour la potasse que pour l'acide phosphorique.
En effet, la somme totale de cet élément que renferme le
sol naturel est plus élevée que celle de l'acide phosphorique ; ajoutons encore que sous l'influence de la désa-
grégation, la potasse, entrant plus facilement en solution,
est plus accessible aux plantes et que les végétaux à
racines profondes, comme les légumineuses, en exploi-
tant les ressources d'une couche de terre de 4 à 5 pieds
de profondeur, en rapportent sans cesse à la ferme des
quantités importantes. D'autres denrées encore fournissent la potasse à la végétation en proportion plus considérable que l'acide phosphorique.»

Justus Liebig explique comment l'eau de mer devient
une source de potasse et développe ainsi sa pensée :

« Depuis longtemps on sait que, dans les tempêtes, les
feuilles des plantes se couvrent de croûtes salines et cela
dans la direction de l'ouragan vers la terre ferme, même
sur une étendue de 20 à 30 milles anglais. Mais il n'est
pas besoin de tempête pour volatiliser ces sels; l'air qui
flotte sur la mer trouble en tout temps la solution du nitrate d'argent; chaque courant, quelque faible qu'il soit,
enlève, avec les millions de quintaux d'eau de mer qui se
vaporisent annuellement, une quantité correspondante
de sels qui y sont dissous et amène à la terre ferme du
chlorure de sodium, du chlorure de potassium, de la
magnésie et les autres principes de l'eau de mer.....
La mer, qui éprouve une vaporisation continue, répand

sur toute la surface de la terre des sels, qu'on retrouve dans l'eau de pluie et qui sont indispensables à la végétation ; on les retrouve même dans la cendre de ces plantes, lors même que le sol ne pouvait pas en fournir les éléments. »

La même opinion est partagée par Ladrey :

« Dans le Bordelais et dans plusieurs autres vignobles situés sur les bords de la mer, on admet que les vents maritimes entraînent vers les terres une certaine quantité d'eau liquide réparant en grande partie les pertes en alcalis occasionnées par la végétation de la vigne. »

Si on examine la situation particulière du vignoble méridional, on constate que, par suite de son voisinage de la mer, son sol doit recevoir un supplément notable de sels alcalins.

Isidore Pierre a trouvé, par l'analyse, que dans le voisinage de Caen, un hectare de terre reçoit annuellement par les eaux pluviales :

Chlorure de sodium..................	37kg. 5	
— de potassium	8	2
— de magnésium	2	5
— de calcium..................	1	8
Sulfate de soude....................	8	4
— de potasse....................	8	0
— de chaux.....................	6	2
— de magnésie.................	5	9

Tandis que les eaux de pluie contiennent une grande quantité de sels alcalins, elles ne renferment que des traces de phosphates.

Le sol de nos vignobles méditerranéens, lorsqu'il est perméable, a été épuisé, par rapport à sa teneur en acide phosphorique, par les pluies salées qui l'ont lavé depuis des siècles en entraînant les phosphates primitifs du terrain, rendus solubles par l'action des chlorures.

Aussi, dans ma pratique, j'ai trouvé avantage à additionner les fumiers avec de la poudre d'os et j'emploie, par pied de souche, 4k,5 fumier et 125 grammes poudre

d'os, ce qui correspond à 20.000 kg. fumier par hectare de
4444 pieds, que l'on évalue à 15 fr. la tonne, soit 300 fr.
550 kg. poudre d'os à 120 fr. la tonne........ 66 »
_____
366 fr.

Mais cette fumure devient plus onéreuse par le coût
de son transport sur place et de son épandage, estimé
par hectare à 54 fr. en moyenne. Ce prix varie suivant
la proximité, l'éloignement ou l'étendue de la terre à
fumer et même l'aménagement de sa plantation, mais
en moyenne il faut 4 journées de chariot à 10 fr. pour
le transport, plus les frais de l'épandage. En définitive,
on doit admettre au total 420 fr. pour deux ans.

La fumure des vignes ne doit pas dépasser les proportions que j'indique, une exagération pourrait être nuisible au moins dans certaines natures de terre. Je citerai à
ce sujet M. Henri Marès :

« Certains propriétaires emploient quelquefois des
quantités doubles. Dans ce cas, outre que la fumure
monte à un prix très élevé, elle a l'inconvénient de
pousser outre mesure à la végétation, ce qui contrarie
souvent la fructification, surtout dans les vignes jeunes,
et d'influer d'une manière peu favorable sur la qualité
des produits. Dans les terrains légers, l'action du fumier
est très énergique et peu durable, et de si fortes proportions rendent les inconvénients que nous venons de
signaler encore plus graves. Dans les terres fortes ils
sont moindres ; l'action de l'engrais et sa décomposition
se font plus lentement. Néanmoins, ils doivent être pris
en considération, car il est bien reconnu que les vignes
se trouvent mieux d'être fumées plus souvent et avec de
moindres quantités à la fois ; leur végétation, leur fructification et la qualité de leurs produits sont plus réguliers et y gagnent sensiblement.»

Les fumiers volumineux et de décomposition lente
doivent toujours être déposés au pied des souches, dans
le creux des augets de déchaussement, pour éviter que

lors des labours successifs ils puissent être ramenés à la surface du sol, ce qui donnerait lieu à une perte certaine d'azote et favoriserait la multiplication des mauvaises herbes. Après la fumure, on comble les augets en traçant de chaque côté des lignes une raie avec une charrue chausseuse. On doit réserver les engrais volumineux pour les vignes vieilles et pour les terres fortes, dans lesquelles ils agissent mécaniquement pour diminuer la compacité; dans les terrains calcaires, l'action du fumier est plus rapide. Indépendamment des effets physico-chimiques du fumier, il est bon de rappeler son action microbienne par la distribution dans le sol des nombreux micro-organismes qu'il renferme. Les matières fertilisantes de décomposition lente doivent être incorporées dans le sol de bonne heure, tandis que les engrais chimiques ou les engrais mixtes, ayant reçu une préparation industrielle pour les rendre plus assimilables, doivent être apportés dans les vignes à la fin de l'hiver.

Je puis espérer planter 60 hectares de mon terrain et je ne dispose sur place que de la quantité de matières fertilisantes nécessaire pour fumer suffisamment 10 hectares, soit le sixième de l'étendue du domaine; il me faut donc songer à acheter des engrais pour les 50 hectares qui restent à entretenir. La plus grande partie des vignerons se trouvent dans le même cas, et il en résulte que dans les pays de vignobles le commerce des engrais a pris une grande importance.

La culture intensive a fait successivement employer, pour subvenir aux besoins de matières fertilisantes, les tourteaux, les chiffons, les cornailles, les crottins de mouton, etc.

Tous ces engrais présentent suivant moi différents inconvénients qui les ont fait écarter de mes terres : on n'est jamais sûr de leur composition, car rarement on peut en garantir l'analyse; ils sont très onéreux comme transport, il faut nécessairement les enrichir en phosphates et potasse dont ils sont le plus souvent dépourvus, enfin leur épandage, sans être aussi coûteux que celui du fumier d'écurie, reste encore sensiblement élevé. En outre, quelques-uns de ces engrais contiennent des graines de mauvaises herbes qui, venant à germer, rendent nécessaires des cultures supplémentaires.

Il faut, dans tous les cas, éviter d'apporter dans les vignes des matières infectes qui pourraient donner lieu à des émanations communiquant un mauvais goût à la pellicule du raisin.

Je reviendrai sur l'application des engrais que l'on achète au commerce; mais il me paraît utile de donner ici quelques détails sur les crottins de mouton, parce que cet engrais peut être produit sur place ou acheté à proximité dans les parties montagneuses du département où l'on élève les troupeaux. Ces fumiers, lorsqu'on les achète à des revendeurs, sont souvent fraudés et il y a grand intérêt à les acquérir en en prenant livraison directement. Les croûtes en vrac se vendent à raison de 3 fr. 75 les 100 kilos. Les crottins valent 3 fr. 25 les 2 hectos.

A l'état pur, le crottin de mouton renferme en moyenne 2 o/o d'azote et 2,1 o/o d'acide phosphorique. De tous les engrais naturels, c'est celui dans lequel l'acide phosphorique est le mieux proportionné à l'azote ; aussi ne faut-il pas s'étonner des résultats que l'on en obtient dans les terres naturellement riches en potasse.

Je conseillerai pourtant d'ajouter à cet engrais une certaine proportion de superphosphate potassique et en outre du plâtre phosphaté pour activer son assimilation.

Voici une fumure pour 3 années :

12000 k. croûtes à 3 fr. 75................	450 fr.
1000 k. superphosphates potassiques....	125
1000 k. plâtre phosphaté...............	40
Transport sur place et épandage........	30
	645 fr.

ce qui ferait revenir la dépense à 215 francs par an.

Dans cette composition, la potasse paraît un peu faible et si le terrain en était dépourvu, il faudrait ajouter, en outre, du sulfate de potasse pour pourvoir à ce déficit. Mais, dans ce cas, le mieux serait de donner ce supplément d'engrais potassique la deuxième année.

Sans atteindre le coût de l'épandage du fumier de ferme, les frais particuliers de l'emploi des crottins sont élevés et je ne crois pas avoir exagéré en l'évaluant à 30 fr., y compris leur charroi au moment de leur enfouissement. Je dois ajouter que tous les engrais volumineux, lorsqu'ils ne sont pas produits sur place, sont grevés de frais de transport supplémentaires, souvent onéreux par suite de la distance de la gare d'arrivée au centre de l'exploitation.

Il me reste à examiner en détail comment on peut remédier au défaut général de tous les engrais naturels azotés qui constituent, par l'abus que l'on en fait, une cause aggravante de l'invasion des vignes par toutes les cryptogames qui se développent d'autant plus qu'elles trouvent à leur disposition une nourriture plus appropriée. Rarement on a à s'occcuper d'ajouter de la chaux aux divers fumiers organiques, pourtant je l'indiquerai en parlant des amendements, la végétation de la vigne se trouve toujours bien d'un apport de plâtre, lorsque les terrains ne renferment pas un excès de calcaire. Mais il me reste à parler des additions de potasse et d'acide phosphorique.

La potasse, on le sait, est nécessaire à la vigne ; aussi lorsque le sol ne contient pas cet élément à l'état assimilable, il devient utile d'en ajouter aux engrais. Le nitrate et le carbonate de potasse sont les sels les plus solubles et les plus assimilables, mais leur prix élevé en rend l'emploi restreint.

La combinaison qui donne la potasse à un prix abordable est le muriate de potasse ou chlorure de potassium; ce sel est soluble, mais d'après plusieurs physiologistes il devrait subir dans la terre arable une transformation pour être rendu assimilable par les plantes, car lorsqu'il est introduit en nature dans la sève, il serait ensuite rejeté intact sans que la plante s'en soit assimilé un atome.

M. Joulie a indiqué que pour faciliter la transformation du chlorure, il fallait le mélanger avec du superphosphate acide de chaux et du sulfate de chaux. D'après lui il se produit, par suite de l'action du superphosphate acide sur le chlorure de potassium, du phosphate de potasse qui est un des éléments essentiels des plantes, puisqu'il entre dans de grandes proportions dans les cendres de la graine. Le sulfate de potasse est à recommander surtout pour la région maritime dont le sol contient toujours trop de chlorures.

Dans toutes les expériences comparatives, le sulfate de potasse s'est montré supérieur aux chlorures.

Au Congrès de Montpellier, les conclusions adoptées sur les effets de la potasse sont les suivantes :

«La potasse est utile à la vigne, mais on lui accordait autrefois une importance trop grande. Il résulte d'expériences récentes que le carbonate de potasse est l'engrais potassique qui donne le meilleur résultat comme rendement, mais au point de vue économique le sulfate de potasse est préférable, il paraît d'ailleurs donner une plus grande richesse en sucre.»

J'ai déjà assez insisté sur l'action spécifique de l'acide phosphorique pour être dispensé de revenir sur ce point que je considère pourtant comme capital. Mais il me paraît nécessaire d'entrer dans quelques détails sur les matières phosphatées qui, d'après moi, sont les plus avantageuses pour la fumure des vignes.

Je n'hésite pas à recommander, malgré leur prix un peu plus élevé, les produits fabriqués avec les os, préférablement aux phosphates minéraux, et je crois intéressant de reproduire ici les raisons qui m'ont dicté ce choix.

D'après Jules Dubrunfaut, la composition moyenne

des os complètement privés de gélatine et d'humidité serait :

Carbonate de chaux.............	9.5
Phosphate de magnésie..........	2.7
Phosphate de chaux.............	84.3
Fluorure de calcium............	3.5
	100.0

On voit de suite que rien n'est perdu dans les os, dont tous les éléments sont susceptibles d'être utilisés par la végétation. Je signalerai en particulier la petite quantité de phosphate de magnésie que tous les os renferment comme favorisant le développement des plantes, car ce sel se trouve concentré dans toutes les graines. Dans le maïs, par exemple, l'acide phosphorique représente 90 o/o des acides minéraux et la magnésie 49 o/o des bases.

Dans une étude très approfondie, M. Dejardin a établi que la magnésie avait une grande importance pour la végétation de la vigne, puisqu'on trouvait cette base dans les cendres de toutes les parties de l'arbuste, et que la résistance de certaines vignes au phylloxera et à la chlorose pouvait être attribuée à la richesse du sol en phosphate de magnésie.

Mais c'est surtout la nature organique des os qui les rend supérieurs aux phosphates minéraux.

Le phosphate des os, au contact intime des matières animales en fermentation, se dissout et s'assimile avec une extrême facilité.

Les recherches de M. Grandeau sur la nutrition minérale des végétaux ont démontré que les aliments minéraux des plantes sont immédiatement assimilables quand ils sont combinés avec la matière organique.

Les os, nous donnant l'acide phosphorique engagé dans des matières organiques, sont plus propres à alimenter les plantes que les phosphates minéraux dont la texture cristalline rend plus difficile la dissolution, lors même qu'ils seraient composés entièrement de phosphate de chaux. Mais les phosphates minéraux contiennent en outre une forte proportion d'acide phosphorique combiné à l'alumine ou au sesquioxyde de fer.

D'après MM. Millot, Dehérain, etc., les phosphates de sesquioxyde de fer et d'alumine sont généralement abondants dans le sol et, comme ils sont totalement insolubles par les dissolvants ordinaires, il est très difficile de se prononcer sur leur valeur agricole, car ils ne peuvent se transformer que très lentement en produits assimilables.

Lorsqu'on veut comparer le prix des phosphates d'os à celui des phosphates minéraux, il est prudent de négliger dans l'évaluation les phosphates de fer et d'alumine, puisque leur utilité est très discutable. Mais, en outre, on doit aussi tenir compte de l'azote que renferment les os et que l'on ne trouve jamais dans les combinaisons minérales.

Les os, en effet, contiennent toujours un peu de gélatine, et la poudre d'os dégélatinés, de bonne fabrication, renferme par exemple :

Azote....	1 à 1.50
Phosphate de chaux et de magnésie....	60 à 65

Si on estime à 1 fr. 50 l'azote dé la poudre d'os, son prix de revient devra être réduit de 2 francs environ par 100 kilos, lorsqu'on voudra calculer la valeur de l'unité de l'acide phosphorique. On doit en outre tenir compte du transport qui est plus onéreux pour les phosphates minéraux bien moins riches que la poudre d'os en acide phosphorique.

Les traitements que subissent les os pour être dégélatinés les amènent à un degré de porosité équivalent à un véritable état de division chimique.

M. Joulie dit, en parlant des os dégélatinés, que c'est la meilleure forme sous laquelle on puisse employer les

produits d'os, cette poudre étant à la fois très riche et
très assimilable, et plus loin il ajoute :

« Les fragments que forment les os lorsque la matière
organique a été en partie détruite par la calcination, la
dégélatinisation ou la putréfaction sont très poreux et
forment de petites éponges de phosphate de chaux qui
absorbent les liquides du sol et se laissent mieux attaquer par eux que les grains compacts des poudres de
phosphates minéraux. Il en est de même à l'égard des
dissolvants. »

Inutile d'ajouter qu'il est bien plus facile d'être trompé
dans l'achat des phosphates minéraux qui sont terreux
et que l'on peut mélanger avec toute sorte d'ingrédients,
tandis que la poudre d'os, par suite de sa texture particulière, ne peut être fraudée que plus difficilement. Il est
toujours bon, pour tous ces produits, de ne s'adresser
qu'aux maisons de premier ordre qui offrent par leur
importance toutes les garanties d'honorabilité.

Souvent on croit faire une bonne affaire en achetant
un engrais un peu meilleur marché et on ne se doute
pas que l'on s'expose à en avoir pour son argent et à
être trompé sur la qualité de la marchandise et sur sa
préparation, soit chimique, soit mécanique. Certes, on
peut avoir recours à l'analyse, mais au prix qu'on le paie
généralement, le chimiste ne peut faire qu'un examen
sommaire. C'est ainsi que le chimiste constatera la
quantité totale d'acide phosphorique, mais à moins de
lui payer un supplément il ne distinguera pas l'acide
phosphorique uni à la chaux de celui uni aux oxydes de
fer et d'alumine qui ont une valeur bien inférieure.

Il en est de même pour les autres éléments utiles et
on devrait demander à l'analyse le degré d'assimilabilité
des substances azotées, car le plus souvent une même
matière donne des résultats bien différents suivant sa
préparation, et il ne faudrait pas se contenter de comparer la teneur en azote et en acide phosphorique de
deux engrais pour en déterminer la valeur, car on peut

avoir en présence des engrais identiques par leur composition, mais bien différents par le mode d'action qu'ils peuvent imprimer à la végétation.

4° *Choix et pratique des engrais.* — On a recours le plus souvent, dans le Midi, pour les achats de matières fertilisantes, aux chiffons, tourteaux, cornailles, etc.

Les déchets d'étoffes de laine sont aujourd'hui moins recherchés qu'ils l'étaient il y a quelques années, parce que les bons chiffons sont utilisés par l'industrie du défilochage, et que ceux que l'on réserve pour les besoins de l'agriculture sont souvent mélangés avec des lambeaux d'étoffe, dans lesquels le coton domine, et avec d'autres matières sans valeur pour fertiliser le sol.

Ces engrais sont, par suite, plus ou moins riches en azote, mais sont presque dépourvus des éléments minéraux ; on ne doit donc les employer qu'en les complétant avec des phosphates et des sels de potasse.

La décomposition lente des chiffons est un inconvénient grave pour les jeunes vignes greffées, dont on doit visiter chaque année le pied pour détruire les racines françaises. En déchaussant la souche, on met, en effet, à découvert ces matières en décomposition, encore en lambeaux, ce qui rend le nettoyage du cep plus difficile et peut, en outre, amener la perte d'une partie des matières fertilisantes.

Les chiffons doivent être maniés avec beaucoup de précautions car, par suite de leur contact, les ouvriers sont exposés à prendre les maladies dont les microbes imprègnent ces matières sales. Ces engrais ont une action sur la végétation pendant plusieurs années, mais n'agissent réellement qu'avec l'aide des pluies abondantes.

Les tourteaux sont toujours prisés par les viticulteurs pour l'entretien de leurs vignes, mais il ne faut pas oublier que sans l'aide des engrais minéraux ils peuvent épuiser le sol. Je crois utile d'insister sur ce point en citant M. Müntz :

«Il ne faut pas regarder les tourteaux comme des engrais complets, l'acide phosphorique, en effet, y est ordinairement en proportion un peu faible, relativement au taux d'azote, et la potasse ne s'y trouve qu'en petite quantité. C'est donc principalement un apport d'azote qu'on fait au sol par leur emploi, et pour compléter la fumure il convient d'ajouter des phosphates et des sels de potasse.»

Un autre inconvénient des tourteaux, c'est que l'on éprouve beaucoup de difficulté à ne pas être trompé dans l'achat de ces matières ; non seulement leur composition varie suivant la méthode de l'extraction de l'huile et la nature de la graine, mais on sait qu'ils ont été l'objet de manœuvres frauduleuses.

Voici, d'après Decugis, les variations dans la teneur en azote de différents tourteaux, dont on ne pouvait pas suspecter l'origine normale :

	I	II	III
Arachide brute............	5,16	4,90	6,07
Colza...................	4,92	5,55	4,53
Coton brut..............	4,08	4,02	3,62
Maïs...................	2,76	2,46	2,46
Pavot exotique	5,66	6,10	5,52

Si on considère qu'en négligeant la petite quantité de phosphates que contiennent les tourteaux, le prix de l'unité d'azote revient à 2 fr. le kilo, on voit à quelle perte on s'expose en achetant ces engrais sans garantie d'analyse.

A ces variations normales il faut ajouter celles qui peuvent provenir de certaines fraudes consistant à broyer les plaquettes naturelles, à les mélanger à des matières inertes et à les convertir de nouveau en plaquettes.

De tous ces inconvénients il est résulté une transformation heureuse de ce commerce et aujourd'hui on vend des tourteaux broyés en sacs plombés avec garantie d'analyse. Ces matières ont été traitées par le sulfure de carbone pour en extraire les dernières traces d'huile, de sorte qu'elles sont plus riches et plus assimilables que les tourteaux avant le traitement industriel.

C'est ainsi que l'on trouve dans le commerce des tourteaux de sésame sulfuré dont le vendeur garantit la composition minima suivante :

6 o/o d'azote.

2 o/o d'acide phosphorique.

- 1 o/o de potasse.

Ces engrais, si on y joint les frais de transport et la valeur du sac qui est facturée à part, reviennent environ à 13 fr. les cent kilos. Ce qui fait ressortir l'azote à 2 fr. le kilo, en admettant pour les sels minéraux qu'ils renferment une valeur de 1 fr. On peut donc aujourd'hui acheter des tourteaux sans s'exposer à être trompé.

Généralement, on emploie les tourteaux à raison de 2000 kilos par hectare, en leur ajoutant un complément de sel de potasse, ce qui, avec les frais d'épandage, fait revenir la fumure à environ 300 fr.

On néglige donc la restitution de l'acide phosphorique et on donne au contraire un excès d'azote.

Il serait préférable, à mon avis, de composer ainsi la fumure pour un hectare :

1000 kilos tourteau sésame sulfuré à 13 fr......	130 fr.
400 kilos superphosphate potassique à 12 fr. 50.	50 fr.
Main-d'œuvre et transport sur place..........	20 fr.
	200 fr.

Cette préparation donnerait environ 60 kilos d'azote, 60 kilos acide phosphorique, 50 kilos potasse par hectare. Elle conviendrait aux terrains calcaires dans lesquels la nitrification se fait facilement, ainsi qu'aux vignes plantées dans les sables.

J'indiquerai bientôt que, d'après ma pratique, il convient de forcer encore davantage la proportion des éléments minéraux dans la composition de l'engrais des vignes.

Lorsque le printemps est humide, l'effet du tourteau se produit la première année ; dans les périodes de sécheresse, ce n'est que la 2° année que l'on en reconnaît l'action fertilisante.

Les déchets de corne sont de plus en plus en faveur pour la fertilisation des vignes. Généralement, on les emploie tels qu'ils sortent des fabriques et par suite on ne peut garantir la composition de ces engrais essentiellement azotés. Suivant qu'ils sont réduits en plus petits morceaux, suivant qu'ils ont l'apparence d'être moins chargés de matières inutiles, on les vend à des prix plus ou moins élevés.

Ordinairement, les frisons de corne feuillée valent 21 fr. et les chapotages de corne grillée se payent 18 fr.

Pour éviter les graves inconvénients provenant de la composition incertaine de ces engrais, plusieurs industriels leur font subir une torréfaction particulière qui permet de les broyer et de les livrer alors avec garantie d'analyse. Cette préparation a en outre pour avantage de permettre de vendre ces matières sous une forme pulvérulente qui facilite leur épandage et de modifier la cohésion des molécules qui deviennent plus assimilables.

C'est ainsi d'ailleurs que procèdent les Chinois, et dans son remarquable travail sur l'agriculture si perfectionnée de ce pays, M. Simon, ancien consul général, relate que « les débris divers, comme os, plumes, crins, cheveux, cornes, chiffons, sont soumis à une torréfaction préalable, pulvérisés, puis réunis en proportion variable et l'engrais ainsi obtenu est très énergique. »

M. Müntz reconnaît aussi les avantages de la torréfaction : « Par la torréfaction, on modifie la nature physique de la corne et on arrive à la pulvérisation parfaite. Cette extrême division, qui augmente la surface de contact de l'engrais avec la terre, doit faire regarder la corne torréfiée comme étant d'une utilisation beaucoup plus rapide que la corne brute en morceaux. La richesse en azote a en outre augmenté par suite du départ de l'eau. »

En général, la poudre de corne torréfiée est cotée à 24 francs les 100 kilos, avec garantie de 13 à 15 o/o d'azote, ce qui fait revenir le kilo d'azote à 1 fr. 70, tandis que, sans aucune garantie pour leur composition, les cornailles se vendent à des prix à peu près équivalents.

Il me semble plus avantageux de donner la préférence à la poudre de corne torréfiée qui, par suite de sa préparation, entre de suite en fermentation, ce qui permet aux récoltes d'en profiter, même lorsque les pluies de l'hiver ont retardé l'enfouissement des engrais. Mais, comme les chiffons et les tourteaux, tous les engrais de corne sont des matières fertilisantes surtout riches en azote, et il ne faut les employer que mélangés avec des superphosphates d'os potassiques, et suivant les remarques d'Isidore Pierre : « Si les éléments minéraux ne se trouvent qu'en faibles proportions dans le sol et les engrais, l'emploi de ces engrais azotés les plus énergiques aura pour effet inévitable de rendre la terre tôt ou tard inhabile à produire des récoltes, surtout celles qui exigent d'assez fortes proportions de substances minérales pour acquérir leur développement régulier le plus avantageusement possible. Sans doute, le premier soin du cultivateur est de produire le plus possible, mais il doit bien se garder aussi de stériliser, par un excès de fatigue, sa poule aux œufs d'or. »

A Saint-Adrien, après avoir employé les fumiers de la ferme, si je veux continuer à enfouir les engrais avant les grosses pluies de l'hiver, je dépose par pied de souche les matières suivantes :

Poudre de corne torréfiée.......... 75 gr.
Superphosphate d'os potassique... 175 gr.

Voici par hectare le prix de cette fumure que l'on doit

répéter chaque année ou bien tous les deux ans en dou-
blant la proportion :

300 k. poudre de corne torréfiée, par hectare à 24 fr......................	72 fr.
700 k. superphosphate d'os potassiques à 12 fr. 50	87 fr. 50
Frais de transport et d'emploi.........	15 fr. 50
	175 fr. 00

Ce mélange donne par hectare :

Azote...............................	45 k.
Acide phosphorique.................	75 k.
Potasse.............................	56 k.

On distribue ces engrais dans les cuvettes en déposant
d'abord la poudre de corne mesurée dans des godets
dont la capacité a été jaugée et en ajoutant ensuite le
superphosphate avec d'autres godets.

Ces engrais ne doivent pas être répandus à la volée
parce que mis en petits tas dans la terre ils se boursou-
flent et fermentent mieux.

Si on emploie des sels solubles, on peut au contraire
les répandre à la volée; mais si on réfléchit que le
déchaussage est commandé par la nécessité de nettoyer
le pied des vignes greffées, on voit que l'on peut négliger
dans les frais de fumure la dépense de la préparation des
cuvettes.

Toutes les matières fertilisantes enfouies avant l'hiver
doivent être peu solubles pour n'être pas entraînées
par les fortes pluies. Au printemps, au contraire, ou à
la fin de l'hiver, lorsqu'on a moins à redouter les chutes
d'eau, mieux vaut employer des produits plus facilement
assimilables.

Les engrais salins azotés sont le sulfate d'ammoniaque,
peu employé dans les vignobles, le nitrate de potasse et
le nitrate de soude.

Généralement on donne la préférence au nitrate de
soude. Tous ces sels ne doivent être achetés qu'avec

garantie d'analyse, car leur composition est incertaine par suite des fraudes dont ils peuvent être l'objet.

A la Station agronomique de Gembloux, sur 100 échantillons examinés, on a trouvé une richesse moyenne de 15.40 d'azote nitrique, avec des variations allant de 8,92 à 16,21.

Les nitrates ont le grave inconvénient de ne pas être retenus par les terres, de sorte qu'ils sont entraînés sans profit dans le sous-sol lorsqu'une pluie abondante survient après leur épandage. Dans les meilleures conditions, on admet toujours un déchet de 1/5 pour l'azote nitrique perdu par les eaux de drainage, et lorsqu'il pleut avec abondance la perte devient beaucoup plus importante.

Il faut toujours ajouter à ces engrais azotés salins d'autres sels minéraux pour les compléter et proportionner tous les éléments, pour que l'engrais complet convienne bien aux besoins de la vigne.

Les auteurs diffèrent sur les proportions que les éléments utiles doivent occuper dans un bon engrais, mais presque toujours ils admettent qu'il faut donner la prépondérance aux éléments minéraux. D'après Damseaux, Wolff, Wagner, pour 1 d'azote, il importe que l'engrais renferme 2 d'acide phosphorique et 2 de potasse. D'un autre côté, il a été constaté que la vigne répondait mieux aux engrais donnés sous forme organique ; c'est donc à l'azote organique et à l'acide phosphorique des os qu'il faudrait donner la préférence sur les engrais purement chimiques. Notre illustre chimiste Dumas, en 1875, dans le rapport fait au nom de la Commission supérieure du phylloxera, recommandait d'employer dans les vignes des mélanges d'engrais torréfiés, des phosphates et des sels de potasse.

On peut trouver des engrais ainsi dosés ou les composer soi-même, comme j'ai déjà donné plusieurs exemples:

Mélange de poudre de corne torréfiée ou de tourteaux avec superphosphate d'os potassiques ;

Mélange du fumier de ferme et de poudre des os dégélatinés;

Mélange de crottins de moutons avec des superphosphates potassiques et du plâtre phosphaté.

Si on préfère acquérir un engrais commercial, il faut s'adresser à une maison connue comme offrant toute garantie par son honorabilité. Heureusement qu'en France il en existe plusieurs.

Voici la composition de l'engrais complet que j'achète régulièrement et dont j'ai toujours été satisfait :

Azote organique assimilable, environ . . . . . 4 o/o
Acide phosphorique des os assimilable . . . . 9 —
Potasse . . . . 9 —
Matières animales torréfiées formant humus . 20 —
Sulfate de chaux impalpable . . . . 20 —

Cet engrais renferme tous les éléments nécessaires à la bonne végétation de la vigne, et je puis d'autant plus le considérer comme bon puisque, pour m'assurer de ses effets, depuis dix ans je l'emploie sans discontinuer, à raison de 200 grammes par pied, dans une vigne dont la vigueur et les produits ne laissent rien à désirer.

En définitive, l'engrais employé sur la majeure partie de mon vignoble, puisque chaque année j'en répands sur 30 hectares, me revient au prix suivant :

800 kilogr. engrais complet à 20 fr . . . . . . 160 fr.
Epandage et transport sur les lieux . . . . . 15 »
                                                ―――――――
                                                175 fr.

Les matières utilisables que me donnent ces engrais complets m'assurent par hectare, environ :

  32 kilogr. azote.
  72 — acide phosphorique.
  72 — potasse.
 160 — plâtre.
 160 — matières humiques torréfiées.

Les prix de transport sur place et d'épandage des engrais concentrés sont très réduits, car une femme, en

portant l'engrais dans un panier et en le distribuant avec
des godets, peut facilement, dans les petites journées
de l'hiver, fumer 800 souches : ce qui nécessite six femmes par hectare; mais pour faciliter leur tâche, il faut
adjoindre aux ouvrières un homme pour distribuer les
sacs dans la vigne, de sorte que la main-d'œuvre seule
revient à 9 fr. environ par hectare. Ces engrais étant
expédiés franco, il ne reste plus à compter que leur
camionnage de la gare à la propriété, soit environ 5 fr.
par mille kilos, et le transport à la vigne au moment
de l'épandage, soit 1 fr. par mille kilos. On peut donc
estimer tous ces frais supplémentaires à 15 fr. par
hectare au maximum. Pour les engrais mixtes, cornailles, tourteaux, additionnés des substances complémentaires, les dépenses correspondantes peuvent dépasser
20 fr.

On a dit et répété qu'il y avait avantage à acheter
les matières premières et à les assembler au moment
de leur emploi. Cette règle présente des exceptions, car
un engrais n'est pas toujours un simple mélange, et souvent la prépararation particulière que savent apporter les
usines dans leur fabrication augmente l'assimilabilité
de tous les éléments qui entrent dans la composition du
produit dont la puissance de fertilisation est ainsi développée.

J'ai toujours remarqué que grâce à la composition de
mes engrais, mon vignoble était plus facilement défendu
par les traitements anti-cryptogamiques et que mes raisins, plus sains, me donnaient un vin plus alcoolique et
d'une conservation plus assurée, ce qui me confirme de
plus en plus dans ma conviction de l'influence qu'exercent les éléments minéraux sur la bonne végétation
de la vigne. Mes expériences sont d'autant plus concluantes que je n'ai pas varié beaucoup mes fumures,
puisque tout le domaine a été soumis aux mêmes for-
mules, sauf quelques petits points réservés pour des expériences comparatives que j'ai depuis quelques années
supprimées, étant aujourd'hui convaincu que ma ma-

nière de procéder est supérieure à celle de ceux qui font prédominer l'azote dans les engrais qu'ils emploient.

J'ajouterai que c'est surtout sur les jeunes greffes qu'il faut éviter d'appliquer les engrais azotés, car on provoque alors une trop grande disproportion entre le pied et le greffon qui pousse vigoureusement grâce à la prépondérance de l'azote, tandis que l'acide phosphorique a une influence marquée sur le développement du système radiculaire.

Je ne mets jamais d'engrais dans mes vignes que deux ans après le greffage. Je laisse le cep se développer normalement et prendre lentement possession du sol avant d'activer sa végétation et sa fructification. Un plantier a surtout besoin de labours répétés entretenant le sol bien meuble. Ce que j'indique est contraire aux prescriptions ordinaires des spécialistes, il est vrai, mais mes observations particulières, celles faites dans le temps sur les vignes françaises par mon beau-père, M. Grégoire, m'obligent à ne pas accepter les conclusions de la plupart des publications faites sur ce sujet. M. Henri Marès pourtant a observé des faits analogues à ceux que je signale puisqu'il a écrit: « On n'est point dans l'usage de fumer les jeunes plantiers, on supplée à l'engrais par de nombreux labours. »

Olivier de Serres nous apprend aussi que de son temps on se contentait de porter du terreau dans les jeunes vignes. « Seulement ajousterai-je ici que les fumiers bien pourris ou plustôt quelques bons terriers serviront beaucoup à la reprinse et accroissement de la nouvelle vigne, desquels toutes fois ne se faut servir, ains s'abstenir de tous engraissements, en ce commencement, si ce n'est en terre fort maigre et légère. »

CHAPITRE V

AMENDEMENTS

1° *Terrages.*— Par des cultures soignées, on augmente la vigueur de la vigne en utilisant les réserves du sol mises en activité par l'aération, la dislocation et l'émiettement qui résultent des labours; mais si l'on veut pousser la production des ceps et obtenir une fructification rémunératrice, il faut ajouter aux actions chimiques, physiques et mécaniques des cultures, des effets de même nature, mais plus importants peut être que l'on obtient par l'incorporation au sol soit d'engrais concentrés, soit de fumiers copieux, soit d'amendements stimulants, soit de composts volumineux, soit de terrages exagérés jusqu'à l'excès. Tous ces apports ont une action chimique et physique sur la terre nourricière de la vigne ; mais tandis que les premiers donnent des résultats par leur action chimique temporaire, les derniers agissent principalement par leur influence physique permanente. Ils constituent des matériaux de peu de valeur renfermant des éléments utiles à la végétation, bien qu'ils soient souvent à l'état peu soluble, et on les incorpore dans les terres en quantité calculée pour les modifier immédiatement au point de vue physique et les enrichir à la longue au point de vue chimique.

L'irrigation vient se joindre à toutes ces pratiques pour introduire dans le sol des éléments fertilisants et modifier sa constitution physique. Mais toutes ces améliorations ne doivent être appliquées qu'avec discernement en tenant compte de la nature des terres, car, suivant qu'elles sont calcaires, argileuses ou sableuses, il faut choisir la qualité des matériaux qu'on y incorpore. Après avoir parlé des travaux de culture, après avoir discuté le choix des engrais, il me reste à étudier les moyens d'améliorer plus particulièrement l'état physique des terres.

Les amendements ont été toujours reconnus utiles pour favoriser la végétation de la vigne, mais c'est surtout depuis l'introduction des cépages américains qu'ils ont pris une grande importance pour remédier aux défauts d'adaptation au sol de ces nouvelles espèces. Je citerai particulièrement les effets que l'on a voulu obtenir par l'apport de grandes quantités de sable dans les terrains calcaires dont on cherchait ainsi à modifier la composition sans se rendre compte des quantités énormes à employer pour obtenir un effet utile.

Mais, quoiqu'il soit difficile de transformer la composition primitive du sol, on peut chercher à l'enrichir en éléments fertilisants à décomposition lente et à diminuer en partie sa compacité qui est un grand obstacle à la bonne venue des cépages américains.

Je citerai à ce sujet M. Viala, qui s'exprime ainsi :

«L'influence de la compacité du sol est plus manifeste. Elle est, en somme, un obstacle à la bonne venue de la vigne. Celle-ci, comme toutes les plantes, demande un sol meuble, léger et chaud ; elle est d'autant plus vigoureuse que ces conditions sont mieux réalisées. Mais elle vient cependant dans les sols les plus compacts ; sa vigueur y est moins grande, voilà tout, et peut-être aussi sa durée.»

M. Henri Marès a aussi recommandé le pierraillement du sol pour en transfo.mer les propriétés.physiques.

«La pierraille améliore considérablement les produits de la vigne ; elle échauffe et ressuye le sol, nous l'avons vu réussir dans tous les terrains où elle n'existe pas naturellement. Elle est malheureusement assez chère à cause du transport, et son emploi ne peut être tenté que dans les sols à proximité desquels on la trouve en abondance.»

Il est donc important de rechercher, dans chaque localité, des matériaux dont le prix d'achat minime et les frais de transport très réduits en facilitent l'emploi en quantité importante, sans obliger le propriétaire à des dépenses considérables. Dans ce but, comme cela a été prévu à St-Adrien, je conseillerai de creuser des mares pour recueillir les eaux chargées de limon qui s'écoulent de certaines terres qu'elles ravinent régulièrement lorsque les pluies sont abondantes.

J'ai déjà parlé des sables des rivières, mais on peut utiliser aussi avec profit toutes les curures des mares et fossés ; ainsi tout le long du canal du Midi, les riverains tirent un grand parti des vases que l'on extrait de la ..vette lorsqu'elle est mise à sec.

Enfin les débris des carrières sont souvent assez riches pour servir à des terrages avantageux, lorsque le transport n'en est pas onéreux. C'est le cas qui se présente chez moi.

Le terrain de St-Adrien, comme cela est indiqué par la carte géologique de l'Hérault, dressée par M. de Rouville, est traversé en partie par une formation de brèche volcanique, dont je reproduis l'analyse donnée par M. Carnot (1).

_____

(1) Cette brèche, caractérisée par M. de Rouville par la désignation de *formation fluvio-volcanique*, est due à un remaniement par les eaux des déjections volcaniques.

Silice 43.30
Alumine............................ 15.60
Oxyde de fer....................... 18.00
Chaux............................. 11.00
Magnésie........................... 0.40
Potasse........................... 0.80
Acide phosphorique 0.40
Perte par calcination.............. 10.20
                                    _____
                                    99.70

Ces pierres sont exploitées, depuis de longues années, pour la construction et sont utilisées principalement pour faire des fours à cuire le pain ou des supports de foudres. Aussi de nombreux déchets ont été accumulés dans les plus anciennes carrières, et, soit par suite de l'action des pluies et de l'air, soit par la dislocation provenant de la végétation des genêts qui viennent dans ces débris, petit à petit il s'est formé des amas composés de matériaux de dimensions plus réduites, mélangés à de véritables terres qui renferment ainsi des proportions importantes de fer, chaux, potasse, magnésie, acide phosphorique, que j'emploie avec succès dans ceux de mes terrains trop compacts. Je ne fais, d'ailleurs, que suivre les conseils de Ladrey, qui recommande cette pratique des amendements des vignobles avec insistance :

«C'est surtout dans le choix des amendements que nous devons tenir compte de la nature du sol et de la prédilection de la vigne pour certaines substances. Les terres que leur richesse en principes alcalins nous a signalées comme les plus favorables à sa végétation devront être employées toutes les fois que cela sera possible.»

On doit certainement trouver, dans notre Midi, des gisements d'origine volcanique que l'on pourrait avantageusement employer à l'amendement des vignes, lorsque, par suite des progrès de la végétation, les labours sont devenus impossibles. Il en est de même lorsque, pendant l'hiver, la pluie a rendu tout travail impraticable.

M. Henri Marès, en parlant des avantages des terrages, dit :

«Les terres et les composts terreux, surtout lorsqu'ils renferment des cendres des végétaux, agissent sur les vignes d'une manière très favorable. On parvient à rétablir de vieilles vignes, tout en conservant la haute qualité de leurs produits, en les terrant périodiquement. Partout où les vignobles sont voisins de vastes terrains vagues, on peut se procurer beaucoup d'excellentes terres au moyen de barrages établis dans le fond des vallons pour arrêter les limons charriés par les eaux.

»Les terres calcinées provenant de terrains écobués exercent aussi sur la vigne et sur ses produits une action de plus favorables ; elle a été particulièrement signalée par M. J. Pagezy ; il a fait voir, entr'autres effets remarquables, qu'elles augmentent la spirituosité du vin.

»L'effet des terres rapportées dans les vignobles a le grand avantage d'être de longue durée, pourvu qu'on en emploie suffisamment, par exemple de 40 à 50 mètres cubes par hectare.»

L'écobuage est surtout recommandable pour les terrains trop riches en argile, car, par la calcination, on transforme les mottes de terre plastique en matériaux cassants, pulvérulents, perméables à l'eau et pouvant produire le même effet sur le sol qu'un apport de sable.

Il en résulte que si l'écobuage appauvrit le sol en matières humiques, que la calcination détruit, il favorise l'assimilation des matériaux minéraux et rend un terrain plus propre à porter des récoltes en facilitant la circulation de l'eau et de l'air dans sa masse.

2° *Composts.* — Les composts doivent être faits avec tous les produits végétaux que l'on recueille dans le domaine, on les stratifie avec des curures des fossés, on

leur ajoute de la chaux ou du plâtre et on les arrose
avec les eaux ménagères ou les vinasses des distilleries
pour en activer la décomposition.

. Comme on le sait, dans les grandes propriétés, les
sarments des vignes ne sont pas tous utilisés et sont
vendus souvent à vil prix ; si on les réduisait en copeaux
au moyen d'un broyeur à grand travail, on pourrait en
faire des composts en les mélangeant à des terres riches
en éléments propres à l'alimentation de la vigne. En
stratifiant ces matériaux de choix avec les copeaux de
sarments frais, par suite du dégagement de l'acide carbonique provenant de la fermentation de ces matières
organiques, on arriverait à déterminer dans la masse des
réactions qui rendraient plus solubles les éléments minéraux de ces terres et on produirait des composts dont
la valeur ne serait pas négligeable.

Les balayures des villes, la gadoue de Paris peuvent
servir à faire d'excellents composts, si on les conserve
longtemps en tas avant leur emploi, pour en régler la
fermentation et détruire ainsi les graines des mauvaises
herbes. Dans la Gironde, on emploie beaucoup de ces
composts sous le nom de bourriers et on les enfouit en
ouvrant des fossés de 20 centimètres de profondeur pour
éviter la levée des nombreuses herbes que ce terreau renferme.

On a remarqué qu'à Paris la gadoue ramassée sur les
voies macadamisées était sans valeur, tandis que celle
provenant des rues pavées était meilleure. Mais c'est aux
environs des halles que dans toutes les villes on trouve
des balayures bonnes pour les terres, à la condition
de les laisser fermenter en tas pendant quelque temps.
Faute de prendre ces précautions, on ensemence les terrains de graines d'herbes qui obligent le cultivateur à
augmenter les frais de culture pour s'en débarrasser. Les
balayures des quais de Marseille sont particulièrement
chargées de graines exotiques qui germent à la moindre
pluie et couvrent le sol d'une végétation dont il faut le

débarrasser promptement, pour éviter qués ces plantes épuisantes atteignent l'époque de leur grainaison.

En Champagne, au coin de chaque vigne, on établit un magasin dans lequel on stratifie le fumier avec des terres de bois et on répand copieusement ce terreau sur toute la surface de la vigne. Enfin, on sait quel parti on tire, dans l'ouest de la France, des tombes composées de chaux, de fumier et de terre que l'on recoupe souvent pour constituer de véritables nitrières artificielles, car c'est un des avantages incontestés des composts, lorsqu'on les fait avec soin, de devenir un foyer de nitrification avant leur enfouissement.

Je signalerai un excellent compost que l'on prépare avec les herbes marines mélangées aux phosphates. M. de Molon, dans le temps, en avait démontré les avantages en ces termes :

« On mélange par couches successives, dans un hangar clos ou dans des fossés, le phosphate de chaux pulvérisé et les varechs, dans les proportions utiles à sa fermentation, proportions qui doivent varier en raison de la nature des phosphates employés, de l'humidité et de la variété des varechs. On laisse ce mélange fermenter pendant six semaines à deux mois, suivant que la saison est plus ou moins chaude ; si, après ce laps de temps, la décomposition de la matière organique n'est pas complète, on mélange de nouveau ce compost et il se produit une nouvelle fermentation qui décompose entièrement les varechs qui disparaissent complètement. »

Il me paraît inutile d'insister sur les effets merveilleux que l'on retire, sur les côtes de Bretagne, de l'emploi rationnel des varechs et des goémons. Je me contenterai de rappeler que l'on a donné le nom de ceinture dorée aux terres riveraines de la mer qui peuvent recevoir économiquement ces épaves marines. Mais, en revenant à la vigne, je donnerai des exemples de l'utilisation de ces engrais naturels.

Dans l'île de Ré, il n'y a pas une seule tête de bétail et

on entretient la fertilité de la vigne avec les plantes marines.

M. Henri Marès, dans le *Livre de la Ferme*, signale que les riverains des étangs salés utilisent les algues qui sont rejetées par les eaux, et, d'après ce savant agronome, on tirait un grand parti de ces engrais marins pour la fumure des terres fortes plantées alors en Clairettes.

Ayant une propriété riveraine de l'étang de Thau, j'ai dû m'occuper du meilleur emploi de ces algues qui sont généralement de l'espèce dénommée *Zostera marina*, tandis qu'en Bretagne, les fucus dominent dans les varechs.

Je dirai, tout d'abord, qu'indépendamment des algues, on trouve sur le bord des étangs des vases riches en principes fertilisants que l'on peut aussi faire entrer dans les composts destinés à la fumure des vignes ; mais dans notre Midi, il ne faut employer les algues et engrais marins, pour les enfouir dans les vignes, qu'après les avoir laissé laver par les grosses pluies de l'hiver, pour les débarrasser de l'excès de chlorure qu'ils renferment. L'excès de chlorures nuirait à la végétation avec une intensité foudroyante pour peu qu'il y eût du calcaire dans le sol.

Une de mes meilleures vignes de Marseilhan fut pour ainsi dire détruite par la chlorose à la suite d'une fumure copieuse avec des algues ; la partie non fumée avec cet engrais se défendit au contraire mieux contre ces accidents de végétation, assez communs dans cette région dont le sol contient des rognons marneux.

La grande quantité d'engrais marins dont je puis disposer m'a fait une nécessité de les faire analyser plusieurs fois.

Voici le résultat de ces analyses :

	Algue de l'étang de Thau	Vase de l'étang de Thau
1° *Produits volatils*	—	—
Eau...................	17.80	12.65
Azote.................	0.85	0.29
Autres produits........	54.65	21.29
2° *Cendres*		
Résidu insoluble......	2.22	33.48
Chaux	4.85	14.73
Acide phosphorique...	0.08	0.08
Potasse	2.22	0.31
Produits non dosés....	17.33	17.17
	100.00	100.00

La composition élémentaire de ces produits démontre que, s'ils sont riches en azote et en potasse, ils sont au contraire excessivement pauvres en acide phosphorique, et qu'il y a lieu de préparer, avec ces engrais marins, des composts comme ceux conseillés par M. de Molon, en les enrichissant avec des phosphates. Cette addition de phosphates est d'autant plus commandée que ces terres, voisines de la mer, sont souvent pauvres en acide phosphorique, comme l'indiquent les proportions centésimales du sol des trois parcelles suivantes :

	Terre N° 1.	Terre N° 2.	Prairie
Acide phosphorique.	0.067	0.08	0.05
Potasse	0.237	0.33	0.53
Azote	0.112	0.13	0.36

On voit combien ces terres, dépourvues de phosphate, sont, au contraire, riches en azote et en potasse, si bien que ma terre de prairie pourrait servir à faire des composts, si on la mélangeait avec des phosphates à bas prix.

Les plantes marines sont souvent riches en potasse : ainsi la Glaciale ou Mesembryanthimum cristallinum, cultivée sur les côtes de la Sardaigne, donne des cendres contenant 30 o/o de sels de potasse et 6 o/o seulement de sels de soude.

C'est ce qui fit dire à Dumas, lorsqu'il présidait l'enquête sur les engrais : « Contrairement à toutes les opinions qu'on peut avoir sur leur compte, les herbes marines produisent des cendres riches en potasse ».

Je citerai encore les joncs et les roseaux des marais roseliers comme pouvant former d'excellents composts avec les phosphates. Enfin, je dois rappeler que le marc de raisins, qui ne paraît pas assez apprécié comme matière fertilisante, bien qu'il contienne beaucoup d'azote, d'après l'expérience d'un viticulteur distingué, M. Culeron, devient un bon engrais lorsqu'on en prépare des composts dans lesquels on fait entrer du sulfate de fer. Un excellent compost peut être préparé avec du chiendent stratifié avec de la chaux. Cette plante, dite épuisante, est très riche en éléments fertilisants.

On a aussi recommandé, pour les vignes plantées à la Provençale, l'enfouissement des engrais verts, venus sur place en culture dérobée en y ajoutant, suivant les conseils de M. Georges Ville, une grande quantité de plâtre pour en activer la décomposition ; on constitue ainsi un compost sur place et la méthode prend le nom de sidération.

M. Henri Marès a depuis longtemps recommandé les résidus que l'on peut obtenir en traitant les vinasses acides par 2 kilog. de chaux en pierre par hectolitre, il résulte de la réaction un dépôt très riche que l'on peut faire entrer dans les composts.

M. Camille Saintpierre a résumé le rapport de M. Marès en ces termes :

« Ces vinasses sont riches en principes organiques pouvant donner un engrais excellent, à la condition toutefois de neutraliser les composés acides qu'elles contiennent nécessairement.

» Le chaulage donnerait naissance à un produit imputrescible qui, au lieu d'être comme la vinasse une source de dangers pour la salubrité publique et la végétation, deviendrait au contraire une ressource précieuse pour l'agriculture, en rendant à la terre une partie des matériaux que la vigne lui avait empruntés ».

Combien de matières fertilisantes se perdent et dont on arriverait à tirer parti en les incorporant dans des composts.

Je m'arrête, car les exemples que l'on pourrait encore donner de la préparation des composts et de leurs avantages m'entraîneraient trop loin. J'indiquerai seulement que les composts, indépendamment des éléments favorables à la végétation qu'ils introduisent dans le sol, ont le grand avantage de modifier son état physique en rendant les terres fortes plus perméables et en donnant au contraire plus de consistance aux terres sableuses et calcaires qui manquent d'humus.

3° *Amendements stimulants.* — Indépendamment des débris minéraux et des substances organiques que l'on trouve sur place, on peut se procurer dans le commerce des amendements, dont le prix d'achat modéré permet l'emploi en quantité moins importante que les terrages et les composts dont je viens de parler. Ces matières sont répandues directement sur le sol en proportion bien supérieure à celle des engrais concentrés qu'elles ne peuvent remplacer, puisqu'elles ne comprennent pas tous les agents essentiels de la végétation, mais qu'elles complètent en mobilisant les réserves inactives du sol et en donnant à la végétation une impulsion dont on n'a pas donné toujours des explications suffisantes.

Pour ma part, je les considère surtout comme des réactifs favorisant la dissociation des principes insolubles de la terre arable.

Le plâtre cru, depuis les mémorables expériences de Franklin, reproduites par M. de Villèle sous notre climat, a pris le premier rang parmi les matières auxquelles on a réservé le nom d'amendement. Dernièrement, les expériences de M. Oberlin et celles de M. Battanchon ont si bien démontré l'influence du plâtrage du sol des vi-

gnes déjà copieusement enrichi par des fumures organiques, que je crois inutile d'insister sur ces faits, qui ont
eu un grand retentissement, ayant été répétés avec succès dans les terrains ne contenant pas des sels de chaux
en excès.

Je citerai pourtant Ladrey, qui depuis longtemps avait
recommandé une variété de plâtre dont il avait reconnu
les effets plus satisfaisants que ceux du plâtre ordinaire :

« Les bons effets que l'on attribue au plâtre nous font
un devoir d'indiquer un produit perdu jusqu'ici et qui
peut remplacer le plâtre avec avantage dans toutes les
applications agricoles. Dans la culture de la vigne, il
pourrait rendre de grands services. Le phosphore extrait
des os, qui laisse comme résidu, après la combustion de
leur matière organique, un mélange salin qui, traité par
l'acide sulfurique, donne un liquide servant à l'extraction du phosphore et une substance insoluble consistant
principalement en sulfate de chaux ou plâtre, mais
renfermant en outre une proportion assez notable
de phosphate de chaux. Ces résidus, substitués au plâtre ordinaire, formeraient un amendement très avantageux dans un grand nombre de circonstances. Dans le
cas particulier qui nous occupe, il suffira de nous reporter aux analyses des cendres de la vigne où les phosphates existent en proportion notable, pour reconnaître
que si cette substance servait à former la base d'un
amendement destiné à des terres où l'on cultive la vigne,
son usage produirait les résultats les plus satisfaisants,
et, en y ajoutant des substances organiques, on obtiendrait des engrais les plus efficaces. »

J'ai employé avec succès le plâtre phosphaté sur mes
vignes, mais ce produit, par suite des frais de transport,
revient à un prix beaucoup plus élevé que celui du plâtre
ordinaire que l'on trouve sur place ; aussi, pour en économiser la quantité et en rendre l'effet plus immédiat, au
lieu de l'enfouir dans le sol, je l'ai fait répandre sur mes
vignes en pleine végétation à raison de 300 kil. par hec-

tare, quantité suffisante pour en couvrir toutes les feuilles. Cette opération, y compris la main-d'œuvre, m'est revenue à 13 fr. par hectare, je la fais faire au moment des grandes chaleurs, lorsque la pousse de mes vignes commence à s'arrêter, et j'ai toujours remarqué qu'à la suite de ce poudrage abondant, la végétation reprend vigoureusement. J'ai observé que mes vignes ainsi traitées se faisaient remarquer par le volume plus développé des grains de raisin.

M. Henri Marès avait fait des remarques semblables, puisque dans sa déposition lors de l'enquête sur les engrais il a fait la déclaration suivante :

« Nous voyons que certains engrais, administrés sur les parties aériennes des végétaux, agissent d'une manière particulière ; et que lorsqu'on ne les administre pas de cette façon, on n'obtient pas les mêmes résultats. C'est bien frappant pour le plâtre par exemple. »

L'action du soufre sur la végétation de la vigne a été aussi mis en évidence par les expériences remarquables dues à M. Marès qui s'exprime ainsi dans la même déposition : « Je soufrai des vignes saines, et je constatai qu'elles prenaient un luxe de végétation tout à fait pareil à celui qu'on observait dans les vignes fumées autrefois, avant les atteintes de la maladie. Voilà donc une action spéciale du soufre sur la vigne.

» Cette action est une des plus remarquables qu'on ait encore pu constater. Toutes les fois que j'ai soufré mes vignes et que je vais les voir huit jours après, je ne puis m'empêcher d'éprouver l'impression particulière qu'on ressent toujours en voyant une végétation luxuriante succéder tout à coup à une végétation fatiguée et quelquefois maladive.

» Voilà un premier résultat. Mais il s'en est produit un autre : La maturation du fruit est favorisée d'une manière particulière par le soufrage. Ainsi par le seul effet du soufre nous vendangeons 15 jours plus tôt qu'auparavant, et nos raisins sont mieux mûris. Nous pouvons maintenant, avec le produit des terres qui ne donnaient que des vins de chaudière, faire des vins de commerce.»

D'après M. Marès, l'analyse ne peut pourtant déceler une plus grande proportion de soufre dans les sarments, les feuilles et les sèves des ceps traités, mais dans les pépins la proportion de soufre atteint le double de ce qu'il serait sans le traitement aérien de la vigne par cette substance.

Le soufre agit avec d'autant plus de succès que la vigne est plus vigoureuse, il ne remplace pas les engrais, mais il facilite la puissance d'assimilation des organes verts, en stimulant leurs fonctions naturelles.

Il faut aussi signaler le chaulage comme pouvant être pratiqué dans certains cas avec avantage dans le vignoble et pour ne pas être taxé d'imprudence, je me contenterai de reproduire ce qu'écrivait, en 1894, M. Degrully sur ce sujet :

«Le chaulage, si universellement pratiqué dans les champs, est une opération à peu près inconnue dans le vignoble, et cependant il peut y donner également d'excellents résultats. Aussi bien physiquement que chimiquement, la chaux joue dans la terre arable un rôle considérable et que nul autre élément ne saurait remplacer.

»Dans une formule de fumure que j'indiquais récemment, j'avais introduit une assez forte dose de chaux, dont l'addition me semblait commandée par la nature du terrain. Mon correspondant, à qui je conseillais en même temps de planter du Riparia, plant très sujet à la chlorose, se hâta de me redemander si je ne m'étais pas trompé. J'obtiens d'excellents effets de la chaux dans toutes mes terres arables, m'écrivait-il, mes terres argilo-siliceuses compactes en reçoivent une amélioration considérable, mais n'est-ce pas une faute et un danger d'appliquer du calcaire aux plants américains ?

»J'ai réussi, je crois, à le rassurer, en lui citant de nombreux cas semblables au sien, où le chaulage des vignes américaines, loin de les faire jaunir, avait grandement contribué à leur donner de la vigueur et à accroître leur production.

»Depuis quelque quinze ans, en effet, que j'ai le très périlleux honneur de donner des conseils aux vignerons, j'ai bien souvent fait appliquer de la chaux sur des terres plantées en vignes américaines, et dans aucun cas les expérimentateurs n'ont eu à se repentir.

»Il est bien entendu qu'il ne faudrait pas, ici, abuser de la méthode. Si l'on mettait trop de chaux on finirait inévitablement par provoquer la chlorose. Mais cela n'est guère à craindre dans la pratique, car pour mettre trop de chaux, il en faudrait des quantités tellement considérables qu'on reculerait bien vite devant la dépense.

»Donc, chaque fois que l'analyse en décèlera dans le sol que des quantités insignifiantes, par exemple moins de 1 o/o de calcaire, on aura toujours intérêt à essayer le chaulage ou le marnage, surtout dans les terres fortes, dont l'ameublissement sera ainsi facilité.

»Dans les sols, très nombreux, qui sont à la fois pauvres en chaux et en acide phosphorique, on pourra utilement remplacer le chaulage par l'emploi des scories de déphosphoration. Ces scories, dont la richesse en acide phosphorique est souvent considérable (15 à 18 o/o), renferment en outre de 35 à 40 o/o de chaux, à un état qui paraît fort actif. En forçant un peu la dose de scories, dont le prix est relativement peu élevé, on introduira par surcroît dans le sol une quantité, souvent suffisante, de calcaire».

A côté du plâtre, de la chaux, des scories de déphosphoration, on peut encore comprendre parmi les amendements, le sulfate de fer, les cendres de houille, les mâchefers, les décombres, etc. Mais tous ces amendements, sauf le plâtre qui peut être employé dans presque tous les terrains, ne doivent être choisis qu'après un examen sérieux de la nature du sol et il est nécessaire de vérifier parmi cette grande variété de matériaux quels sont ceux dont l'apport est utile et ceux qu'on doit écarter comme nuisibles.

4° *Action fertilisante des eaux.* —Les irrigations, lorsqu'on se trouve dans les conditions voulues pour en user économiquement, sont d'une importance capitale pour l'agriculture ; malheureusement, l'aire de leurs applications est encore très restreinte. En France, on compte environ 200,000 hectares arrosés, et il serait facile d'en irriguer une superficie décuple. C'est surtout dans notre Midi que les irrigations peuvent donner des résultats extraordinaires, car la répartition des eaux supérieures y est tout à fait irrégulière et si on peut y observer des chutes d'eau abondantes en hiver ou en automne, il n'en est pas moins vrai que les pluies y sont rares pendant la période de la végétation active des plantes. Les oasis du désert nous présentent un exemple frappant des avantages des terrains arrosés sous un climat brûlant.

Aussi, depuis longtemps, les agriculteurs insistent, il est vrai sans succès, pour que les pouvoirs publics assurent par des canaux la distribution dans les campagnes des eaux fécondantes des fleuves qui vont se perdre dans la mer. Les rivières du Midi sont plus particulièrement chargées en limons, de sorte que si, à l'époque des crues, on canalisait l'excès de leurs eaux, on pourrait, en les colmatant, rendre productives des plaines sans valeur, et pendant l'été les eaux claires, en entretenant l'humidité du sol, assureraient aux agriculteurs des récoltes abondantes.

Dans les terrains trop compacts, les arrosages ne donnent pas de bons résultats à moins de les rendre perméables en facilitant l'écoulement des eaux par un réseau de drains resserrés.

Il est difficile de faire du jardinage sans eau, mais, avec le concours de l'eau, on peut entreprendre des cultures maraîchères très rémunératrices, même dans le

Midi. Je citerai les jardins d'Agde et de Pézenas comme donnant des produits particulièrement avantageux. Pour les primeurs, on agit par imbibition, et, pour cela, entre chaque planche, on creuse une rigole que l'on maintient pleine jusqu'à ce que toute la terre soit pénétrée par l'eau. Quand cela ne suffit pas, avec une pelle on jette de l'eau de la rigole sur la partie haute de la planche. On emploie 300 à 600 m. c. d'eau par arrosage et par hectare et on pratique l'irrigation tous les huit jours environ. En définitive, il faut pouvoir disposer d'un litre par seconde et par hectare dans toute la saison. Dans un jardin, en 108 jours de culture, on a consommé 5850 m. c. d'eau pour 1 hectare. Le travail a absorbé le temps du jardinier, de sa famille, d'un garçon à l'année et en outre 300 journées d'hommes et 200 de femmes.

C'est certainement grâce à l'irrigation que la Chine peut nourrir une population beaucoup plus dense que celle des autres pays et qui atteint de 10 à 17 habitants par hectare dans les provinces les plus prospères. Dans le Midi, si l'irrigation était possible dans les campagnes, il serait avantageux d'y cultiver en grand les légumes, comme on le fait dans certaines localités privilégiées de la Provence et dans les terres de la Haute-Garonne situées entre le fleuve et le canal latéral.

Simultanément avec les cultures maraîchères, on pourrait étendre la superficie des prairies et en tirer des revenus importants avec l'aide des engrais nécessaires pour obtenir de grosses récoltes.

Il en résulterait que, dans le Midi, beaucoup de terres sans valeur seraient défrichées et qu'en outre la culture de la vigne ne serait plus la seule à donner des produits avantageux. Désormais, la main-d'œuvre serait mieux utilisée, car les chômages disparaissent avec la variété des produits et en outre les exploitations agricoles donneraient des bénéfices plus réguliers, puisqu'on pourrait récolter sur place toutes les denrées que les propriétai-

res sont obligés à se procurer à grands frais en les faisant
venir des autres régions.

Mais, on le sait aujourd'hui, la vigne elle-même, qui
resterait la culture principale du Midi soumise à l'irrigation, donnerait aussi des produits plus sûrs et plus rémunérateurs.

En inondant méthodiquement le sol, on a pu sauver
les vignes françaises des plaines de la destruction dont
les menaçait le phylloxera. Les prix trop élevés de l'installation de la submersion et l'aire très restreinte dans
laquelle on peut l'organiser m'obligent à ne pas insister
sur toutes les conditions essentielles de son succès.

. Je me contenterai d'indiquer que la quantité d'eau à
employer est bien variable suivant la perméabilité du
terrain et le nivellement préalable de sa surface.

Il a été reconnu aussi que la durée de la submersion
pouvait être réduite à trente jours lorsqu'on provoquait
l'inondation de la vigne de suite après la chute des
feuilles, à un moment où le phylloxera conserve encore
une certaine activité, tandis qu'il fallait prolonger le
séjour de l'eau pendant cinquante jours lorsque l'opération était faite en plein hiver, pendant que le puceron se
trouve à l'état hibernant.

Il est en outre nécessaire, pour la submersion, de
disposer d'une masse d'eau suffisante pour couvrir
rapidement la terre dès le début de l'opération, et on
doit avoir soin d'entretenir l'inondation de la vigne, de
manière à ce que à aucun instant une seule parcelle du
sol reste découverte. On a donc intérêt à jeter rapidement
sur le terrain une couche d'eau de 0^m30 environ, et à ne
jamais la laisser descendre à moins de 0^m10 pendant
toute la durée du traitement.

Je rappellerai que d'après MM. Chauzit et Trouchaud-
Verdier, la perte d'eau par jour est de 0^m01 pour les
terrains compacts, pour atteindre 0,09 pour les terres
très perméables; par suite, la quantité totale d'eau nécessaire pour la submersion d'un hectare varie de 10.000^{mc}

à 30.000^{me}. Au delà de ces volumes d'eau, le traitement devient peu pratique, non seulement par l'exagération des dépenses, mais aussi parce que lorsque la terre est trop perméable, elle est appauvrie par un délavage exagéré.

Pour la submersion, l'eau arrivant par les canaux est préférable à celle élevée par les machines, par suite de son prix moindre, et aussi parce qu'elle est moins aérée. Les eaux limoneuses sont les meilleures, étant chargées de matières fertilisantes qu'elles déposent sur le sol. Certaines eaux, au contraire, sont dépourvues de ces éléments utiles et appauvrissent alors les terres, surtout lorsqu'elles sont perméables. Dans ce cas, les nitrates sont entraînés dans le sous-sol, et il convient, par des fumures appropriées, de pourvoir à la fertilisation de la terre délavée par une masse d'eau trop considérable.

Il faut absolument proscrire les eaux contenant du sel marin, ce qui arrive quelquefois dans les terrains voisins de la mer.

L'eau est introduite encore dans les vignes pour les irriguer pendant les grandes chaleurs de l'été, pour activer leur végétation et favoriser la maturation du raisin. L'irrigation doit être pratiquée par imbibition du terrain, en creusant des rigoles le long des rangées des souches.

On doit donner deux arrosages à quinze jours d'intervalle en choisissant la période de végétation de la vigne comprise entre la floraison et la véraison. Après la véraison il ne faut jamais irriguer un vignoble, et toujours le dernier arrosage doit être suivi du binage de la terre. Le moment précis, le plus avantageux pour amener l'eau dans la vigne, est celui qui correspond à l'arrêt de la végétation, au moment des chaleurs caniculaires.

J'estime que pour les deux arrosages réunis, il faut employer environ 1/2me d'eau par cep. On arrive aussi à obtenir l'irrigation par l'infiltration, en submergeant les drains lorsqu'ils sont suffisamment rapprochés pour assurer l'imbibition de tout le sol.

Pour les besoins de l'agriculture, on emploie des eaux bien différentes par leur origine :

1° Eaux des puits artésiens. Eaux tièdes.

2° Eaux des drainages. Eaux riches en nitrates ; elles doivent être recueillies dans des réservoirs, puisque les drains coulent surtout en hiver.

3° Eaux de sources. Nécessitant des travaux de captation dont les Romains et les Arabes nous ont donné l'exemple, ces eaux sont de température moyenne.

4° Eaux retenues par des barrages dans les montagnes. On connaît malheureusement trop les inconvénients pour la sécurité publique de ces travaux.

5° Eaux amenées par les canaux d'irrigation. Ces canaux ne peuvent être entrepris que par des syndicats avec le concours de l'Etat.

6° Eaux puisées dans les rivières par des machines élévatoires.

La machine la plus répandue et qui donne le rendement le plus élévé (85 o/o) est la noria.

Toutes les autres machines ne donnent pas un rendement supérieur à 60 o/o, et si on a pour le moteur un rendement initial de 60 à 70 o/o, on ne peut obtenir un effet utile dépassant 40 o/o.

Je citerai les machines suivantes comme étant utilisées pour l'élévation de l'eau :

Vis d'Archimède.

Roues à palettes.

Pompes à mouvement alternatif.

Pompes rotatives.

Tympans ordinaires.

Tympans à palette.

Roues à godets.

Pompes spirales, etc.

Pour faire mouvoir ces machines, il faut, pour des masses considérables à élever, user des chutes naturelles ou des moteurs à vapeur. Pour de petites quantités d'eau on se sert des bêtes de trait attelées à un manège, enfin on peut mettre à profit la force du vent au moyen de moulins à vent, dont plusieurs modèles ingénieux ont été imaginés à cet effet; mais, dans ce cas, il faut construire un réservoir pour recueillir une provision d'eau, afin d'en user en temps utile avec abondance.

Il est maintenant nécessaire de donner quelques détails sur la composition des diverses natures d'eau, et je prendrai pour exemple les différentes nappes que l'on rencontre dans la basse plaine de l'Hérault à Agde.

La première eau est saumâtre et chargée de chlorures de sodium, par suite elle est nuisible à la végétation — on peut la capter dans des puits ordinaires, mais il est dangereux d'en user; — au contraire lorsqu'on veut par un forage profond faire remonter les sources plus inférieures, il faut prendre grand soin d'isoler ces nappes supérieures en tubant le puits avec des tuyaux en cuivre.

Par le forage, une première source est rencontrée à 30 mètres de profondeur, mais ces eaux ne viennent pas affleurer le sol en temps ordinaire, et ce n'est que pendant les crues de l'Hérault qu'elles deviennent jaillissantes, ce qui prouve surabondamment qu'elles proviennent des infiltrations du bief supérieur de la rivière.

Si on continue à forer le puits, on découvre, entre 100 et 120 mètres de profondeur, une autre source plus abondante qui vient naturellement jaillir à la surface; mais, pendant la submersion, lorsqu'on plonge les tuyaux d'aspiration des pompes dans les nombreux puits de la plaine, le niveau de l'eau descend de quelques mètres.

Ces eaux sont de nature différente, et une étude sérieuse a permis à un chimiste distingué de l'École des Mines, M. Rioult, d'en donner la composition suivante:

	Couche jaillissante gr.	Couche à 30 mètres gr.
Acide carbonique libre......	0,060	0,087
Silice....................	0,017	0,021
Bicarbonate de chaux.......	0,251	0,333
— de magnésie.....	0,067	0,109
— de protoxyde de fer	0,004	0,005
— de soude........	0,041	0,053
Sulfate de soude...........	0,049	0,058
Azotate de soude..........	traces	0,003
Chlorure de sodium........	0,098	0,162
— potassium......	0,005	0,023
Matières organiques........	0,002	0,003
Degrés hydrotimétriques....	21°	24°
Résidu fixe par litre........	0,418	0,604

On sait que la richesse en nitrate des eaux influe particulièrement sur la fertilisation des terres, mais M. Müntz a dernièrement démontré en outre l'action spéciale des nitrates dont l'effet est de s'opposer à l'asphyxie des racines pendant le temps de la submersion. Je citerai les conclusions de l'importante étude du savant professeur sur ce sujet :

«Ce sont les nitrates apportés par les eaux ou existant dans le sol qui leur fournissent l'oxygène nécessaire, soit directement, soit après une action préalable des organismes réducteurs qui peuplent le sol. Les quantités d'oxygène ainsi fournies sont très minimes, mais on sait qu'il n'en faut que de très petites quantités pour l'entretien de la vie du système radiculaire.»

D'après ces expériences, à Agde, les eaux profondes jaillissantes seraient moins propres à la submersion que les eaux de la couche supérieure. Il est vrai que cette nappe, contenant une proportion double de chlorures, serait de ce fait inférieure comme qualité aux eaux profondes pour arroser un sol déjà imprégné par ces sels.

En conseillant l'irrigation des vignes, je m'écarte de la

tradition ancienne et des enseignements d'Olivier de
Serres qui écrivait sur ce sujet :

«Ne vous souciez d'arrouser vostre vigne, bien qu'eus-
sies l'eau à plaisir, d'autant que le raisin hait l'eau, plus
qu'il ne la désire, estant la chaleur du soleil ce dont le
plus il a besoin : ou ce seroit que par extraordinaire
sécheresse devant vos yeux vissies dépérir les raisins, se
bruslant de chaleur au quel cas, quelque peu d'eau donnée à propos, les garentiroit de ruine, selon la pratique
de certains endroits de la Bresse en Piedmont, et façon
ancienne de la Bruze en Barbarie».

Mais, depuis le phylloxera, on a amené l'eau dans les
vignes françaises pour les préserver de leur destruction
sans inconvénient pour leurs produits et par analogie on
a pu, par des arrosages, augmenter les récoltes des vignes
greffées.

Je pourrais citer plusieurs habiles propriétaires qui ont
ainsi augmenté les revenus de leurs terres, mais je me
contenterai de reproduire le passage suivant d'un rapport fait au comice de Béziers :

«D'un autre côté, sur les bords de l'Orb, où l'on trouve
d'épaisses couches de cailloux roulés, M. Culeron utilise
une source abondante découverte par lui-même. Cette
eau a pour but d'amener à une maturité belle et bonne
les raisins de belles vignes qui ne mûriraient pas ou
mûriraient mal sans le secours de l'arrosage. Ceci
paraît un rêve, Messieurs : il faut avoir vu les résultats
obtenus par ces arrosages pour en apprécier la valeur.
Sur les bords de l'Orb, la sécheresse produit à Lignan de
graves dommages et les vignes de M. Culeron donnent
un rendement supérieur de moitié à celles qui ne sont pas
arrosées, votre commission a été unanime dans cette
appréciation».

Dans toutes les vignes où l'on peut amener l'eau, la
récolte augmente en quantité, mais ce n'est que lorsque
les ceps souffrent de la sécheresse que l'on peut constater avec l'*augmentation de la quantité* un *accroissement*

de la richesse en sucre. Les expériences de M. Culeron
sont très nettes sur ce dernier point, et, dans toutes les
terres qui se dessèchent pendant l'été au point d'arrêter
la végétation pendant un temps prolongé, il a obtenu,
tant sur la vigne que sur les betteraves, une augmentation de la récolte et en même temps une maturité plus
parfaite. La sécheresse contrarie, en effet, à la fois le
développement des raisins et la migration des hydrates
de carbone élaborés par la feuille.

Dans les vignes submergées, par exemple, l'eau de
l'hiver tasse la terre qui, ayant perdu sa porosité, devient
plus sensible à l'action de la sécheresse et il en résulte
que ces terrains, après avoir reçu l'eau en abondance
pendant près de 2 mois, sont ceux qui souffrent le plus
de la privation de pluie en été et par suite qui demandent à être irrigués pour développer normalement les
grosses récoltes qu'ils peuvent donner.

On peut conclure de toutes ces observations qu'en
plantant la vigne dans des terrains qui, autrefois, étaient
ou incultes ou occupés par d'autres exploitations agricoles, on a étendu de beaucoup l'aire utile de leur irrigation,
qu'Olivier de Serres considérait comme très restreinte de
son temps. La vigne, autrefois, ne couvrait guère que
les coteaux et on ne cherchait à récolter que des vins
de choix, tandis qu'aujourd'hui la grande production
que l'on veut retirer d'un vignoble est une conséquence de
l'importance du marché des vins communs de consommation qu'il importe de produire à bas prix en consacrant à la plantation les terres les plus fertiles.

Des expériences particulières faites par M. Paul Narbonne, il résulte même que l'aspersion des feuilles par
une petite quantité d'eau (environ 1/3 de litre par souche)
suffit au moment de l'arrêt de la végétation pour imprimer un nouvel essor à l'activité des ceps et faciliter
la maturation des raisins. Nous verrons bientôt que,
dans la région maritime, les temps gras contribuent à
augmenter la récolte en apportant sur les feuilles l'humi-

dité nécessaire pour favoriser la migration des substances qu'elles ont élaborées. L'expérience de M. Paul Narbonne ne fait que reproduire artificiellement l'action bienfaisante des vents marins.

Pour se rendre compte de l'action de l'eau sur la végétation dans les pays où les pluies ne sont pas régulières, on n'a qu'à se rappeler les désastres provoqués par la sécheresse lorsqu'elle devient persistante.

———

CHAPITRE VI

TRAVAUX EXTRAORDINAIRES

1° Assainissement des terrains humides : Lagues. — Fossés. — Drainages.— Cultures profondes.
2° Dessalement : Action des pluies.— Dessalement par inondation et drainages. — Précautions à prendre pour enrayer la remontée du sel. — Action du sel. — Cépages résistants.
3° Culture des sables : Produits anciens des Cosses. — Etablissement des vignobles.— Précautions à prendre contre les vents et le sel. — Nature des sables.
4° Défrichements. — Garrigues. — Bois. — Anciennes luzernières.— Chiendent.

1° *Assainissement des terrains humides.*— Dans la région méridionale, on voit fréquemment succéder à une période de sécheresse des chutes d'eau prolongées qui, survenant quelquefois à un moment défavorable, arrêtent les cultures et contrarient la végétation de la vigne ou la rentrée de la récolte.

Les pluies abondantes de l'hiver ne font que suspendre les travaux et délaver la terre lorsqu'elle a été cultivée de bonne heure, elles peuvent aussi raviner le sol, Pour éviter ces graves inconvénients, lorsque les vignes occupant une moindre surface on pouvait les travailler toutes à la main, on ouvrait, à travers les plantations, de petits fossés plus larges que profonds, que l'on désignait sous le nom de lagues et que l'on cultivait avec le reste du terrain pour les débarrasser des herbes.

J'ai vu, dans ma jeunesse, toutes les vieilles Clairettes de ma propriété d'Amiral,que l'on ne pouvait pas labourer parce que les bras des ceps avaient pris un trop fort développement, coupées par ces rigoles savamment tracées pour recueillir les eaux et les conduire dans les fossés qui entouraient la vigne. On ne dirigeait jamais ces lagues vers les fossés de collature en suivant la ligne de la plus grande pente ; au contraire, elles servaient à conduire l'eau au dehors de la terre par un chemin détourné composé de plusieurs lignes brisées venant se couper à angle droit pour éviter les ravinements provenant d'une vitesse trop grande de l'écoulement.

Aujourd'hui que la culture à l'araire est devenue géné-

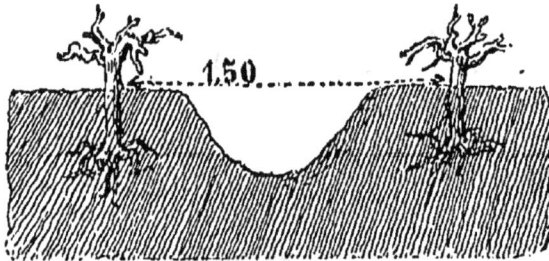

Fig. 70.— Lague pour l'écoulement des eaux.

rale pour les premières façons de la vigne, il faut renoncer aux lagues, et pour éviter les inconvénients des grandes chutes d'eau, on draine les terres qui ne sont pas assez perméables pour s'égoutter rapidement. Dans tous les cas il faut que l'écoulement direct des eaux du sol ou celui des drains soit assuré par des fossés extérieurs assez larges, assez profonds et d'une pente suffisante pour évacuer rapidement toutes les eaux en excès dans le terrain.

Il est nécessaire, pour faciliter l'écoulement direct des eaux surabondantes que le sol n'a pu absorber, de veiller à ce qu'il ne se forme pas de bourrelets le long de ces fossés, et il faut prendre bien soin de les entretenir en bon état pour que les eaux qu'ils reçoivent puissent être évacuées facilement.

Les pluies diluviennes de l'hiver ne font qu'arrêter les cultures et entraîner les terres, mais leurs effets deviennent bien plus nuisibles pour la vigne lorsqu'elles surviennent pendant sa végétation, car dans ce cas, aux

12

mêmes inconvénients viennent s'ajouter les influences
de l'humidité sur les gelées printanières, sur les progrès
des maladies cryptogamiqu⌐s, sur l'insuccès de la floraison, sur la pourriture des raisins, sur la difficulté à
les vendanger.

A cette longue énumération des dommages pouvant
résulter d'un sol trop humide, on comprendra les avantages qu'il y a à en assurer l'égouttement par le drainage.

M. Henri Marès affirme que le drainage échauffe le
sol, le rend perméable, avance la maturité des raisins et
améliore leur qualité. D'autres viticulteurs éminents du

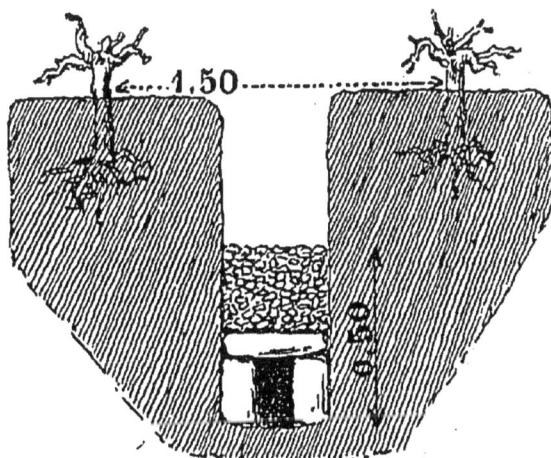

Fig. 71.— Fossé ratier.

Midi ont recommandé le drainage, et parmi eux je citerai M. Culeron qui en a fait une étude complète que je
vais résumer.

De tout temps on a pratiqué l'assainissement des terrains humides ou mouilleux, soit par des fossés ouverts,
soit au moyen de tranchées que l'on comblait ensuite
avec des pierres ou des fascines ; dans les vignobles on
utilisait ainsi quelquefois les sarments provenant de la
taille.

Dans nos pays on employait surtout ces *vallats ratiers*
comme collecteurs des infiltrations naturelles du sol, on

les construisait en élevant 2 murs en pierre sèche surmon-
tés de pierres plates que l'on recouvrait avec de la terre.
Olivier de Serres a le premier employé des collecteurs ;
avant lui, tous les fossés débouchaient directement au
dehors du terrain. Il y a peu d'années que l'on a commencé à employer des drains en poterie ; et tout d'abord
en Angleterre, les canalisations souterraines étaient construites avec des tuiles plates recouvertes de tuiles creuses. Ce n'est qu'en 1839 que l'on entreprit en France
l'assainissement des terres humides à l'aide de tuyaux
en poterie, fabriqués en Angleterre depuis 1830.

Le drainage du terrain est utile toutes les fois que le
sol et le sous-sol sont imperméables, toutes les fois que
le sol étant perméable le sous-sol est imperméable, enfin
encore lorsque le sol bien que perméable reçoit plus
d'eau qu'il ne peut en absorber. Par cette opération on
assainit les terres en leur enlevant l'excédent d'eau qui y

Fig. 72. — Raccordement de deux drains de même diamètre.

est contenu. Les drainages améliorent le terrain en le
rendant plus perméable à l'air dans sa profondeur, ce
qui a pour avantage d'augmenter la couche occupée par
la végétation.

Il est indispensable, pour obtenir un bon drainage, de
faire avec soin le lever du plan de la parcelle qu'on veut
assainir, en indiquant les lignes de niveau pour déterminer la ligne de plus grande pente qui est perpendiculaire
aux lignes d'égal niveau.

Il faut établir les collecteurs suivant la ligne de plus
grande pente et les petits drains doivent former un
angle aigu de 60° environ avec le collecteur. L'espacement

des lignes de drains varie selon la profondeur que l'on donne aux tranchées, cet écartement ne doit pas dépasser dix fois la profondeur adoptée. Ainsi, les lignes de tuyaux seront écartées à 8 mètres, lorsque la profondeur de la rigole sera de 0^m,80. Il faut éviter de faire déboucher 2 drains secondaires sur le même point du collecteur; on prend, au contraire, soin d'éloigner autant que possible les débouchés des drains d'une rive du collecteur de ceux de l'autre rive. Il est indispensable de calculer le diamètre et la longueur des tuyaux, et surtout

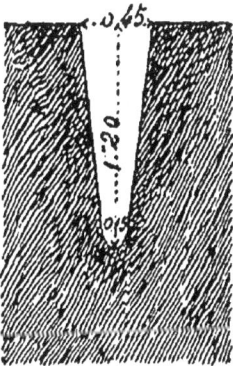

Fig. 73.— Tranchée de drainage.

Fig. 74.— Bêche pour creuser les tranchées.

du collecteur, pour que l'eau puisse s'écouler facilement sans les gorger. Pour qu'un drainage soit bien fait, il faut qu'il débarrasse le terrain, en 48 heures, de toute l'eau fournie par une grande pluie.

Généralement, dans nos pays, on emploie des tuyaux en terre cuite d'un diamètre intérieur de 5 centimètres pour les drains ordinaires et de 7 centimètres pour les collecteurs, mais il faut tenir compte de ce que ces sections deviennent insuffisantes lorsque les rigoles ont une longueur exagérée et qu'il y a lieu dans ce cas d'aug-

menter les diamètres ordinairement admis par les praticiens. La longueur de ces poteries varie de 0ᵐ30 à 0ᵐ40.

Pour faire raccorder deux drains ensemble, on pratique dans le plus gros une ouverture dans laquelle on fait
pénétrer le plus petit. Il faut que ce trou corresponde
bien au diamètre du tuyau secondaire. Les drains d'un
même diamètre peuvent être joints au moyen d'un tuyau
de raccordement plus fort.

Les tranchées doivent être creusées avec la plus petite largeur possible, tout en permettant le travail de
l'homme occupé aux fouilles.

Fig. 75. — Fourche à
3 dents pour enlever
les gazons.

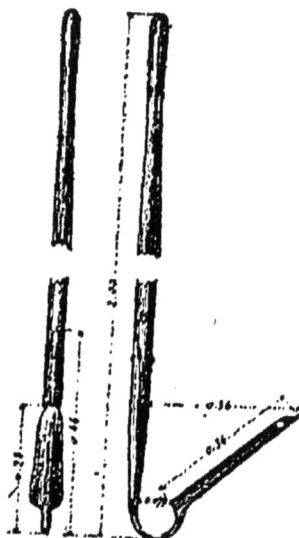

Fig. 76. — Drague pour creuser le
fond des tranchées.

La largeur est à la profondeur dans des proportions
variables suivant la compacité du terrain ; ainsi, dans les
terres peu consistantes, on prend le rapport de 1 à 2. Au
plus bas, la tranchée doit être réduite au diamètre des
tuyaux que l'on emploie. Pour que le drainage soit bon,
il est indispensable que le fond de la tranchée ait une
pente très régulière.

Les outils employés pour ces fouilles sont très simples,
mais leur forme doit être appropriée au travail auquel

ils sont destinés. On use généralement de bêches comme
celle qui est représentée par la figure 74. Pour la 1re
levée de terre on se sert souvent d'une fourche à trois
dents qui sert à enlever le gazon dans les terrains humides. Pour creuser les rigoles, on commence par le point
le plus bas et on ouvre le collecteur avant les tranchées
secondaires, afin d'éviter d'être arrêté par l'eau qui s'ac-
cumulerait dans les creux si l'écoulement n'en était assuré. Lorsque les fouilles sont terminées, il faut en
vérifier la profondeur et en régler la pente. Pour cela on
dresse d'abord le fond avec une drague ayant la forme des
tuyaux à poser et on vérifie la pente au moyen de trois
mirettes, comme celles dont se servent les paveurs, en
les réglant par rapport à des piquets de repère.

Pour la mise en place, on dispose d'abord les tuyaux

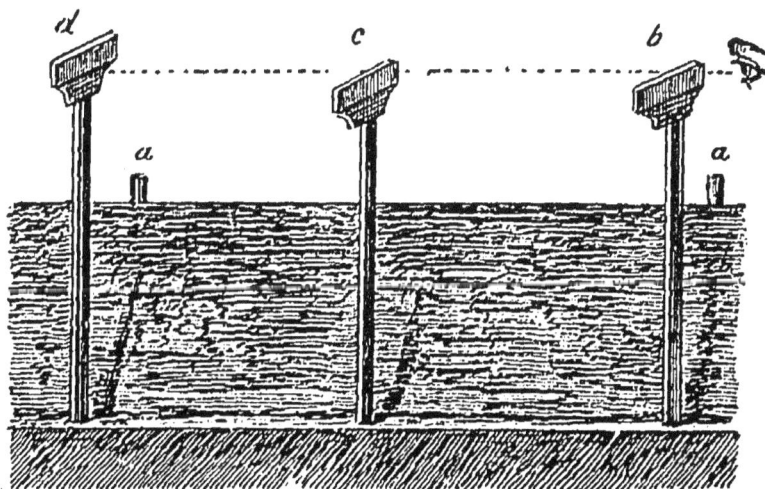

Fig. 77.— Réglage de la pente des drains.

sur l'un des bords de la fouille et on procède à la pose
en se servant d'un instrument appelé broche. Le poseur
marche à reculons en plaçant les poteries bout à bout et
on couvre les jonctions avec des manchons et même avec
des pièces demi-cylindriques ne formant joint que par
dessus. On met ensuite la terre en place pour combler

la tranchée en tassant légèrement les premières couches. Pour protéger la sortie des collecteurs dans les fossés, on doit l'entourer d'un petit massif en maçonnerie et la garnir d'une grille pour empêcher les animaux de pénétrer à l'intérieur. Le collecteur doit déboucher au-dessus du niveau bas du fossé. On doit veiller à ce que ces bouches ne soient jamais encombrées par les terres entraînées par les eaux.

M. Henri Marès, avec l'autorité de son ancienne et sagace expérience, fait remarquer l'importance des drainages dans certains sols mouilleux : « Les drainages simplifient beaucoup, dans ce cas, la question des défoncements, ils permettent souvent de les éviter dans les terrains forts et rendent beaucoup plus efficaces ceux qu'on peut opérer économiquement à de moindres profondeurs. Dans les terrains argileux ou à sous-sol de marne tenace, à la surface desquels on trouve une grande quantité de pierres ou de gros cailloux roulés qui gênent la culture, la meilleure manière de s'en débarrasser est de creuser les tranchées de drainages assez grandes et assez profondes pour les contenir : on les fait ainsi disparaître en transformant la nature du sol de la manière la plus avantageuse ».

Indépendamment de tous les travaux coûteux dont je viens de parler, il est un procédé qui réussit souvent dans les terres compactes : c'est celui qui consiste à donner les labours profonds, permettant d'augmenter la masse de la terre susceptible de recevoir facilement les eaux naturelles. Dans ces terrains, le sous-sol ne se distingue de la couche active du sol que par suite de son tassement plus grand, provenant quelquefois des cultures superficielles mal ordonnées. Bien que dans les vignobles les cultures profondes soient plus difficiles que dans les champs, il était utile d'indiquer qu'elles sont toujours d'autant plus nécessaires que les terres sont plus compactes.

2° *Dessalement.* — Il existe sur les côtes de la mer des terrains qui sont impropres à la culture : ce sont en général des alluvions déposées dans les eaux marines, qui par capillarité les ont imprégnées de chlorures stérilisants lorsqu'ils entrent dans la composition de la terre pour une proportion notable.

La culture de ces alluvions peut être facilement entreprise lorsqu'on peut disposer d'une quantité d'eau douce suffisante pour délaver la terre. Dans le Nord, les eaux de la pluie étant réparties assez régulièrement entre toutes les saisons et les lais de mer étant perméables, on a rendu ces atterrissements fertiles en les protégeant simplement par un endiguement contre un retour intempestif des eaux salées de l'Océan. Les Polders et les Moëres présentent un exemple frappant des avantages pour les cultures des plages conquises sur la mer. Il est pourtant essentiel d'assainir ces terrains par un réseau de fossés à ciel ouvert aménagés pour assurer l'écoulement des eaux de pluie. Il faut dans ce cas prendre bien soin de recreuser souvent ces tranchées et de maintenir une pente convenable pour que les eaux puissent s'écouler directement ou être recueillies dans un fossé de collature d'où elles sont rejetées dans la mer par une machine élévatoire, lorsqu'on ne peut les y déverser par une pente naturelle.

Le louchet est très utile pour creuser ou entretenir les fossés dans ces terrains dont le sous-sol est toujours humide.

Fig. 78.— Louchet pour creuser les fossés.

Dans le Midi, on trouve à l'embouchure de tous les fleuves de grandes surfaces d'alluvions imprégnées de sel, et grâce à la submersion on a pu les convertir en vignobles dans la Camargue du Rhône, dans la Verdisse de l'Hérault et dans la basse plaine de Narbonne. C'est dans cette dernière région que le dessalement des terres a été conduit avec une méthode remarquable et on pourrait citer plusieurs vignobles prospères qui ont été créés dans des terrains stériles avant leur dessalement, en suivant des procédés scientifiques que l'on a su employer pour arriver à des résultats parfaits. Je prendrai pour exemple le domaine de M. d'Andoque de Sériège qui est aujourd'hui en pleine prospérité. La propriété a été divisée en parcelles rectangulaires larges de 100 mètres,

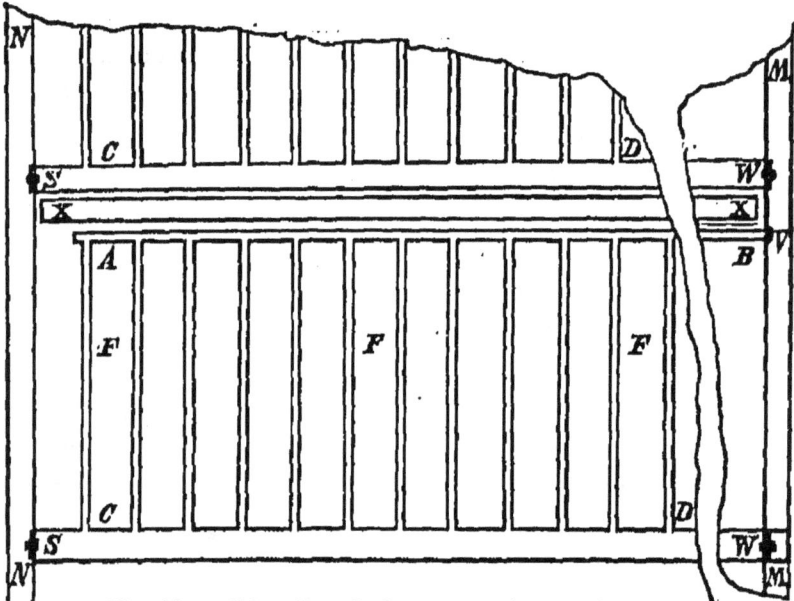

Fig. 79.— Plan d'un drainage pour le dessalement.

que l'on a assainies par un réseau de drains très serrés, puisque l'expérience a démontré que leur écartement devait être de 2 mètres environ.

Le dessin ci-dessus donne la représentation de l'un de ces réseaux de drainage et des canaux qui servent à la distribution des eaux.

Le canal principal qui amène les eaux M doit suivre un des petits côtés du rectangle, et le canal d'évacuation N correspond au côté opposé. L'eau est distribuée dans les drains secondaires F par des drains collecteurs tels que AB alimentés par le canal M d'amenée des eaux. Tous les drains secondaires F aboutissent au fossé de collature CD par une pente régulière de 0^m,0025 par mètre. Les eaux de tous les fossés de collature sont recueillies dans un canal principal N.

Les drains sont posés à une faible profondeur (0^m,75 au maximum), pour être toujours au-dessus du plan d'eau salée du sous-sol; le diamètre des drains est de 0^m,07 pour donner un large passage à l'eau.

De pareils travaux sont très coûteux, et si on y ajoute le défoncement du sol, on arrive à une dépense initiale de 1.500 fr. environ par hectare.

Pour dessaler un compartiment, on ouvre les vannes telles que V W, faisant communiquer le canal d'amenée avec le réseau des drains en maintenant fermées les vannes S d'évacuation des eaux sur le grand canal de collature. L'eau doit pénétrer dans tout le réseau des drains, par leurs deux bouts, et comme l'on maintient son niveau dans les canaux d'amenée à 0^m,10 du sol, on arrive ainsi à imbiber complètement toute la masse de la terre.

Lorsque l'eau par capillarité surgit au niveau du sol, ce qui a lieu environ après trois jours, on ferme les vannes V W d'arrivée et on ouvre les vannes de sortie S pour écouler toutes ces eaux qui se sont saturées des sels qui imprègnent le terrain.

Il faut répéter tous les mois cette submersion inférieure par les drains et on arrive ainsi, après deux années, à rendre le sol propre à la culture de la vigne. Généralement on plante dans ces terrains les vignes françaises, on pratique la submersion en se servant du réseau de drainages et pendant l'été, à deux reprises, on arrose les vignes par le même procédé.

On arrive ainsi à maintenir le dessalement du sol et à préserver la vigne française des atteintes du phylloxera. Mais il est important de niveler toutes ces terres si leur surface n'est pas naturellement plane.

En résumé, toute entreprise de dessalement par les

eaux des lais de mer doit être basée non seulement sur la dissolution du sel marin par une grande quantité d'eau douce, mais aussi par des travaux permettant l'évacuation facile au loin des eaux qui ont servi à dissoudre le sel. C'est pour avoir négligé cette dernière précaution que quelques territoires, et je citerai particulièrement la Verdisse de l'Hérault, après avoir donné pendant quelque temps de bonnes récoltes, voient leurs vignobles dépérir. Certes, les inondations des rivières, devenues depuis quelques années moins importantes et moins fréquentes, n'ont pu comme autrefois délaver ces alluvions salées et les enrichir par des dépôts limoneux fertilisants, tout en entraînant l'excès de sel, mais d'autres terrains dans des conditions identiques ont pu être maintenus en état de production par des travaux d'assainissement coûteux, il est vrai, accompagnés de fumures copieuses.

Faute d'écoulement suffisant pour ces terrains qui se trouvent presque au niveau de la mer, les fossés de collature restent pleins d'eau et souvent on y trouve deux couches liquides séparées par leur densité, l'eau salée plus lourde s'accumule au fond des tranchées, ne trouvant aucune issue.

D'autres sols fertiles deviennent quelquefois peu propres à la culture par suite de l'effet d'une longue sécheresse permettant à des eaux salées profondes de remonter par capillarité jusqu'à leur surface. On observe même alors au milieu de terres fertiles des taches de *salant* dans lesquelles aucune plante cultivée ne peut prospérer.

M. Paul Bérard, en faisant l'étude d'un de ces salants des alluvions d'Agde, a trouvé dans les eaux de lavage de la terre de la surface pour 100 parties 6,5 de sel, tandis qu'à 0^m,30 de profondeur, les résidus de lavage ne donnaient que pour 100 parties 0,9 de sel.

Il semble donc que l'eau salée en s'évaporant laisse sur le sol une croûte saline.

Si, ne disposant pas d'eau en abondance, on ne peut

pas dessaler un terrain par son inondation méthodique, il faut s'opposer à la remontée du sel par des moyens physiques rompant la capillarité de la terre et sa tendance au desséchement.

Le binage de la terre est une des pratiques qui peut servir à enrayer la remontée du sel, lorsque cette façon superficielle a été précédée de labours profonds en hiver ; l'écobuage des terres fortes, l'apport de sables et d'engrais volumineux servent à combattre la compacité trop grande de ces sols, enfin les paillis répandus à leur surface sont très efficaces pour former obstacle à leur échauffement, mais toutes ces pratiques réunies ne peuvent donner des résultats aussi assurés que ceux provenant du dessalement méthodique par les eaux.

Dans les plaines arides de l'Amérique on trouve aussi des parties incultes, parce qu'elles sont imprégnées de sels de différentes natures produisant des efflorescences dont on a publié la composition suivante :

Sulfate de potasse......................	3.25
Sulfate de soude........................	20.91
Chlorure de sodium.....................	12.21
Phosphate de soude.....................	1.87
Nitrate de soude........................	16.40
Carbonate de soude.....................	27.02
Carbonate d'ammoniaque..............	1.27
Matière organique......................	17.07
	100.00

Ces terres ont pu être mises en culture par la méthode suivante :

On commence par préparer le sol par un labour profond et soigné ameublissant la surface de la couche arable pour rompre la capillarité de la terre, et on répand environ 6000 k. de plâtre par hectare. Grâce alors à une irrigation modérée, le terrain est rendu propre à la culture par suite de la transformation du carbonate de soude en sulfate de soude qui est plus facilement entraîné dans les eaux de drainage.

On sait que les expériences de Péligot ont démontré que l'on rencontrait rarement la soude dans les cendres des végétaux, sauf dans ceux qui appartiennent à la famille des Atriplicées et à celle des Chénopodées ; aussi a-t-on observé que les plantes qui périssent par l'excès de chlorure de sodium, dont un terrain est imprégné, ne donnent pas généralement des cendres riches en chlorure de sodium, mais plutôt en chlorure de potassium.

Une expérience de M. Dehérain met ces faits en évidence :

« On arrose des haricots de dissolutions de sel marin de plus en plus concentrées, jusqu'à les faire périr. On incinère et on trouve dans 100 de cendres 11 gr. 3 de chlore, tandis que les cendres des haricots développés dans la même terre sans addition de sel ne contiennent que 0 gr. 53 et 0 gr. 49 de chlore dans 100 grammes. Pourtant on ne trouve pas trace de sodium dans les cendres et les haricots avaient péri par l'assimilation d'un excès de chlorure de potassium. »

C'est que le sel marin est un réactif puissant qui agit sur tous les autres éléments minéraux du sol en provoquant des combinaisons nouvelles, et c'est même pour cela qu'appliqué dans les engrais dans de petites proportions, il peut les rendre plus assimilables.

Dans l'enquête sur les engrais, Malaguti a signalé particulièrement les avantages que les Anglais retirent du sel marin en l'incorporant à petite dose dans les phosphates et propose d'utiliser la potasse des feldspaths en attaquant ces roches primitives par le sel marin.

Je dois signaler que certains cépages résistent un peu plus au sel marin que d'autres, et parmi les plus résistants on compte la Carignane et le Petit-Bouschet.

Parmi les cépages américains, celui qui s'accommode le mieux des terrains salés serait le Cornucopia, hybride producteur direct peu recommandable par suite de sa

faible résistance contre le phylloxera; il vaut mieux
planter le Solonis qui résiste bien au sel dans les terres
qui sont suffisamment humides.

Dans les terrains peu salés, le Taylor-Narbonne végète
bien; aux Yeuses, il a donné d'excellents résultats dans
des terres contenant il est vrai une quantité modérée de
chlorures.

Les terrains salés sont quelquefois éloignés des riva-
ges modernes de la mer, c'est qu'alors ils correspondent à d'anciens bassins maritimes desséchés. C'est ce
qui a lieu en Algérie dans la région dite des lacs salés.
Vouloir planter des vignes dans ces territoires déshé-
rités sans prévoir leur dessalement total ou partiel, c'est
condamner le vignoble à une destruction fatale à bref
délai.

3° *Culture des sables.* — Depuis de longues années sur
quelques points, les plages de la Méditerranée ont été
défrichées par de simples cultivateurs assez entrepre-
nants pour retirer, des sables autrefois abandonnés, des
récoltes abondantes de pommes de terre précoces, très
recherchées, des blés de semences, des primeurs et des
fruits savoureux et exceptionnellement du vin.

Ces terrains conquis sur les vacants du rivage étaient
appelés vulgairement les *cosses* et étaient tous à proximité des centres de population dont dépendaient les
robustes et intelligents pionniers qui les avaient mis en
valeur.

Mais de vastes étendues du littoral étaient restées
encore incultes sur les points moins accessibles aux tra-
vailleurs. On sait que depuis l'importante découverte de
la résistance dans les sables de la vigne contre les attaques du phylloxera, tous ces territoires, tant ceux déjà
cultivés que ceux qui étaient restés abandonnés, ont été
convertis en riches vignobles, et que c'est peut-être
même sur ces plages que l'on a créé avec l'aide de sociétés financières les plus vastes domaines de la région.

De pareilles entreprises ont été certainement profitables au pays, soit par la mise en valeur d'une région inculte, soit surtout par l'assainissement général du littoral autrefois infecté par les miasmes provenant des eaux saumâtres croupissantes.

Non seulement le défrichement de ces plages a nécessité des travaux pour assurer l'écoulement des eaux, mais la végétation, on le sait, est un moyen naturel des plus parfaits pour détruire les foyers pestilenciels des marais.

Les petits cultivateurs avaient agi autrefois avec beaucoup de prudence pour protéger leur conquête contre les inconvénients résultant pour toutes les cultures du voisinage de la mer. C'est ainsi qu'avant de défricher les vacants, ils les entouraient par une petite chaussée dont ils fixaient les talus à l'extérieur par des plantations de tamaris et à l'intérieur par des bordures de plantes choisies comme les inules percepierres parmi la flore particulière aux bords de la mer. Le sommet de la chaussée était couronné par des arbres et principalement par des peupliers noirs ou des eucalyptus pour former comme un rideau de préservation.

Ces arbres arrêtaient les embruns salés apportés par les vents lorsqu'ils soufflent du côté de la mer, protégeaient le sol contre un desséchement trop fort pendant l'été et s'opposaient en outre au déplacement des sables sous l'action de la tempête. Toutes ces parcelles étaient travaillées à bras d'hommes avec soin et profondément pour s'opposer au tassement du terrain.

Lorsque la végétation rendait le travail difficile, on couvrait le sable avec des menues pailles ou avec des balles des céréales pour empêcher son échauffement sous l'action d'un soleil trop ardent. Pour les vignes, les cépages les plus répandus étaient le Piquepoul et le Peyroual, raisin noir à petits grains comme le Mourrastel, dont il semble dériver.

Les grandes propriétés, divisées en parcelles plus

étendues, ne pouvaient pas suivre exactement ces procédés qui seraient devenus trop onéreux pour une exploitation éloignée des centres d'habitation et tout a été
prévu pour substituer dans ces nouveaux domaines les
cultures aratoires au travail manuel.

Au lieu de chaussées plantées d'arbres on a protégé les
vignes contre l'action du vent par des abris en roseaux
secs. Je ne trouve pas cette précaution suffisante et
j'aurais voulu que les habiles viticulteurs qui ont entrepris le défrichement en grand des sables se fussent
préoccupés de protéger tout d'abord l'ensemble du
vignoble par la plantation en pins maritimes des dunes
les plus voisines de la mer. Les abris en roseaux auraient
donné un effet plus sûr, si les vents marins avaient pu
déjà se briser en traversant une forêt de pins maritimes
avant de passer sur les terres en production.

L'influence des vents venant de la mer peut être très
nuisible pour la vigne lorsqu'elle est plantée trop près
du rivage. Je citerai ce qu'en dit M. Foëx:

« Les vents marins ont aussi une action dangereuse
sur les vignes situées sur les bords de la mer; lorsqu'ils
soufflent fortement, ils entraînent de petites particules
d'eau salée qui se déposent sur les feuilles et en désor-
ganisent les bords qui se dessèchent sur une largeur plus
ou moins grande. Les plantations faites sur les sables
marins du littoral sont particulièrement exposées à cet
accident : le meilleur moyen de préservation consiste
dans l'établissement d'abris en roseaux, fascines ou autres matières analogues capables de diminuer la violence
du vent et de lui faire déposer sur eux-mêmes une partie de l'eau salée qu'il porte en suspension. »

On ne saurait trop prendre de précautions contre ces
fâcheux effets des embruns de la mer, et le boisement
des dunes aurait certainement été une œuvre utile.

Avant de planter les terrains délaissés du littoral, il faut
procéder à leur nivellement. A cet effet, on use soit de la
pelle à cheval, soit de wagonnets; on procède ensuite à

leur défoncement et on les plante en choisissant les cépages qui conviennent pour ces vignes. L'Aramon, le Petit-Bouschet, le Piquepoul, sont les variétés qui semblent s'accommoder le mieux du voisinage de la mer. On a abandonné aujourd'hui l'ancien Peyroual, moins productif.

Les herbes se développant peu dans ces terres mouvantes, on se contente de les labourer au printemps et

Fig. 80 — Machine à enjoncer de M. E. Vernette.

de suite après les cultures on procède, à l'enjoncage du terrain en répandant à la surface des joncs que l'on enfonce dans le sable au moyen d'un appareil imaginé par M. Vernette, de Béziers. Les disques tranchants de ce rouleau d'un nouveau genre font pénétrer les joncs dans le sable lorsqu'on traîne l'appareil à travers les allées de la vigne. L'enjoncàge s'opposant aux façons de l'été, on doit se contenter de faire sarcler la vigne lorsque les herbes se sont développées dans les interlignes.

13

Il est préférable, pour la plantation, de choisir les cépages étalés qui, en tapissant le sol par leurs rameaux, contribuent à empêcher le vent de soulever le sable mouvant. La taille en gobelet est la seule adoptée, et on laisse aux souches un grand nombre de coursons.

Les vignobles du littoral sont très exposés à toutes les maladies cryptogamiques et à l'invasion des insectes ; il convient dès lors, dans ces terrains, d'appliquer les traitements reconnus efficaces pour protéger la récolte.

Les sables renfermant très peu de matières fertilisantes, il est donc indispensable de les fumer copieusement tous les ans avec des engrais ne laissant dans le sol aucun résidu pouvant en changer la nature, car si on apportait des terreaux dans ces terres mouvantes, on arriverait à leur faire perdre leur indemnité phylloxérique. On connaît le résultat fâcheux constaté dans une vigne plantée dans les sables à la suite d'une fumure copieuse avec des vases du canal de Beaucaire.

Les engrais pailleux, comme les fumiers d'écurie, ont pour avantage de fixer les sables.

M. Charles Lenthéric, qui a fait une étude approfondie du littoral du Bas-Languedoc, décrit en ces termes la nature primitive des terrains aujourd'hui mis en culture :

« Ces longues lignes de dunes et les bas-fonds marécageux qui les séparent sont caractérisés par des flores tout à fait distinctes. Les pins d'Alep, les peupliers blancs, les ailantes, les pins parasol, demandent pour vivre que leurs racines pénètrent dans un sol imprégné d'eau douce, et la pluie qui filtre à travers les dunes depuis longtemps dessalées entretient à quelques mètres au-dessous de la surface une humidité favorable à la végétation arborescente. L'eau des bas-fonds, au contraire, est saumâtre et quelquefois salée et la flore très pauvre de ces anciennes lagunes desséchées ne présente que des joncs, des salicornes, des soudes au feuillage terne, aux fleurs indécises, à l'aspect maladif et étiolé. »

Souvent, on trouve dans ces terres mouvantes une couche d'eau douce et plus bas une couche d'eau salée qu'une densité plus forte retient dans les profondeurs jusqu'au moment où la couche supérieure d'eau douce étant épuisée par l'évaporation, l'eau salée à son tour s'élève par capillarité dans les couches supérieures du sable échauffé et comprimé; on voit alors la vigne se dessécher, les tiges s'atrophier et les feuilles tomber comme si les ceps étaient atteints par un folletage intense. C'est pour éviter ces faits désastreux pour la végétation que l'on répand des paillis sur les sables cultivés.

Cette remontée du sel dans les sables se produit principalement lorsque, étant tassés, leur capillarité devient plus forte et que l'évaporation ainsi exagérée a épuisé l'humidité provenant des pluies.

Par suite de leur grande perméabilité, les sables, lorsqu'ils reposent sur un sous-sol imperméable, peuvent recueillir dans leur profondeur toutes les eaux des pluies de l'hiver, qui constituent une provision d'humidité d'autant plus précieuse pour la végétation pendant la sécheresse de l'été que la couche de sable présente une grande importance. Si cette couche est d'une faible épaisseur, la provision d'eau est vite épuisée en été, tandis qu'en hiver ces terrains sont alors quelquefois tellement imbibés par les pluies qu'ils deviennent impraticables, ne pouvant supporter le poids d'un homme.

D'après les analyses de M. Müntz, les sables de Jarras sont très siliceux et renferment en outre, par cent parties :

	Sol	Sous-sol	Sous-sol salé
Azote..............	0,020	0,010	0,018
Acide phosphorique..	0,068	0,070	0,089
Potasse.............	0,097	0,103	0,127
Carbonate de chaux..	18,887	19,820	25,525
Magnésie	0,109	0,189	0,114
Sesquioxyde de fer..	1,283	1,331	1,388
Sel marin...........	0,002	0,003	0,005

La composition élémentaire des sables du littoral ne permet pas d'expliquer leurs récoltes fructueuses par la seule intervention des engrais qu'on y incorpore. Il faut donc rechercher dans les propriétés physiques de ces terres, dont la capillarité est très faible et la perméabilité plus grande que celle des autres terrains, les avantages que l'on retire de leurs cultures.

La pluie pénètre en effet dans les profondeurs de ces terres perméables, où elle constitue une réserve en se ramassant au-dessus de la couche imperméable qui en constitue le sous-sol et elle est ensuite absorbée par les plantes en quantité mesurée par la faible capillarité du sable, de sorte que la provision d'humidité, si on modère encore l'évaporation du terrain par les paillis, suffit aux besoins de la végétation. Malheureusement, lorsque la couche d'eau douce est épuisée, les solutions salines, attirées à la surface, viennent nuire aux récoltes.

Les engrais organiques, sous l'action de l'air qui pénètre facilement et circule dans les sables, sont dévorés par ces terrains, étant transformés rapidement en matériaux simplifiés, qui ne laissent aucune réserve dans le sol, ce qui oblige à répéter les fumures chaque année.

Mais l'air lui-même, en pénétrant librement dans les interstices du sable, se dépouille de toutes les poussières fertilisantes microscopiques qu'il tient en suspension, et comme sous l'action de la chaleur il circule plus activement dans ces terrains, cet apport n'est pas négligeable pour la fertilisation.

Enfin ne doit-on pas aussi signaler que dans les sables, les effluves électriques provoquent des réactions favorables à la végétation, sans qu'on soit obligé, par des artifices, à recueillir l'électricité des nuages.

4° *Défrichements.* — Dans la région méridionale, on trouve de grandes étendues de coteaux maigres, peu profonds, souvent très pierreux, auxquels on a donné le nom de garrigues, et que l'on utilise pour la dépaissance des troupeaux. Quelquefois ces terrains sont couverts par des broussailles composées de genêts épineux, de bruyères, de chênes verts. Beaucoup de propriétaires ont entrepris autrefois de défricher ces terres ingrates pour les planter et ont réussi à y faire venir la vigne, surtout lorsque le sous-sol est composé d'une roche largement fissurée.

Aujourd'hui ces travaux ne peuvent être exécutés qu'à temps perdu, car le prix élevé des salaires les rendent trop onéreux, on doit d'ailleurs toujours les entreprendre avec une certaine sagacité en choisissant les parcelles qui donnent lieu aux dépenses les plus réduites, et, comme l'indique M. Marès :

« Dans les garrigues, où le roc est vif et tenace, on peut considérer le défoncement comme trop cher pour être raisonnablement possible ».

Cazalis-Allut, dans le temps, avait donné l'exemple de la mise en culture des garrigues, et il explique comment il a été amené à entreprendre de pareils travaux : « Je me suis dit : si le terrain que je veux convertir en vigne a pu nourrir des chênes verts, une innombrable quantité de chênes kermès et tant d'autres plantes, il me semble que ce même terrain laissé dans son état primitif devra, à plus forte raison, faire prospérer des ceps convenablement cultivés et bien moins nombreux que les végétaux qu'ils ont remplacés ».

Dans les garrigues dont le sous-sol est composé de roches fendillées, le défrichement n'est pas onéreux lorsqu'on se contente d'enlever les pierres qui s'opposent aux cultures, et Cazalis-Allut l'avait bien compris lorsqu'il écrivait :

« Les pierres ne nuisent pas à la végétation, elles ont au contraire l'avantage de conserver l'humidité dans le sol et de retenir dans leurs interstices les détritus végétaux qui seraient balayés par les vents et de contribuer ainsi à sa fertilité ».

Avec les grosses pierres retirées du sol, si on ne les brise pas sur place, on peut, tout autour des terres défrichées, élever des murs de clôture.

La production des garrigues défrichées est peu abondante, mais les vins que l'on y récolte ont assez de qualité pour améliorer les produits plus considérables des vignes cultivées dans les bons fonds enrichis par tous les débris que les eaux depuis des siècles entraînent tous les ans des pentes abruptes de ces dépaissances. On ne défriche parmi ces terrains que ceux qui sont suffisamment aplanis pour ne pas exiger des travaux de nivellement onéreux.

On donne aussi le nom de garrigue à des terrains très maigres appelés *grès*, composés de cailloux roulés du diluvium alpin empâtés quelquefois dans des argiles plastiques sur lesquelles ces détritus siliceux et quelquefois calcaires ont été déposés.

Dans ces conditions, les défrichements peuvent être faits à la charrue après avoir détruit la végétation naturelle qui pourrait s'opposer à un travail régulier.

Le mieux est de raser tous les arbustes et de les brûler sur place, avant d'entreprendre le défoncement de ces territoires. Il faut aussi les niveler suffisamment pour faciliter les cultures et les drainer, pour assurer à la fois l'écoulement des eaux et augmenter la perméabilité de la terre. Le tout est de calculer d'avance la dépense pour que les défrichements reviennent à un prix raisonnable. Ces terrains sont très pauvres et on ne peut en retirer des récoltes rémunératrices qu'en y incorporant des engrais en quantité suffisante pour les fertiliser.

On défriche aussi quelquefois les bois pour y planter la vigne, il est indispensable dans ce cas de faire purger la terre de toutes les anciennes racines, afin d'éviter qu'elles communiquent le pourridié aux jeunes ceps, ce qui arrive fréquemment lorsque le sol est humide. Il est même bon de semer en fourrages ces terres défrichées

avant de les faire occuper par la vigne. Il faut bien trois
années pour purger le sol du pourridié lorsqu'il y est
établi. Les jeunes souches se trouvent toujours bien de
succéder à une culture fourragère, et autrefois il était de
règle générale de faire précéder les plantations d'une
vigne par une luzerne ou un sainfoin que l'on rompait ensuite pour planter la vigne. Les microorganismes et les
matières végétales laissées dans le sol par la culture des
légumineuses n'étaient pas sans influence sur les avantages que l'on retirait de cette méthode rationnelle. Aussi
cette pratique se distingue des défrichements dont j'ai
parlé en premier lieu, car elle repose sur un bon
procédé pour améliorer un sol déjà cultivé, ce qui la
distingue des travaux ayant pour but de mettre en culture
des terrains délaissés. Sur ce sujet, je citerai encore
M. Henri Marès :

«La méthode qui nous paraît la meilleure est celle qui
consiste à laisser le sol le plus longtemps possible sans
vignes après l'avoir défoncé à $0^m,60$ en arrachant ou du
moins à pénétrer jusqu'au roc, s'il manque de profondeur; l'engraisser successivement par de bonnes fumures, en ne lui confiant que les récoltes qu'il est susceptible
de porter, et à le semer en sainfoin pour le rompre à la
troisième ou à la quatrième année lorsque le temps de
faire la seconde plantation sera venu».

Il est encore un travail exceptionnel qu'il faut signaler
à propos des défrichements, c'est le nettoyage des vignes
labourées d'une plante épuisante, le chiendent, qui les
envahit rapidement, si de temps en temps on ne procède pas à son extirpation en fouillant le sol, sur les
points où il s'étale, avec la pioche à deux ou trois dents
jusqu'à la profondeur de ses plus basses racines qui se
reconnaissent à une teinte plus foncée.

Une autre méthode consiste à couper cette plante entre
deux terres à l'époque où le sol est très échauffé. En
répétant plusieurs fois ces raclages, on arrivera encore
à débarrasser la terre du chiendent. Ces travaux doivent

être exécutés pendant les plus grandes chaleurs de l'été pour que la plante arrachée se dessèche rapidement sous l'action du soleil ardent. Lorsque, au contraire, on procède à une autre époque de l'année, il faut bien se garder de laisser le chiendent sur place et il faut prendre soin de le réunir en tas pour le brûler; les cendres de cette plante sont très riches en sels de potasse et en phosphates.

Le chiendent ne nuit pas seulement à la vigne en épuisant le sol, mais, en outre, il s'oppose au développement des racines des ceps, en occupant la terre cultivée par des nombreuses tiges souterraines qui s'entre-croisent dans tous les sens, en formant un inextricable réseau, véritable obstacle pour l'extension du système radiculaire de la vigne. Un vignoble envahi par cette plante vivace et parasite est destiné à voir d'abord ses produits décroître rapidement et à périr même si on ne prend pas soin de la détruire.

D'après M. H. Marès, dans un vignoble ancien en pleine production, il faut compter, pour l'extirpation du chiendent, une dépense moyenne annuelle de 21 fr. par hectare.

CHAPITRE VII

ACCIDENTS MÉTÉOROLOGIQUES

1° Effets du vent: Rupture des rameaux.— Dessèchement du sol. —
Vents marins.— Vents secs.— Terres fortes.
2° Sécheresse: Précautions à prendre contre le dessèchement du sol.
— La vigne affamée.— Détails sur les effets de la sécheresse.
3° Effets du froid : Les froids rigoureux.— Les gelées noires.— Les
gelées blanches.— Procédés anciens et nouveaux pour préserver
les vignes contre les gelées.— Les froids d'automne.
4° La grêle : Désastres causés par la grêle.— Taille des vignes grê-
lées.— Détails sur les effets de la grêle.

1° *Effets du vent.* — Les vents sont quelquefois très
violents dans la région méditerranéenne. Pendant l'hiver ils ne présentent pas d'inconvénients sérieux pour
les travaux de la vigne, mais ils dessèchent le sol et
même quelquefois le durcissent complètement lorsqu'ils
surviennent après une pluie et que le terrain n'a pas eu
le temps de s'égoutter. Dans certaines terres du diluvium alpin, ce durcissement peut rendre toute culture
impraticable jusqu'à ce qu'une pluie suffisante permette
d'entamer la croûte qui s'est ainsi formée.

En pareil cas il est nécessaire de veiller à ce que la
terre qui recouvre les pieds nouvellement greffés reste
bien meuble, et pour cela il faut souvent briser la couche
superficielle avant que la croûte ne prenne de la consistance.

Au printemps, les vents ont pour avantage de s'opposer au refroidissement par rayonnement, mais lorsque,
après le développement des bourgeons, le mistral souffle
avec violence, il peut occasionner de graves dégâts dans

les jeunes planticrs et dans les vignes à cépages érigés
qui offrent une plus grande surface de résistance à son
action

Voici d'après M. Marès le tableau que présentent les
vignobles ainsi ravagés :

« Certaines souches sont tellement dévastées qu'elles
ne conservent plus un seul rameau et en sont réduites à
leurs coursons comme en plein hiver. Ce spectacle est
d'autant plus pénible qu'on voit à leurs côtés, renversées par terre, des pousses de plus d'un mètre garnies
de raisins. Cet accident se répare ; il sort de nouveaux
rameaux sur lesquels on établit la taille l'année suivante,
mais c'est aux dépens du cep et de ses produits pendant
un an et souvent plus.»

La taille basse et les cépages à sarments étalés
trouvent déjà leur justification dans les avantages qu'ils
assurent pour mieux soustraire les récoltes à la violence du vent pendant la première période de végétation.
Depuis l'établissement des nouvelles vignes, on prend soin
de butter les greffes la première année pour s'opposer
à leur renversement ou à leur décollement, et on dispose
ensuite des tuteurs pour y attacher les jeunes ceps.

Ces vents ont l'inconvénient de dessécher les terres et
on arrive à entraver leur action nuisible en travaillant le
sol constamment et en l'émiettant pour maintenir à l'état
pulvérulent la couche superficielle sur une épaisseur de
plusieurs centimètres. Cette pratique permet d'enrayer
l'évaporation des réserves d'eau de la terre : Binage vaut
arrosage, je le répète ici, parce que par un travail superficiel bien exécuté, on s'oppose au desséchement du sol.
Vers la fin d'août, aux vents secs succèdent le plus souvent des vents marins humides qui favorisent la véraison
et le grossissement des raisins.

J'ai déjà signalé que l'humidité qui baigne les feuilles
à cette époque favorise la migration des hydrates de
carbone et leur accumulation dans le fruit. On voit à
ce moment les grains de raisins grossir avec rapidité,

tandis que, comme je l'indiquerai bientôt, la sécheresse trop prolongée nuit à la fois à leur développement et à leur enrichissement en glucose.

J'ajouterai que lorsqu'on s'écarte de la région maritime, le vent qui souffle au moment de la véraison étant au contraire sec s'oppose à la bonne venue de la vendange. Il faut alors, par la sélection des cépages, remédier à ce grave inconvénient et on doit substituer aux raisins à rafles lâches, comme celles de l'Aramon qui se flétrissent sous l'action du vent sec, des raisins à rafles plus ligneuses, comme le sont celles de la Carignane, pour résister mieux à l'agitation provoquée par le vent desséchant.

Tandis que l'Aramon est le cépage le plus propre pour donner de fortes récoltes dans la région maritime, dès que l'on dépasse Narbonne, le vent régnant au moment de la véraison étant sec et soufflant souvent avec violence, ce cépage à rafle flasque ne donne plus de produits aussi rémunérateurs, et c'est la Carignane plus robuste que l'on doit substituer à l'Aramon.

Sur les bords mêmes de la mer, le vent marin, dont les effets heureux se font ressentir sur tous les coteaux qui sont exposés à son action, devient quelquefois dangereux pour les cultures lorsqu'il souffle avec assez de violence pour entraîner souvent assez loin de la mer des particules d'eau salée qui, en se déposant sur les feuilles, en corrodent la surface. J'ai déjà indiqué, en parlant de la culture des terres du littoral, les moyens à employer pour éviter ces accidents.

Dans le Midi, on trouve des terres fortes qui se dessèchent d'autant plus pendant l'été que, faute d'écoulements naturels, elles ont été noyées par les eaux pendant l'hiver.

Lorsqu'au début du printemps, le soleil échauffe ces terres trop humides et que le vent soufflant avec violence active l'évaporation de l'eau qui les a imbibées, le sol, desséché trop rapidement, se durcit au point de comprimer fortement les plantes et se disloque en se divisant en blocs, laissant entre eux de larges fentes béantes, mettant à nu une partie des racines. Il en résulte que l'air emprisonné dans ces fentes s'échauffe considérablement sous l'action d'un soleil ardent en contribuant encore à exagérer sur les plantes les effets directs de la sécheresse. Bien plus, la terre devenue trop compacte ne peut plus laisser circuler dans ses interstices l'air et l'eau nécessaires pour rendre assimilables les éléments de sa nutrition.

J'ai déjà indiqué que les drainages, en assainissant ces terres fortes pendant l'hiver, diminuaient les inconvénients que je viens de signaler. J'ajouterai qu'on doit les travailler dès que le sol peut porter la bête attelée à la charrue en commençant par diviser la croûte superficielle qui se forme sous l'action du vent par un simple gratteusage et qu'il faut, pendant tout l'été, tenir ces terrains bien meubles pour éviter que sous l'action du vent l'évaporation ne les dessèche trop rapidement.

Les vents violents ont l'inconvénient de contrarier tous les traitements anticryptogamiques exécutés aussi bien avec les liquides qu'avec les poudres ; mais le vent du Nord arrête les progrès du mildew plus radicalement qu'un traitement bien fait.

2° *Sécheresse.*— Généralement, les pluies sont rares en été, de sorte que la sécheresse domine pendant cette période, et, si elle devient intense, la vigne en souffre. Les grandes chaleurs, lorsqu'elles sont accompagnées de vents secs, arrêtent la végétation de la vigne dont le feuillage est fané et quelquefois desséché ; d'autres fois, si la sécheresse devient trop forte dans les terres maigres, le développement normal du raisin est arrêté et la qualité du vin compromise. Je reviendrai sur ces accidents en parlant de l'échaudage et du folletage.

A Saint-Adrien, je suis exposé à tous ces inconvénients, surtout dans les terrains les moins fertiles du domaine

composés d'argile compacte souvent recouverte par des
dépôts du diluvium alpin. Pour y remédier, en outre du
travail ordinaire, je fais donner une façon supplémentaire à la main dans toutes les vignes où j'observe que
les ceps végètent plus péniblement faute de l'humidité
nécessaire à leur subsistance. En outre, j'ai pris soin de
drainer toutes les parcelles plus particulièrement sujettes à la sécheresse et d'amender par des terrages ou des
pierraillements les terres les plus compactes.

Lorsque la sécheresse se prolonge trop longtemps, la
vigne s'affaiblit au point de devenir plus sensible à tous
les accidents ou à toutes les maladies qui peuvent l'atteindre.

Faute d'une humidité convenable du sol, la vigne ne
peut plus puiser dans la terre les aliments nécessaires à
sa subsistance, elle ne peut plus se les assimiler, *elle est
affamée* et devient d'une débilité telle que les influences
extérieures nuisibles ont plus de prise sur ses organes.
Ces faits ont été observés avec beaucoup de sagacité par
mon beau-père, M. Grégoire, à la suite de la sécheresse
désastreuse qui résulta du manque presque absolu de
pluie pendant 18 mois, d'octobre 1867 au mois de mars
1869. D'après les constatations faites alors dans les vignes de Saint-Adrien, les effets de la sécheresse varient
non seulement suivant la nature des terrains, suivant
leur profondeur, mais aussi suivant la variété des cépages ayant servi à la plantation. Je citerai un passage de
cette étude :

« L'effet de la sécheresse sur les divers cépages s'est
montré proportionnel à l'exigence alimentaire de chacun d'eux ; les Terrets ont été les moins éprouvés ;
l'Aramon, qu'on appelle ici plant gourmand, a souffert, mais beaucoup moins que la Carignane et le
Piquepoul, cépages à gros bois. Le cépage qui a été le
plus maltraité par la sécheresse, c'est le Grenache, ce
plant goulu qui sait trouver dans les terrains arides l'alimentation nécessaire à sa charpente, qui, planté au mi-

lieu d'autres espèces de vigne dans quelque sol que ce soit, affame toujours ses voisins.

»Dans les conditions ordinaires de végétation, les bourgeons les plus éloignés du corps de la souche poussent les premiers ; ils appellent à eux les sucs nourriciers et amènent l'avortement des bourgeons inférieurs. Pendant cette année de sécheresse, la pousse s'est faite tout autrement. Les bourgeons des provins, après avoir développé des jets de quelques centimètres à peine, maigres, pâles, sans chlorophylle, se sont desséchés. Ceux des longs bois ont eu le même sort ; tandis que ceux des têtes taillées court ont donné des pousses, maigres il est vrai, et quelques fruits maigres aussi.

»Dans une vigne de Piquepoul, vieille, mais vigoureuse, qui a souffert surtout dans la partie basse, j'ai vu presque à chaque souche des bourgeons se développant et présentant un ou le plus souvent deux raisins sans pampre. Pendant toute la période de croissance, il se développa un rudiment de pampre offrant, sur une longueur de 6 à 8 centimètres, 4 ou 5 feuilles rudimentaires presque transparentes, sans trace de chlorophylle. Les raisins, au contraire, se développèrent ; leur pédoncule grossit au point d'acquérir le volume d'un sarment de grosseur moyenne. Sur ces pédoncules sans feuilles se montrèrent de petits bourgeons. Enfin, le raisin mûrit, incomplètement il est vrai ; mais ses grains très petits contenaient des pépins ayant le volume ordinaire avec peu de pulpe.

»De ces anomalies singulières, je hasarderai les explications suivantes, laissant à de plus experts en physiologie végétale le soin de rectifier mes erreurs. De même que la semence renferme les matériaux nécessaires au premier développement de la plantule, le bourgeon contient la matière de la première pousse du pampre. Cette première provision épuisée, les feuilles qui devaient faire appel étant incomplètes, la circulation n'a pas pu s'établir. Dans les provins et les longs bois, la distance plus grande et le bois jeune étaient des obstacles insurmontables, tandis que les bourgeons des têtes moins éloignés et le tissu cellulaire moins abondant ont permis le développement des feuilles, dont l'action d'aspiration a développé la puissance des racines.

»Quant au développement du raisin sans pampre, il est évident qu'il est un indice de la souffrance de la souche, qui, en vue de la conservation de l'espèce, concentre la vigueur qui lui reste sur le fruit aux dépens du pampre, comme ces arbres malades qui se chargent de fruits avant de mourir.

»Les bras des souches fendus, les têtes mortes, c'est encore à l'état d'inanition de la souche que je crois pouvoir attribuer en grande partie ces effets désastreux. Lorsque la vigne se trouvait dans des conditions normales, elle a pu supporter plus d'une fois des froids plus intenses sans avoir à en souffrir; elle a résisté lorsque l'olivier était tué. Cette fois, l'olivier ne s'est nullement ressenti de l'atteinte du froid, et la vigne en a beaucoup souffert.

»Pendant les hivers rigoureux de 1819 et de 1829, les vignes en terres maigres eurent moins à souffrir que celles des terrains fertiles, et les vieilles vignes furent moins maltraitées que les jeunes. C'est le contraire qui a eu lieu à la suite des grands froids qui succédèrent à la longue sécheresse dont nous étudions les effets. Je possède une vigne dans laquelle se trouvent réunis tous les cépages du pays; cette vigne, qui était la vieille vigne de Saint-Adrien, il y a déjà de cela soixante-dix ans, est un registre ouvert où on peut lire le classement des divers cépages, suivant leur degré de résistance à l'action du froid. Là, à diverses époques et après des hivers rigoureux, toutes les souches de Mourastel ont été ravalées, presque toutes celles de Terret l'ont été également; celles de Piquepoul sont presque entières; mais de tous les cépages, celui qui a toujours le mieux résisté, c'est le Grenache. Jamais une seule souche n'a été ravalée; aussi ont-elles acquis un développement colossal, jusqu'à couvrir de leurs bras, qui portent parfois vingt-cinq têtes, plusieurs mètres de surface. Les troncs d'un grand nombre de ces souches n'ont pas moins de 60 centimètres de circonférence. Or, précisément, cette année, c'est le Grenache qui a le plus souffert dans cette vigne vieille.

»J'ai planté environ 12 hectares en Grenache. J'ai des vignes de deux à cinq ans ; quelques parties sont en terrain humide, d'autres sur la pierre, toutes en terrains peu fertiles ; pas une seule souche n'a été atteinte par le froid.

»Autrefois, quand les propriétaires coupaient ras de terre les souches maltraitées par le froid, toutes repoussaient au printemps et celles qu'ils ne ravalaient pas émettaient également des bourgeons, soit des bras, soit du corps même de la souche. Il n'en a pas été de même après l'hiver de 1869. Un dixième au plus des souches ravalées a repoussé, et celles qui ne furent pas recepées n'ont plus donné aucun signe de vie.

»Comme on le voit, rien dans les effets de ce froid ne ressemble à ce que produisirent les froids antérieurs. N'est-il pas probable que ces effets sont dus à l'état de souffrance et d'émaciation des vignes, provoqué par la sécheresse ?

»Beaucoup de propriétaires qui arrachèrent des vignes l'an passé le regrettent aujourd'hui. Ils n'auraient pas pris un parti aussi radical s'ils avaient suivi mes conseils.

»Qu'attendre, disaient-ils, de souches dont les pousses sont si maigres qu'il y a à peine assez de bois pour la taille ? Elles ne sont qu'affamées, leur disais-je ; vienne une bonne pluie et vous les verrez pousser avec vigueur. Mes prévisions se sont réalisées, et aujourd'hui, en taillant ces vignes qui avaient le plus souffert, on voit avec étonnement le bois fort et vigoureux de l'année à côté de la vieille tête grêle, presque réduite à rien.

»De l'ensemble de tous ces faits, il me sera permis de déduire la proposition énoncée plus haut :

« La sécheresse a affamé la vigne. »

Lorsqu'un arbre pénètre par ses racines épuisantes dans une vigne, les effets de la sécheresse s'accusent tellement que l'on ne peut mettre en doute les observations judicieuses que je viens de reproduire.

3° *Effets du froid.* — Depuis plusieurs années, les effets du froid rigoureux n'ont jamais été bien sensibles à Saint-Adrien. La température a été pourtant souvent considérablement basse pendant plusieurs hivers, mais je n'ai jamais éprouvé de ce fait aucun mal appréciable, peut-être parce que ne je taille mes vignes que très tard, peut-être aussi parce qu'elles sont greffées en Aramon, Carignan, Clairettes, variétés qui résistent plus au froid rigoureux que les Bouschets, Mourastel, sur lesquels on observe plus souvent la répercussion de sève et quelquefois la mortalité d'un bras ou du sujet tout entier lorsque la température s'abaisse trop.

Les effets du froid sont d'ailleurs fréquemment enrayés ou accentués par d'autres causes; comme je l'ai déjà indiqué, son action devient surtout funeste aux vignes affaiblies par suite d'une sécheresse extrême et prolongée.

J'ajouterai que toutes les vignes débilitées par la chlorose ou par les maladies cryptogamiques sont aussi particulièrement sensibles aux froids rigoureux de l'hiver. Mais, dans le Midi, on doit aussi signaler que les froids extrêmes de l'hiver étant toujours très courts et correspondant le plus souvent avec un temps sec, il en résulte que la terre n'est jamais profondément gelée, qu'elle peut même se réchauffer pendant le jour sous l'action du soleil; dans ces circonstances, les plantes peuvent mieux résister à des abaissements intermittents de température. Indépendamment des grands froids, les vignes ont souvent à souffrir des gelées printanières.

Au printemps, les vignobles sont, on le sait, menacés de deux manières par le froid. La récolte peut en effet être détruite en premier lieu à la suite d'un refroidissement général de l'atmosphère, bien que le ciel reste couvert, c'est ce que l'on appelle communément la gelée noire ou gelée à glace.

Je ne connais aucun moyen sûr de préserver les jeunes pousses de cet accident ; en retardant le départ de la végétation par des badigeonnages au sulfate de fer ou la taille tardive, on peut en diminuer l'importance, quelquefois même dans les terrains bas on tient les souches hautes et on laisse des astes, appelés vulgairement pissevin, pour maintenir une partie des bourgeons au-dessus des couches d'air glacé et préserver ainsi les plus élevés des effets de la gelée. Heureusement, on peut souvent garantir les vignes contre les accidents produits par le refroidissement général de la terre et de la plante sous l'influence du rayonnement par un ciel sans nuages.

Dans ce cas, il se produit le plus souvent une rosée blanche qui est l'indice du mal, mais n'en est pas la cause. On sait, en effet, que la vapeur d'eau en se condensant dégage de la chaleur latente de vaporisation, de sorte que cette condensation amène un échauffement et non un refroidissement de l'atmosphère, et si cette vapeur condensée se prend en glace, c'est qu'elle tombe sur un corps déjà froid.

Les bourgeons qui se recouvrent de rosée sont donc préalablement gelés par le rayonnement direct d'abord et en second lieu par leur contact avec l'air ambiant dont la température a été abaissée par suite de son voisinage avec le sol refroidi à la suite du rayonnement.

Lorsque la gelée blanche se produit, les liquides contenus dans les organes de la plante sont déjà glacés et les gouttelettes de rosée blanche ne sont nuisibles aux jeunes pousses que lorsqu'en se vaporisant sous l'influence de la chaleur solaire, elles absorbent du calorique et provoquent par suite un refroidissemnt plus grand des tiges sur lesquelles elles sont déposées. Aussi on a toujours constaté que c'est après le lever du soleil que les bourgeons se flétrissent. Le dépôt de rosée blanche est d'autant plus fort que l'air est plus humide.

On a avec juste raison préconisé, pour empêcher les dommages provenant du rayonnement, les nuages artificiels, et ce n'est pas dans notre région maritime, où on en use régulièrement depuis de longues années, que l'on pourrait mettre en doute les bons effets, lorsque, produits à temps, on en prolonge la durée quelques heures après le lever du soleil. Il ne faut pas oublier, en effet, que lorsque la vigne a ses organes gelés, on peut pour ainsi dire annuler le mal qui en résulterait en s'opposant à ce que le soleil réchauffe brusquement les cellules glacées. On sait aussi que les premiers rayons, en vaporisant la rosée blanche, contribuent à accentuer le refroidissement.

Pour expliquer les phénomènes qui déterminent les dégâts causés par la gelée, je citerai le Dr Sachs :

«De nombreuses plantes, surtout dans la zone tempérée et froide, peuvent geler assez pour que leur sève ne forme plus qu'un bloc de glace, sans qu'après le dégel elles paraissent avoir souffert le moins du monde ; dès que la température leur est favorable, elles recommencent à croître comme si de rien n'était. Mais les mêmes plantes peuvent, après le dégel de leur sève, avoir souffert des modifications assez profondes pour tuer certains organes ou le végétal entier. Une des causes qui agit avec le plus d'énergie, sur ces résultats en apparence contradictoires, est la rapidité du dégel ; si la sève passe lentement de l'état solide à l'état liquide, le dommage peut être nul, mais un dégel trop rapide amène dans l'arrangement moléculaire des cellules un ébranlement qui équivaut à une destruction. Le résultat sera plus ou moins décisif, suivant l'espèce de plante, suivant le degré de développement de l'organe atteint et suivant la quantité d'eau qu'il contenait.

»L'idée autrefois admise que la sève en se gelant déchire

les cellules et cause ainsi la mort de la plante est rendue improbable par l'élasticité des membranes. Elle est, de plus, contredite par le fait positif que certaines plantes peuvent dans tel cas geler complètement sans en souffrir, tandis que dans tel autre elles périssent après le dégel. Dans les deux cas, la sève, en se gelant également, augmente de volume ; pourquoi donc n'aurait-elle pas toujours déchiré les cellules ?

»Les expériences prouvent que la différence tient uniquement à la manière dont s'est opéré le dégel.»

Je vais examiner les effets des nuages artificiels, et tout d'abord je dirai que, depuis quelques années, on s'écarte peut-être à tort des moyens primitifs, mais bien plus efficaces, que l'on employait autrefois, et à ce sujet je vais citer textuellement ce que déclarait M. Chambrelent dans un travail sur les effets du froid présenté à l'Académie des Sciences :

« On a souvent employé, pour les nuages, des huiles minérales dont la combustion donne une fumée assez abondante, mais beaucoup moins efficace, pour agir comme écran, que la vapeur d'eau elle-même. Les nuages que l'on fait, comme dit Boussingault, en brûlant de la paille humide, des broussailles, des branches de pin que l'on arrose constamment avec de l'eau très divisée, présentent plusieurs avantages très marqués sur les autres. Ils agissent comme de véritables nuages naturels pour détruire tout rayonnement ; ils produisent dans l'air, par la flamme des broussailles en combustion sur lesquelles tombe l'eau, une agitation considérable de l'atmosphère qui contribue sensiblement à empêcher les effets du refroidissement. Et enfin un point qu'il ne faut pas négliger, c'est que cette grande quantité de vapeur d'eau, en se condensant peu à peu dans l'atmosphère, produit une certaine quantité de chaleur qui n'est pas moindre de 600 calories par kilogramme et qui diminue d'autant le refroidissement du milieu ambiant. »

M. Bellot des Minières insiste beaucoup sur l'influence de l'échauffement de l'atmosphère par une couche épaisse et continue de fumée.

Cette opinion n'est pas acceptée par tous, et M. Millardet, se faisant l'écho de ceux qui sont d'un avis contraire, dit : « Quelques personnes pensent que les fumées chargées de vapeurs d'eau, obtenues par des débris végétaux humides, sont préférables à la fumée sèche du goudron. Mais il semble que les raisons sur lesquelles cette préférence s'appuie ne soient pas encore suffisamment démontrées. »

Certes, il est difficile d'admettre que, par leur température, les fumées puissent agir pour réchauffer notablement l'air au delà du voisinage immédiat du foyer ; mais si on considère que les nuages artificiels, chargés à l'excès de noir de fumée et de vapeur d'eau en se mélangeant aux couches froides de l'atmosphère en contact avec le sol, non seulement s'opposent au rayonnement de la terre, mais facilitent l'échauffement des couches froides inférieures en augmentant le pouvoir absorbant de l'air chargé de ces poussières noirâtres et de ces vapeurs opaques, on comprendra pourquoi on recommande surtout de produire des nuages artificiels nébuleux lourds, pour qu'en s'étendant sur tout le sol ils forment un écran et en se mélangeant à l'air ils en modifient les propriétés spécifiques et facilitent son réchauffement par l'absorption du calorique émis par les terres dont le rayonnement n'a pu refroidir la surface. Dans notre région tout au moins, en avril et mai, le sol s'échauffe suffisamment pendant le jour sous l'action des rayons solaires pour que l'on ait droit de compter un peu sur le calorique emmagasiné dans la couche arable lorsque le rayonnement nocturne de la surface est entravé. C'est au calorique naturel accumulé dans la terre et non aux foyers artificiels qu'il faut avoir recours pour maintenir la température de l'air ambiant à un degré convenable pour éviter la gelée. L'important est d'arrêter par les nuages artificiels tout ce calorique qui serait perdu dans les es-

paces par le rayonnement de la terre à travers une atmosphère sereine.

Certes, la vapeur d'eau entraînée dans les nuages arti'
ficiels, en se condensant sur les tiges, met en liberté son
calorique latent et vient ainsi augmenter leur température propre; mais si l'on calcule la quantité de calories
qu'il faudrait pour élever de 2° à 3° la couche d'air inférieure sur une épaisseur de 0m,50 et la couche superficielle de la terre arable sur une épaisseur de 0m,10 et sur
une étendue de 1 hectare, je crois que l'on jugerait impossible d'enrayer la gelée par l'échauffement général de
la terre et de l'air par les produits de la combustion au
delà du voisinage très rapproché du foyer.

M. Houdaille a bien résumé ces faits lorsqu'il a écrit:
« La vapeur d'eau condensée exerce, elle aussi, une
absorption très intense sur la chaleur rayonnante, et la
production de nuages de vapeur donnerait une protection parfaitement comparable à celle des nuages de fumée. Il est néanmoins nécessaire de faire observer que
la sécheresse de l'air, qui coïncide assez souvent avec
les gelées de printemps, dissiperait assez rapidement le
nuage de vapeur à peu de distance de son point de formation. Toutefois, la combinaison des deux absorbants,
vapeurs d'eau et particules de noir de fumée, ne peut
donner que des résultats avantageux et peut-être convient-il de lui attribuer la supériorité de classement obte-
nue dans une expérience comparative faite vers 1874 à
Saint-Estève (Gironde), où les fumées les plus abondantes et les plus opaques furent fournies par des tas de
broussailles ou de balles de blé (toujours humides), arrosés de 2 à 3 kilogrammes d'huile lourde de goudron de
houille. On ne saurait désapprouver la tendance actuelle
des viticulteurs de notre région qui renoncent aux foyers
préparés par l'industrie pour recourir au procédé plus
économique que nous venons d'indiquer. »

Autrefois, sans projeter de l'eau sur les tas en combustion, on préparait dans notre région les foyers avec des

balles de blé imprégnées de goudron; ces matières, très hygroscopiques, absorbaient de l'eau, et pour en faciliter l'inflammation, on jetait par dessus un peu de paille trempée dans le goudron, de sorte que les nuages qui provenaient de la combustion de ces fourneaux étaient chargés aussi de vapeur d'eau dont la condensation sur les bourgeons servait à réparer les effets désastreux du rayonnement.

Quoi qu'il en soit, les nuages artificiels ne peuvent être efficaces que si on en étend l'usage sur une superficie importante, et on voit s'établir des syndicats pour en généraliser et régulariser l'emploi. On sait, en effet, que lorsque l'atmosphère est tout à fait calme, les fumées, au lieu de s'étendre, s'élèvent dans l'air et que lorsque un léger vent souffle, on n'est pas maître d'en régler la direction.

Mais si on n'est pas assez heureux pour faire partie d'un syndicat et que l'on a des terres isolées, ne peut-on pas se préserver des effets de la gelée par rayonnement, autrement que par les nuages artificiels dont l'efficacité devient alors plus incertaine, car on n'est pas sûr d'en diriger le courant sur le petit domaine que l'on voudrait protéger?

Je ne suis pas le seul à m'être occupé de cette question, et de toute part, dans les journaux agricoles, on peut lire des moyens proposés pour préserver les jeunes pousses des gelées. Un seul me paraît à la fois sérieux et pratique, c'est l'emploi des poudres.

Les poudres blanches projetées sur les bourgeons ont deux effets: elles diminuent le pouvoir émissif de la plante et par suite en modèrent le refroidissement, et après le lever du soleil elles sont un obstacle au réchauffement brusque des organes végétaux dont elles diminuent le pouvoir absorbant. Elles constituent donc un régulateur de la température propre de la plante.

C'est en effet une propriété de la coloration blanche de diminuer à la fois le refroidissement ou l'échauffement des corps, que la coloration noire au contraire favorise.

Tous les animaux des régions glaciales sont préservés, par leur fourrure blanche, des effets qu'ils éprouveraient par suite d'un refroidissement trop brusque, et on a observé que les terres de coloration blanche sont celles qui sont le moins sujettes aux gelées printanières et qui s'échauffent le moins en été, tandis que c'est le contraire qui se réalise dans les terres noires. Les récoltes couvertes de neige sont protégées contre l'excès de froid, auquel elles ne résisteraient pas si elles étaient sous les effets directs de gel et de dégel successifs. L'humidité du sol, au contraire, facilite son refroidissement et un terrain sec se refroidit plus lentement.

Je n'ajoute aucune importance à la faculté qu'auraient les poudres d'absorber l'humidité de l'air, car ces poudres étant projetées sur les bourgeons quelques jours avant la gelée ont eu le temps de se saturer d'eau. Il me paraît difficile de les répandre au moment de la gelée sur toute l'étendue d'un domaine.

D'ailleurs, comme j'ai cherché à le mettre en évidence, la condensation de la vapeur ne produit que de la chaleur, et ce n'est que la vaporisation de l'eau de la rosée qui peut produire du froid ; les poudres agissent particulièrement en s'opposant à cette vaporisation rapide de l'eau préalablement condensée.

Le poudrage des bourgeons, tout en donnant de bons résultats, n'est pas suffisant pour les préserver complètement des effets de la gelée, si l'atmosphère ambiante est devenue glaciale par suite de la perte du calorique du sol par le rayonnement.

C'est cette observation, que j'ai faite pour la première fois en 1890, qui m'a amené à faire des essais pour empêcher le refroidissement général de la plante et de l'atmosphère ambiante, en blanchissant non seulement les bourgeons, le cep, mais encore le sol, et je dois indiquer ici que je n'ai pas eu encore l'occasion de vérifier si mes prévisions sont fondées. Jusqu'à présent, en effet, je n'ai eu à souffrir d'aucune gelée depuis que j'ai conçu l'idée de plâtrer mes terres pour éviter leur refroidissement rapide. Si j'ai choisi de préférence le plâtre, c'est que son épandage est utile dans tous les cas, puisque si le temps n'est pas favorable au rayonnement, il n'en sera pas moins profitable pour mobiliser les principes fertilisants en réserve dans le sol.

Pour blanchir convenablement 1 hectare en répandant le plâtre à la volée, j'ai dû employer 3 hommes et 1800 kilos de matière. On peut se procurer le plâtre à 1 fr. 50 les 100 kilos, rendu sur place ; la dépense serait donc de 27 fr. de matière et de 9 fr. de main-d'œuvre, soit 36 fr. par hectare. Les points sur lesquels je fais cette expérience sont ceux qui sont les plus exposés à la gelée dans mon domaine.

Ce procédé se recommande, en effet, par cette particularité que l'on peut le *localiser* et que si on recule devant la dépense de traiter ainsi une trop grande étendue de vignes, bien que l'on sache que la récolte en profitera toujours, on peut au moins protéger contre les effets du rayonnement, en les blanchissant, tous les coins de terre, qui, abrités par une bâtisse, une haie, une chaussée, un rideau d'arbres ou formant une dépression dans le terrain, sont plus facilement gelés que les autres parties du domaine dont la configuration rend plus difficiles les atteintes de ce fléau.

Ce procédé ne peut être, dans aucun cas, considéré comme pouvant atténuer les effets des gelées noires qui se produisent lorsque la température s'abaisse considérablement sans que le rayonnement intervienne; il les aggrave, au contraire, et, par suite, on ne doit répandre le plâtre que lorsque les gelées à glace ne sont plus à redouter; dans le Midi, cette époque coïncide avec les derniers jours d'avril; dans le Nord, il faudrait attendre plus tard. Une pluie abondante entraîne le plâtre dans la terre, mais une petite pluie n'est pas suffisante pour détruire la coloration blanche artificielle que l'on a donnée au sol par le plâtrage de sa surface.

On ne saurait trop insister sur ce que certaines conditions considérées comme favorisant la gelée blanche sont au contraire défavorables aux gelées noires. Un labour récent profond, vallonnant le sol et fonçant sa couleur, augmente son pouvoir émissif: si le ciel est serein, le rayonnement en sera augmenté, la terre se refroidira en diminuant la température de l'air ambiant par son contact ; si, au contraire, le ciel est couvert et qu'un courant d'air froid vienne lécher la terre moins refroidie, celle-ci fonctionnera comme un réservoir de chaleur pour corriger la température trop froide de l'air ambiant qui bénéficiera entièrement du calorique perdu dans l'autre cas dans un espace illimité. Certes, ces effets sont peu actifs par suite du défaut de conductibilité du sol, mais ils n'en existent pas moins.

La coloration blanche artificiellement donnée à la terre, en diminuant son pouvoir émissif, sera donc avantageuse pour éviter les gelées blanches, et nuisible dans le cas des gelées noires qui peuvent être enrayées par le calorique des couches profondes du sol. Bien d'autres observations contradictoires perdent de leur incertitude lorsqu'on sépare les cas de gelées noires de ceux des gelées blanches que l'on est trop enclin à confondre. On connaît la pratique des submersionnistes qui inondent leurs vignes au printemps pour les préserver de la gelée. Dans ce cas, le léger brouillard produit par l'eau s'oppose, il est vrai, aux rayonnements, mais en outre, le sol couvert par les eaux ne se refroidit pas autant: par ce procédé on peut éviter la gelée blanche, mais on aggrave les effets de la gelée noire.

Ce qui prouve d'ailleurs l'action directe du refroidissement du sol sur celui des ceps, c'est que ce sont les bourgeons les plus bas qui sont plus particulièrement frappés de désorganisation par les gelées, tandis que les vignes plus hautes sont moins sujettes à ces désastres. La taille à longs bois sur fil de fer, en maintenant les bourgeons élevés, les préserve souvent des gelées blanches.

Les coteaux sont moins sujets à ces accidents que les plaines, parce que l'air froid, par sa densité plus forte, est entraîné dans les bas-fonds.

On peut aussi craindre, pour les vignobles, les froids d'automne, qui surprennent quelquefois les vignes encore en végétation ; mais cet accident est très rare dans le Midi, la vendange est terminée de bonne heure, et les sarments sont généralement bien mûrs, à moins que des maladies cryptogamiques aient contrarié leur aoûtement.

Pourtant les jeunes greffes et les pépinières peuvent être surprises par les premiers froids avant que l'aoûtement des pousses soit complet ; le seul moyen de les préserver est d'éviter l'emploi des engrais azotés, qui prolongent la période de végétation, et de les remplacer par les engrais phosphatés qui facilitent la maturation des bois.

Il faut aussi signaler que la chlorose et les maladies cryptogamiques qui contrarient le mûrissement du bois sont, par suite, une cause aggravante des effets produits par les gelées de l'automne.

Cazalis-Allut a aussi signalé, dans ses écrits, que les vignes qui ont reçu du fumier d'écurie sont plus particulièrement sujettes aux effets du froid du printemps ou de l'automne:

«Une vigne fumée végétant plus tôt, sa pousse plus précoce et hors de saison l'expose davantage aux désastres des gelées blanches du printemps, et probablement aussi à des altérations intérieures qui échappent à nos regards.

»Une vigne fumée restant plus longtemps en sève, les gelées précoces d'automne ont sur elle une action plus ou moins funeste.»

4° *Grêle.* — De tous les fléaux qui peuvent nuire aux vignobles, la grêle est certainement celui qui est le plus imprévu et le plus redoutable ; elle détruit en un instant une récolte déjà bien venue, devant le viticulteur impuissant à en prévenir les effets soudains. Sauf la chute de la foudre, on ne voit rien dans la nature qui puisse être comparé à la rapidité avec laquelle les dégâts sont produits par les chutes de grêle, les désastres qui en résultent sont supérieurs en importance aux accidents occasionnés par le tonnerre, par suite de l'aire étendue sur laquelle le fléau se manifeste. Un cyclone seul peut être comparé à la grêle, mais si le cyclone est plus redoutable pour les obstacles qui s'opposent à son extravagant parcours, la grêle détruit plus uniformément les récoltes sur lesquelles elle est précipitée.

Lorsque la grêle a été grave, on doit se demander s'il y a avantage à retailler la vigne. Généralement on s'accorde à recommander la taille en vert, lorsque l'accident a eu lieu avant la floraison, mais on met en doute les avantages de cette pratique lorsque le fléau est venu ravager le vignoble après la floraison, et plus on s'écarte de cette époque, plus l'opération devient douteuse.

On sait que le 15 juin 1892, une forte grêle dévasta les environs de Montpellier et généralement on retailla les vignes.

Il résulte de l'enquête qui fut faite à cette époque, avec beaucoup de soin, que, tandis que les vignes qui furent taillées le lendemain ou le surlendemain du désastre se trouvèrent bien de cette opération, celles qui le furent 8 jours après en souffrirent, et celles qui ne furent taillées que 15 jours après furent comme paralysées dans leur végétation.

Inutile d'ajouter que pour relever une vigne grêlée, qu'on la taille ou qu'on ne la taille pas, il faut, loin de la priver des cultures ordinaires, la soigner plus particulièrement en tenant le sol propre et meuble et soufrer abondamment les ceps.

Voici, d'après M. de Vergnette-Lamothe, les différents modes d'action de la grêle sur les grains de raisins :

«Quand la grêle frappe le grain avant sa maturité et que la blessure se cicatrise, le grain présente à l'endroit qui a été blessé une dureté qui contient un produit résineux et peut donner au vin un goût d'amertume prononcé. La grêle, en frappant la grappe, peut, sans la détruire, paralyser son développement. Dans ce cas, il y a des grains qui mûrissent mal et ont une saveur acide particulière. Quand le raisin est mêlé, la grêle entame les grains ; le suc qui était renfermé dans la baie est exposé au contact de l'air et ne tarde pas à éprouver un commencement de fermentation acéto-putride. Le vin provenant de ces raisins a souvent un goût de pourri. Enfin, quand la grêle frappe les pousses de la vigne avant la fleur, la plante subissant nécessairement une modification dans sa végétation ultérieure, on peut encore trouver dans le vin provenant de ses fruits un cachet particulier. Le goût des raisins grêlés se retrouve souvent dans le vin qui en provient, en tant seulement qu'il s'agit de vins rouges.»

Depuis l'année 1875, la grêle n'a plus causé de désastre à Saint-Adrien, ce qui justifie ma résolution de ne pas m'assurer contre les ravages de ce fléau, car au taux de 6 o/o que l'on demande comme prime, on peut calculer que tous les 12 ans, en comprenant les intérêts composés, on paie la récolte.

En ne s'assurant pas, on devient donc son propre assureur, et l'opération est bonne si la grêle reste plus de 12 ans à visiter le domaine. En 1896, au mois de mai, et pendant la vendange, de gros orages se sont abattus sur Saint-Adrien, mais tout le mal n'a pas certes dépassé la prime que j'aurais dû payer pour m'assurer, la grêle ayant été accompagnée d'une pluie très abondante, et on sait par expérience que dans ce cas les effets directs de ce fléau sont à peu près nuls lorsque les grêlons ne sont pas trop gros.

Il est probable, en effet, que les ravages de la grêle sont dus à deux causes différentes, à la vitesse de sa chute et à l'électricité dont les grêlons sont chargés.

En tombant au milieu de l'eau de la pluie, non seulement les grêlons se déchargent de l'électricité, mais leur vitesse de chute est enrayée par suite de la résistance du milieu fluide qui est plus grande que celle des gaz de l'air. Quoi qu'il en soit, on a toujours observé que les ravages immédiats du fléau étaient presque nuls lorsque la chute des grêlons était accompagnée d'une pluie abondante. Ce qui peut en résulter, c'est un arrêt de végétation de la vigne et, lorsqu'elle tombe avant la floraison, une coulure intense. Une bonne culture et un plâtrage ou un soufrage énergique sur les feuilles doivent éviter les conséquences funestes d'une grêle qui n'a pas eu la force de détacher les feuilles et les mannes, mais les a simplement meurtries.

Malheureusement, lorsque les grêlons sont trop forts, le choc de leur masse devient assez puissant pour détruire toute la végétation, malgré les averses qui accompagnent la grêle ; c'est ce qui résulte des faits observés dans une de mes propriétés.

Dans ma terre d'Amirat, la grêle ne tombe que rarement ; depuis 1855, je ne me souviens que d'y avoir observé une seule chute importante qui enleva la moitié de la récolte. Mais j'ai trouvé dans les archives de ma famille la description d'un orage épouvantable qui ravagea le domaine en 1828, et je crois intéressant d'en transcrire le récit ainsi que les expériences faites après le désastre:

«Le 8 juillet 1828, il fit un orage à 3 heures de l'après-midi avec tonnerre et pluie d'averse mêlée de grêle assez abondante ; les plus gros grêlons étaient comme des pois-chiches. L'orage ne dura pas plus de trois quarts d'heure.

»A sept heures du soir, nous éprouvâmes un second orage beaucoup plus fort, la pluie fut plus abondante, elle tombait à grande averse mêlée avec beaucoup de grêle, dont les grains étaient communément comme des noisettes, sa durée fut de plus de demi-heure, le tonnerre ne cessa pas de gronder.

»On ne s'aperçut pas du dommage que les vignes pouvaient en avoir ressenti, parce que le terrain était couvert d'eau et le temps sombre ; à neuf heures du soir, la nuit était aussi obscure que les plus sombres du cœur de l'hiver ; les éclairs se succédaient de seconde en seconde depuis demi-heure, tout à coup nous entendîmes une forte détonation après laquelle successivement le tonnerre gronda trois fois à très court intervalle d'un à l'autre. La pluie qui tombait à grande averse était accompagnée de grêle dont personne se rappelle avoir vu la pareille dans ce pays-ci.

»Cet orage était vraiment effrayant, il dura une demi-heure, les éclairs se succédaient avec tant de vitesse qu'on semblait ne voir qu'un éclair continu.

»Pendant l'orage, mais après la grêle, mon ramonet et celui de mon voisin, chez qui il avait été surpris, sortirent pour aller ramasser à la hâte deux jonchées de grêle ; les grêlons étaient encore communément de la grosseur d'une noix, on y en remarqua deux de la grosseur d'un œuf de poule commune, et un de la grosseur d'œuf de poule dinde.

»Quelques jours après, lorsque l'eau se fut écoulée et qu'il fut possible d'entrer dans les terres le 15 juillet, je fis tailler la partie du Grain-gros qui longe, sur le grand plantier, le chemin qui conduit à la fontaine, et je fis tailler de plus 4 rangées de Terret parallèles à la susdite partie du Grain-gros.

»Dans 15 jours, les bourgeons de la vigne taillée sur un œil et le sous-œil poussèrent de nouveaux sarments presque tous avec deux raisins. Les souches de Terret restèrent 10 jours de plus à pousser leurs nouveaux sarments, il y eut moins de fruits ; les sarments du plant Grain-gros n'eurent guère que la longueur d'un demi-pan à deux pans, le plant du Terret donna des sarments moins longs. Les souches du plant Grain-gros eurent à peu près le dixième des bras qui ne donnèrent aucun signe de végétation ; au plant Terret il y en eut le quart. Aucun raisin ne vint à maturité, malgré que le mois de novembre s'écoulât avec une température très douce et sans gelée blanche.

»Je ne tardai pas à reconnaître que l'expérience n'était pas heureuse, du moins sur le plant Terret, puisque les raisins qui avaient été égrenés à moitié par la grêle, dont beaucoup de grains étaient à moitié crevés et desséchés, vinrent à maturité, donnèrent un quart d'une récolte ordinaire, le vin fut décoloré, sans goût agréable, mais aussi généreux que le vin produit par des raisins non grêlés ; je le vendis à la distillerie au meilleur prix du jour Le raisin du plant Grain-gros résista moins que tout autre à la grêle ; il ne donna pas le quarantième d'une récolte ordinaire, aussi je ne comptais pour rien la perte de la récolte sur la partie de la même espèce de plant que j'avais fait tailler. Le raisin du Picpoul me donna une bonne moitié d'une récolte ordinaire, malgré que le sarment parût plus meurtri que celui de tout autre plant. La Clairette donna un quart de récolte, mais le vin eut un goût d'amertume désagréable. Le Limoux fut le raisin qui se ressentit le moins des effets de la grêle.»

Ce récit confirme ce que l'on admet aujourd'hui au sujet de l'opportunité de tailler les vignes après la grêle. On le voit, dès cette époque, on avait observé des insuccès que l'on peut opposer à quelques avantages. Pour ma part, je reste persuadé que, dans la généralité des cas, mieux vaut ne pas tailler la vigne grêlée et se contenter de pincer les bourgeons les plus abîmés, soufrer ou plâtrer avec abondance et surtout bien cultiver la terre pour en tenir la couche superficielle bien meuble et aérée.

CHAPITRE VIII

CHLOROSE

1º Causes générales de la maladie : Jaunissement des vignes françaises. — Action spécifique de l'acide phosphorique. — Dangers provenant d'un excès d'éléments minéraux. — Influence prépondérante des sols calcaires.

2º Décarbonisation partielle du sol : Absorption directe du calcaire par les racines. — Influence de l'acide carbonique sur l'absorption des sels minéraux. — Rôle des matières organiques. — Instabilité des dissolutions des sels de chaux — Action de l'hydrate de chaux.

3º Carbonisation de la sève : Explication de l'accumulation des sels de chaux — Influence de l'évaporation des feuilles. — Action de l'éclairement.

4º Rôle du sulfate de fer : Mécanisme de l'absorption des sels de fer. — Un excès de sulfate de fer stérilise le sol. — Une faible proportion de sels de fer agit favorablement. — Action antiseptique du sulfate de fer. — Dissolutions de sels de fer. — Pratique du badigeonnage. — Explication des effets du traitement.

1º Causes générales de la maladie. — Depuis quelques années, la vigne semble plus particuliérement affectée par toutes sortes de fléaux, les uns produits par l'attaque des insectes ou des pucerons : le phylloxera, l'altise, le gribouri, d'autres par les maladies parasitaires, l'anthracnose, l'oïdium, le mildew, le black-rot ; mais, en outre, il faut distinguer les accidents de végétation, provenant soit des conditions climatériques mauvaises, soit d'une alimentation défectueuse. La chlorose, particulièrement, depuis l'introduction des cépages américains en France, a pris une importance telle que l'on a cherché, par la création d'hybrides nouveaux et la sélection des cépages anciens, un moyen radical pour reconstituer le vignoble dans les régions dont le sol ne se prête pas bien à l'adaptation des nouveaux cépages. Pour arriver à ce but, de grands progrès ont été faits, des savants spécialistes ont produit des hybrides remarquables par leur vigueur dans ces terrains réfractaires aux nouvelles vignes. Mais indépendamment de cette voie longue à parcourir, car l'immunité des nouveaux cépages ne peut être définitivement admise qu'après plusieurs années de culture en grand, on a cherché à étudier les moyens de modifier la végétation des sujets malades pour les rendre productifs même dans ces terrains défectueux.

Je me propose d'étudier les conditions qui permettent le plus facilement d'atteindre ce résultat.

Le jaunissement des vignes n'est certes pas une chose nouvelle, mais il est difficile de rattacher tous les accidents provoquant cet affaiblissement de la végétation à une cause unique.

A Saint-Adrien, par exemple, les ceps français jaunissaient chaque année au moment de la véraison, correspondant à une phase critique de la végétation de la vigne.

Ce fléchissement ne durait qu'une quinzaine de jours, et lorsque les temps gras venaient rafraîchir ces vignobles chargés de récoltes abondantes, les feuilles reprenaient leur coloration verte.

Saint-Adrien n'est pourtant pas une terre à chlorose et les vigne américaines s'y montrent vertes et vigoureuses, sauf sur quelques points limités qui ont pu servir à mes expériences.

On trouve même dans mon domaine des terres du diluvium alpin, à peu près dépourvues de chaux, où l'on peut observer quelques cas isolés du jaunissement des ceps, provoqué, sans doute, par le manque de cet élément essentiel de la végétation.

Mon distingué collègue des Agriculteurs de France, M. de Malafosse, n'a-t-il pas indiqué que dans les terrains argilo-siliceux compacts à peu près dépourvus de calcaire (boulbènes froides), il fallait phosphater et chauler les terres pour éviter le jaunissement des nouvelles plantations américaines ? Dans des circonstances analogues, M. Degrully a recommandé le chaulage des vignes.

M. Georges Ville a mis en évidence que dans une terre, la suppression complète des phosphates provoque le jaunissement des feuilles, et que, dans ces conditions : « Les plantes germent, forment leurs premières feuilles, qui bientôt jaunissent, se flétrissent et meurent. »

Dernièrement, M. Jules Stoklasa a démontré le rôle physiologique du phosphore en le rattachant à la constitution de la *lécithine*, substance phospho-glycérique localisée dans l'embryon de la graine et qui concourt à la formation de la chlorophylle, ce qui confirme les observations déjà anciennes ayant mis en évidence que l'acide phosphorique était indispensable pour la constitution et le fonctionnement des cellules chlorophylliennes, si bien que lorsque la lécithine se concentre dans les fruits, les fonctions de la feuille sont paralysées par suite de sa migration.

Enfin, les expériences classiques d'Eusèbe Gris, complétées par le Dr Sachs, prouvent que le jaunissement des feuilles résulte sûrement de l'absence de fer à un moment quelconque des diverses périodes de la végétation. Je dois pourtant signaler que, contrairement à ce que l'on pourrait déduire de ces expériences remarquables, les recherches de M. A. Gautier et de M. Hope Seyler ont démontré l'absence complète du fer dans la composition élémentaire de la chlorophylle.

Il paraît indiscutable que le jaunissement des feuilles peut être provoqué par le manque de l'un des éléments essentiels de la végétation, soit fer, soit chaux, soit acide phosphorique, mais ces cas particuliers ne sont pas ni les seuls ni les plus fréquents, et, le plus souvent, la vigne jaunit dans des terrains contenant à l'excès les minéraux utiles à son développement, puisque l'analyse des cendres des tiges montre que ces éléments se trouvent même plus abondants dans les pousses chlorosées comparées aux vertes.

Je puis en donner la preuve en résumant les travaux publiés sur ce sujet par M. Joulie :

Composition de la pousse de l'année, pampres et feuilles, pour 1,000 kilos de matières desséchées à 100°

Moyenne de quatre analyses

	Tiges chlorosées	Tiges non chlorosées
Azote	30,86	27,69
Acide phosphorique	5,95	4,72
Chaux	41,20	33,65
Potasse	19,26	11,13
Oxyde de fer	10,01	3,25

Tandis que dans les pousses chlorosées la potasse entre dans une proportion moitié moindre que celle de la chaux, dans la composition des vertes elle atteint à peine le tiers de la chaux ; le fer, au contraire, se trouve dans les pousses vertes en quantité inférieure au dixième de la chaux pour atteindre le quart de la chaux dans celles qui sont chlorosées.

D'après Griffths, « il faut que la plante ne soit jamais amenée à contenir plus de 10 o/o d'oxyde de fer dans ses cendres». Cette proportion est dépassée dans les tiges chlorosées étudiées par M. Joulie.

Toutes les bases dans ces tiges chlorosées ont augmenté, tandis que l'acide phosphorique est resté à peu près stationnaire. Or, on le sait, c'est l'acide phosphorique qui est le grand régulateur de l'assimilation de tous les sels minéraux ; de plus, il concourt à la formation du protoplasma, il est donc nécessaire de se préoccuper de l'apport d'engrais riches en phosphates dans les terrains où l'on observe le jaunissement des feuilles.

Il résulte aussi de ces analyses que la matière organique des tiges chlorosées est moins développée que celle des tiges vertes, ce qui indique que la feuille chlorosée ne peut plus puiser dans l'air les éléments carbonés nécessaires au développement de la plante dont la croissance se trouve arrêtée. Je dois signaler que le Dr Despetis a, le premier, indiqué que cette grande richesse en cendres des tiges chlorosées provenait d'un arrêt de végétation et d'un aoûtement moins complet des rameaux de la vigne dont la composition correspond alors à celle des jeunes pousses.

La vigne a besoin, pour prospérer, de tous les éléments reconnus nécessaires pour la végétation ; mais si elle jaunit et se rabougrit lorsqu'un seul des minéraux utiles manque à sa subsistance, elle peut aussi présenter les mêmes caractères d'une végétation chétive et des feuilles jaunies lorsqu'un élément est absorbé en trop grande quantité. La vigne, comme les autres plantes, ne peut résister aux excès, elle redoute tout aussi bien une alimentation trop acide ou trop alcaline.

D'après le professeur Knop, les solutions qui renferment moins d'un millième de matière soluble activent la végétation, mais les solutions plus concentrées la retardent et peuvent même agir comme poison. M. Wœlcker estime qu'un sol qui renferme un centième de matière saline soluble est peu fertile, et que celui qui présente quelques centièmes devient stérile.

M. Joulie, dans son travail sur la chlorose, affirme que lorsque les sels fertilisants dépassent la proportion de un à deux millièmes dans le liquide offert aux racines, les plantes jaunissent et ne tardent pas à mourir.

Cette influence des solutions concentrées devient encore plus considérable avec les plants américains dont la faculté d'absorption est d'autant plus développée qu'ils proviennent de pays incultes où ils étaient obligés de lutter pour leur subsistance contre les racines des autres végétaux au milieu desquels ils se développaient.

Le jaunissement des vignes était bien connu avant l'introduction des cépages américains en France, mais la *vitis vinifera* prospérait dans beaucoup de terrains où la vigne américaine jaunit, se rabougrit et meurt. On a longtemps discuté sur la cause de ces dépérissements, et c'est au secrétaire général du Comice de Béziers, M. Bringuier, que l'on doit d'être fixé aujourd'hui sur la cause générale et principale de ces insuccès qui se produisent lorsque le calcaire assimilable se trouve en abondance dans le sol.

Aussi, on s'accorde aujourd'hui à donner le nom de chlorose au jaunissement des nouvelles vignes greffées dans un terrain calcaire, et c'est surtout cette nouvelle maladie de la vigne américaine, caractérisée par des phases étudiées et bien définies par M. Viala, qui a fait dire qu'elle était calcifuge, expression mauvaise selon moi, car cette vigne serait plutôt calcifage, puisqu'elle absorbe du calcaire en quantité plus forte que l'ancienne vigne française que l'on cultivait avec succès dans les terres calcaires.

Le calcaire n'est pas un poison pour la vigne américaine, il constitue pour elle un aliment dont elle se gorge avec beaucoup d'avidité. Il en est de même pour les autres sels minéraux qui sont absorbés en excès par cette vigne dans les sols calcaires. La vigne américaine est trop goulue.

C'est même l'excès de minéraux ainsi absorbés qui provoquerait, d'après mes observations, l'état précaire de la plante caractérisé par la chlorose. Mais avant d'aller plus loin, il me faut insister sur ce fait que la teneur absolue en calcaire n'est pas le seul facteur à considérer pour régler l'intensité chlorosante du sol.

La compacité du calcaire le rend plus ou moins assimilable ; le calcaire poreux l'est, en effet, plus que le marbre par exemple ; de plus, le calcaire peut être pulvérulent, ce qui rend son assimilation plus facile, ou empâté dans de l'argile, ou mélangé à du carbonate de magnésie, ce qui la rend plus difficile.

A Saint-Adrien, le carbonate de magnésie accompagne toujours le carbonate de chaux en proportion bien variable comme cela résulte des trois analyses suivantes :

	ANALYSES		
	I	II	III
	Plaquette	Terre	Terre
Argile et sable.........	8	9.30	27
Peroxyde de fer........	2	1.80	5.20
Chaux.............	22	45.90	36.30
Magnésie............. ..	19.66	2.80	0.28
Pertes par calcination...	42.70	40	31

Si la magnésie et l'argile rendent les terrains calcaires moins chlorosants, la présence d'une quantité importante de matières humiques et le manque d'acide phosphorique contribuent, au contraire, à accentuer les résultats désastreux provoqués par l'absorption en excès du calcaire et des autres minéraux. J'ai déjà indiqué l'influence de l'absence des phosphates sur le développement de la chlorose, il me reste à expliquer l'action particulière des matières humiques sur l'absorption du carbonate de chaux et à étudier les causes pouvant atténuer ou favoriser l'assimilation de tous les sels minéraux par la vigne.

Selon mes observations, tous les traitements souterrains doivent avoir pour but de diminuer l'excès d'acide carbonique du sol et les traitements aériens de maintenir l'acide carbonique de la sève. C'est ce que j'entends par les expressions : décarbonisation du sol, carbonisation de la sève.

2° *Décarbonisation partielle du sol pour atténuer la chlorose.*— Les racines des plantes ayant une réaction acide, lorsqu'elles sont en contact avec les particules de la terre, peuvent absorber des matières que les chimistes estiment comme insolubles dans l'eau. Cette hypothèse est indiscutable et, dans les sols très riches en calcaire, l'absorption directe de cette substance doit être prise en sérieuse considération et je ne connais aucun traitement souterrain pouvant enrayer cette assimilation des sels de chaux.

Mais, en outre du contact direct, qui prend moins d'importance dans les sols de composition moyenne ou dans les sols qui renferment le calcaire à l'état compact, on trouve en dissolution dans les eaux du sol du carbonate de chaux avec d'autres sels minéraux et, dans la plupart des cas, c'est à l'absorption exagérée de tous ces sels dissous que sont dus les troubles de la végétation, caractérisés par la chlorose. Dans ce cas, on peut modérer l'absorption de tous les sels minéraux, en diminuant l'action des agents qui déterminent leur solubilité.

Le carbonate de chaux étant dissous dans l'eau saturée d'acide carbonique et étant ainsi absorbé à l'état de bicarbonate de chaux, il est logique de rechercher les sources de cet acide qui abondent dans le sol pour en diminuer les effets.

L'air confiné dans les terres est toujours très chargé d'acide carbonique, car la matière organique de la terre arable est constamment en voie de décomposition. A Grignon, M. Dehérain a trouvé, dans un sol bien fumé et dans 100 litres d'air, 1 gr. 16 à 1 gr. 38 d'acide carbonique ; dans un sol pauvre, 0 gr. 98 à 1 gr. 16. Il est certain que si l'on arrivait à diminuer la proportion d'acide carbonique confiné dans la terre, on atténuerait aussi l'absorption par la plante du calcaire à l'état de bicarbonate. Il en serait ainsi de tous les autres principes minéraux dont ce gaz acide favorise la désorganisation ou la dissolution.

M. Müntz a bien résumé ces effets lorsqu'il a écrit :

«Ce gaz agit sur les éléments minéraux en opérant une dissolution qui les rend plus propres à être absorbés par les racines ou bien en activant la décomposition des éléments minéralogiques. Ainsi les carbonates de chaux et de magnésie, insolubles par eux-mêmes, se dissolvent à l'état de bicarbonates. Le phosphate de chaux, également insoluble dans l'eau seule, peut s'y dissoudre à la faveur de l'acide carbonique ; les éléments feldspathiques se désagrègent en cédant une partie de leurs bases à l'état de carbonates. Plus les sols sont riches en matières organiques, plus est grande la quantité d'acide carbonique qui s'y trouve et plus, par suite, sont accentués les effets de ce gaz».

J'ai toujours remarqué que, dans mes terres calcaires, il y avait une recrudescence de chlorose lorsque je les fumais abondamment avec des engrais d'écurie. J'en ai déduit qu'il fallait, dans mon terrain, pour diminuer l'intensité de la chlorose, employer de préférence des engrais chimiques riches en phosphates.

Mais dans toutes les vignes on trouve des débris organiques végétaux qui constituent une source abondante d'acide carbonique produit soit par leur décomposition, soit par leur réaction sur le carbonate du sol; il se forme de l'humate de chaux et l'acide carbonique est mis en liberté.

C'est même probablement à ces réactions des matières organiques sur le calcaire qu'est due la ténuité du carbonate de chaux dans les sols réputés comme les plus chlorosants.

En signalant avec raison cette ténuité du calcaire d'un sol comme un des facteurs aggravants de la chlorose, on ne s'est pas assez rendu compte que cet état moléculaire dépendait des nombreuses réactions de dissolution et de précipitation des calcaires compacts sous l'influence des matières organiques qui entrent dans la composition du terrain. M. Bernard, dans son remarquable travail sur les sols calcaires, signale que les plantes se chlorosent quelquefois dans des terres de jardin contenant peu de calcaire, mais renfermant un excès de matières organiques. Par exemple :

Silice................ 67,3
Calcaire............. 16,0
Matières organiques. 16,7 (y compris un peu d'argile)
                      ————
                      100

Je ne conteste pas que dans ces terres, comme l'indique avec raison ce savant professeur, le calcaire ne soit dans un grand état de ténuité, mais je considère cette ténuité comme résultant de la réaction sur les sels de chaux de la grande quantité de matières organiques que dénotent les analyses.

Dans son *Cours complet de viticulture*, M. Foëx a aussi relevé des faits du même ordre : «La vitesse d'attaque du calcaire n'est pas toujours suffisante pour expliquer les faits constatés ; la présence dans le sol de l'humus capable de fournir l'acide carbonique susceptible d'attaquer le calcaire et celle de l'eau qui le dissout contribuent puissamment, comme on le comprend, au résultat.

»La plupart des sols chlorosants des Charentes contiennent une proportion élevée d'humus. Plusieurs sols chlorosants, à faible dose de calcaire, ont été trouvés particulièrement riches en humus».

Généralement, la chlorose se manifeste après un ou deux ans, quelquefois plus, c'est-à-dire lorsque les racines de la vigne pénètrent au-dessous de la couche superficielle. C'est que cette première couche, en contact avec l'atmosphère, est surtout oxydable ; mais à mesure que l'oxygène est fixé, il se trouve remplacé par de l'acide carbonique qui devient d'autant plus dominant dans l'atmosphère du sol que la profondeur augmente. Il se constitue ainsi un milieu réducteur dans lequel les corps oxydés sont réduits pour céder de l'oxygène à la matière organique en dégageant de l'acide carbonique, venant encore augmenter les proportions de ce gaz dans la terre. C'est lorsque ces racines pénètrent dans ce milieu réducteur à excès d'acide carbonique que la chlorose se déclare.

MM. Boussingault et Lévy ont trouvé que l'air normal contenait 4 litres d'acide carbonique sur 10,000 litres, tandis que l'air confiné dans la terre en contient 90 litres, c'est-à-dire 22 fois et demie plus pour un sol fumé depuis un an.

Ils ont trouvé jusqu'à 980 litres d'acide carbonique

dans une terre fumée depuis neuf jours, c'est-à-dire 10 o/o du volume des gaz confinés ou 245 fois plus qu'on en trouve dans l'air pris à quelques mètres au-dessus du niveau du même champ.

Par le drainage on peut diminuer la quantité d'acide carbonique confinée dans le sol; on trouve, en effet, dans la terre arable, un peu plus de ce gaz à une grande profondeur qu'à sa surface, et suivant l'expression imagée de M. Dehérain, l'acide carbonique coule dans le sol à la façon d'un liquide; on peut, dès lors, en éliminer une partie par les travaux de drainage et améliorer ainsi les terrains chlorosants.

Enfin, l'échauffement de la terre, amenant la dilatation des gaz qu'elle contient, provoque une diminution de l'acide carbonique chassé par expansion, et l'on conçoit dès lors comment M. Foëx a pu atténuer les effets de la chlorose en facilitant l'échauffement du sol par l'apport de matières noirâtres pouvant en augmenter la capacité calorifique.

On n'est pas encore arrivé par les traitements souterrains à obtenir des effets constants et sûrs, et pourtant le carbonate de chaux dissous dans l'eau s'y trouve dans un état instable que M. Müntz décrit en ces termes:

«Nous trouvons en dissolution, dans le liquide qui baigne le sol, du bicarbonate de chaux produit par la réaction de l'acide carbonique libre sur le carbonate de chaux.

»Ce bicarbonate est soluble dans l'eau, et, par suite, sa diffusion dans le sein de la terre est à son maximum; il est d'autant plus abondant que l'atmosphère du sol est elle-même plus riche en acide carbonique; non absorbé par la terre, il est éliminé par les eaux de drainage; comme il se reforme incessamment par l'action de l'acide carbonique sur le calcaire, on peut le regarder comme constamment présent, malgré l'élimination dont il est l'objet. Mais il est sous forme peu stable, l'état d'équilibre auquel il doit son existence se manifeste sans cesse avec les variations de proportions d'acide carbonique qui le maintiennent en dissolution. Il est probable qu'il se fait dans le sol, par intermittences fréquentes, des dissolutions de calcaire à l'état de bicarbonate et des précipitations de calcaire aux dépens du bicarbonate.»

On le voit, les bicarbonates se trouvent dans les eaux du sol à un état instable expliquant la ténuité du calcaire de certains sols par ces précipitations et ces dissolutions alternatives dont il vient d'être question.

Si on cherche à décarboniser l'air et l'eau confinés dans le sol, c'est-à dire à diminuer la quantité d'acide carbonique qu'ils contiennent, on provoquera des précipitations du bicarbonate, et, par suite, on diminuera l'absorption par les racines.

En déposant une base en quantité suffisante aux pieds des souches, on arriverait à fixer une partie de l'acide carbonique en excès dans le sol. Pour réaliser cet effet, j'ai essayé l'emploi de la chaux, dont l'action sur les eaux calcaires est bien connue.

D'autres expérimentateurs ont employé quelquefois avec succès, pour combattre la chlorose, des mâchefers, et principalement des scories de déphosphoration, croyant ainsi incorporer au sol des sels de fer, mais ces substances contiennent le fer à l'état insoluble, et leurs effets, lorsqu'on a pu les constater, ne peuvent provenir que de la chaux et des phosphates qu'elles contiennent en grande quantité.

Tous les chimistes savent que, lorsqu'on veut épurer des eaux dures, on se sert de l'eau de chaux pour précipiter les bicarbonates qui les rendent impotables. Ce procédé est employé en grand pour l'épuration des sources servant à l'alimentation des grandes villes.

Il serait trop coûteux d'employer de l'eau de chaux pour épurer les eaux confinées dans le sol, comme on le fait en grand dans l'industrie. D'ailleurs, dans cet immense laboratoire de la terre, les réactions ne sont pas aussi simples que celles que l'on peut réaliser dans un milieu liquide. Aussi, j'ai préféré employer l'hydrate de chaux dont la solubilité est lente et les effets, par suite, plus continus. On le sait, l'eau peut dissoudre 1/750 de son volume de chaux et, par suite, les pluies doivent entraîner petit à petit cette base dans toute la masse de la terre. De plus, l'air qui circule dans le sol, en venant lécher ces dépôts de chaux, peut aussi voir sa teneur en acide carbonique diminuée par l'action directe de cet acide sur cette base.

Je dois même signaler qu'en déposant la chaux au pied du cep, on obtient au moins l'avantage de fixer l'acide carbonique provenant des émanations des racines et de diminuer ainsi l'absorption directe.

L'action des racines sur les roches varie suivant les espèces de plantes, et peut-être c'est à ces faits que l'on doit attribuer l'absorption plus grande des sels de chaux par les vignes américaines qui se chlorosent dans des terrains autrefois couverts de vignes françaises très prospères. Je citerai, à l'appui de cette remarque, un extrait de l'étude de M. Joulie sur les phosphates :

«On a cultivé des plantes aquatiques dans des auges dont le fond était formé par une plaque de marbre calcaire poli. Les racines ont dépoli le marbre et y ont gravé en creux leur passage. Il est donc certain qu'elles possèdent en elles-mêmes des agents de dissolution dont la puissance doit, évidemment, varier avec les espèces, ce qui explique pourquoi certaines plantes peuvent réussir dans un sol où d'autres ne réussissent pas. Les premières ont des réactifs plus puissants que les secondes et peuvent dissoudre les roches dont le sol est formé et s'en nourrir, alors que les autres exigent des aliments plus facilement attaquables».

La chaux ne peut avoir qu'une action limitée, elle n'agit contre la chlorose qu'à l'état de base ; une fois entièrement carbonatée, elle doit devenir nuisible.

Dans mon domaine, lorsque la chlorose est peu accentuée, une seule application (2 kil. par pied) en mars permet de l'enrayer, mais lorsque la maladie devient

grave, il faut porter la quantité du réactif à des proportions qui en rendent l'application dispendieuse. J'ai, en
effet, dans certains cas, employé jusqu'à 5 et 10 kilogr. de
chaux par pied pour arriver à un résultat.

Pour me rendre compte des limites dans lesquelles cette
matière pourrait nuire à la plante, j'ai forcé la dose au
pied d'une souche verte, en y déposant 23 kilos de chaux
que j'avais préalablement fait fuser. Cette souche est
restée verte depuis cinq ans et elle se montre plus
vigoureuse que ses voisines, sans que la fructification en
soit accrue.

Un moment viendra où toute la chaux étant carbonatée,
les effets nuisibles pourront succéder à l'effet utile produit par cette application en masse, car elle correspon-
drait à un apport de 100 tonnes par hectare.

Je suis loin de proposer de pareilles énormités ; mais,
dans le terrain particulier de Saint-Adrien, qui est, je
l'ai déjà dit, sur certains points, composé d'un calcaire
lacustre riche en magnésie, j'ai réussi à faire disparaître
presque entièrement la chlorose par un apport annuel
de 2 kilogr. de chaux par pied, correspondant à environ
10 tonnes de chaux par hectare (1).

J'avoue que s'il fallait répéter ce traitement tous les
ans, pendant plusieurs années, sur une grande étendue,
il serait peu praticable ; aussi, lorsque je l'ai entrepris, je
n'ai eu en vue que ces taches limitées dans lesquelles la
chlorose sévit pendant 3, 4, 5 ans, pour disparaître ensuite

---

(1) A Saint-Adrien, depuis huit ans, je fais établir sur le même
point, chaque année, mon creux à chaux dans une de mes vignes, et
les souches qui l'entourent sont bien vertes. Ceci n'est pas une simple
expérience, mais constitue un fait, donnant la preuve que la chaux
n'est pas nuisible tant qu'elle n'est pas carbonatée. Les ceps, ainsi
traités, deviennent même peut-être moins sensibles aux attaques des
maladies cryptogamiques, particulièrement de l'anthracnose. Dans le
traitement par la chaux des frères Belussi, on avait observé des faits
semblables à ceux que j'ai constatés dans ma pratique.

sans que l'on ait bien déterminé encore les causes de cette amélioration de la plante. Rendre la vigne plus vigoureuse pendant cette période d'affaiblissement, tel était mon but.

Les expériences dont je viens de parler n'ont plus guère qu'une importance théorique. Le succès du traitement, imaginé par le Dr Rassiguier, est si constant, ce mode de traitement est si économique, que je suis décidé à l'adopter.

3° *Carbonisation de la sève.* — Je me suis efforcé de démontrer que l'excès de l'acide carbonique de l'air confiné dans les terres, en exagérant la dissolution des minéraux dans le sol, était la cause principale de la chlorose des vignes. En examinant comment les principes minéraux se fixent dans les organes des végétaux, j'essaierai d'en tirer des règles pour atténuer la chlorose par les traitements aériens.

Les substances minérales existent dans les végétaux à des états très différents que M. Dehérain indique en ces termes précis :

«Elles peuvent y être simplement déposées par évaporation ; tel paraît être le carbonate de chaux dans les feuilles, il disparaît, en effet, par un simple lavage à l'acide chlorhydrique.

»Elles peuvent être tenues en combinaison :

»A. Avec des principes immédiats à réactions parfaitement tranchées ; chacun sait que l'on extrait de l'oxalate de potasse des oseilles, le tartrate de chaux et de potasse des raisins, le citrate de potasse des citrons.

»B. Mais les substances minérales peuvent être aussi unies aux principes immédiats neutres, les phosphates aux matières albuminoïdes, la silice à la cellulose des tiges des graminées, les sulfates et iodures aux tissus des fucassés.»

D'après M. Viala, dans tous les tissus des vignes chlorosées, il y a abondance de cristaux de sels de chaux, oxalates, tartrates, etc., les raphides sont très abondants, ainsi que les macles, et souvent de petits cristaux prismatiques sont en si grand nombre qu'ils obscurcissent les coupes sous le microscope.

M. Bernard attribue la chlorose à l'incrustation des cellules du végétal par les sels calcaires qui se transformeraient en oxalates, par suite de cette particularité que les vignes américaines contiendraient de l'acide oxalique en plus forte proportion que les vignes françaises plus riches en acide tartrique. D'après MM. Berthelot et André, l'élaboration de l'acide oxalique dans les plantes serait corrélative de celle des albuminoïdes, ce qui expliquerait comment une fumure azotée organique peut provoquer la chlorose lorsque l'acide phosphorique fait défaut.

L'accumulation dans les feuilles des substances solubles dans l'eau pure ne peut être expliquée que par l'évaporation ou bien la décomposition de l'acide carbonique. Citons encore, à ce sujet, M. Dehérain :

«Qu'une dissolution de bicarbonate de chaux pénètre en effet dans un végétal, elle tendra à se répandre uniformément dans toute sa masse ; elle arrivera aux feuilles, là elle éprouvera une modification particulière. En effet, l'acide carbonique, qui tenait le sel en dissolution, sera évaporé ou décomposé, et, par suite, le carbonate sera précipité. La liqueur qui gorge les feuilles sera donc appauvrie de ces sels solubles dans l'eau chargée d'acide carbonique, mais insolubles dans l'eau pure, et à mesure que la feuille aura plus longtemps fonctionné comme appareil d'évaporation, à mesure aussi elle sera enrichie de carbonate de chaux.»

Le mécanisme de l'accumulation des sels minéraux simplement déposés dans les feuilles étant connu, on peut, par des traitements extérieurs, empêcher ou tout au moins atténuer les actions qui déterminent leur précipitation. Si, par un artifice, on augmente l'absorption par les feuilles de l'acide carbonique extérieur, on paralysera la décomposition par ces organes du gaz acide, qui maintient les sels en dissolution dans la sève, ou plutôt on maintiendra dans la sève une quantité d'acide suffisante pour empêcher la précipitation des carbonates dissous. Cette absorption de l'acide carbonique extérieur est étroitement liée à la quantité d'eau contenue dans la feuille.

Voici quelques extraits des études de M. Dehérain sur ces faits :

« On reconnaît que le coefficient d'absorption varie d'une feuille à l'autre et pour une même feuille avec la température; qu'il est étroitement lié avec la quantité d'eau contenue dans les feuilles. En comparant les nombres observés pour l'absorption de l'acide carbonique à ceux qu'on calcule d'après le coefficient de solubilité de l'acide carbonique et la quantité d'eau des feuilles, on trouve des chiffres très voisins; l'absorption par les feuilles est cependant un peu supérieure à celle de l'eau, comme si cette absorption était due non seulement à une dissolution de l'acide carbonique dans l'eau des tissus, mais en outre à une combinaison, à la formation de l'acide hydraté....

» Il est visible que la quantité d'eau contenue dans la feuille exerce une influence décisive due sans doute à ce que, plus la feuille est aqueuse, plus elle absorbe aisément l'acide carbonique, ainsi que nous l'avons reconnu M. Maquenne et moi. On conçoit, d'après les considérations précédentes, combien les sécheresses prolongées, pendant lesquelles l'équilibre entre la transpiration et l'absorption est facilement rompue, sont préjudiciables à la formation des hydrates de carbone qui prennent naissance dans la cellule à chlorophylle. »

Il me semble que l'on peut conclure de ces observations que si, par un poudrage abondant, on diminue l'évaporation des feuilles, on augmentera l'absorption de l'acide carbonique aérien en conservant l'eau des tissus et on favorisera la formation et la migration des hydrates

16

de carbone. Dans un travail tout récent, M. Crochetelle, étudiant la chlorose du poirier, après avoir constaté qu'elle ne peut provenir du manque de fer, attribue cette perturbation à une évaporation plus abondante des feuilles chlorosées (1).

Mais, en outre, la décomposition de l'acide carbonique par la feuille dépend de l'éclairement; tout obstacle à l'action directe de la lumière a une influence sur ce phénomène, et on conçoit, dès lors, comment les poudres et les bouillies noires agissent puisqu'elles n'empêchent pas l'absorption de l'acide carbonique, mais modèrent sa décomposition dans la feuille. On le sait, l'absence, comme l'excès de lumière, peut amener la disparition de la chlorophylle.

D'après M. Dehérain, «c'est peut-être aux déplacements des grains de chlorophylle dans les cellules qu'il faut attribuer le fait observé depuis longtemps par J. Sachs de la décoloration des feuilles exposées à une vive lumière. L'expérience est facile à répéter en appliquant de petites bandes de plomb sur des feuilles de tabac ou de maïs éclairées par la lumière directe ; en enlevant les écrans après dix à quinze minutes, on reconnaît que la partie protégée présente une couleur plus foncée que le reste de la feuille ; la tache ainsi produite disparaît, au reste, rapidement, si la partie d'abord recouverte pour la lame métallique est ensuite exposée à la lumière.»

Le même auteur a observé l'influence des radiations diverses sur la chlorophylle et il résume en ces termes ses expériences :

_____

(1) On sait que la température s'élève considérablement près du sol en été et que l'on a pu constater souvent 45º dans le Midi au niveau de la terre; aussi les repousses de Riparias chlorosées qui traînent à terre sont ordinairement atteintes du jaunissement par suite de l'excès d'évaporation résultant de la température plus élevée de

«Les radiations efficaces pour déterminer la décomposition de l'acide carbonique dans les cellules à chlorophylle doivent présenter deux qualités ; il faut qu'elles soient à la fois absorbées et chaudes. Les radiations violettes paraissent exercer une influence fâcheuse sur les cellules à chlorophylle.»

Il faudrait donc, dans le traitement aérien, chercher à arrêter ces radiations violettes, dont on connaît l'action sur certains sels métalliques.

Il est d'ailleurs facile de se rendre compte de l'influence de l'excès de la lumière sur la chlorose en examinant une souche jaunie, lorsque le cépage est érigé. Généralement, les feuilles de la base restent vertes, lorsque les pousses supérieures sont jaunes et même les rameaux les plus directement exposés à la lumière sont plus atteints par cette perturbation que ceux qui, par leur position, reçoivent moins longtemps et moins directement les rayons lumineux. Bien plus, la chlorose tend à disparaître, en automne, lorsque l'éclairement solaire diminue d'intensité.

On peut admettre que tous les procédés qui tendent à colorer en noir ou en vert foncé les feuilles doivent produire un certain effet dans le traitement de la chlorose.

On obtiendrait aussi un résultat si, par un artifice quelconque, on arrivait à augmenter légèrement la proportion d'acide carbonique contenue dans l'air qui baigne les feuilles. Certainement, à l'origine du monde, lorsque l'atmosphère était plus riche en acide carbonique qu'elle ne l'est de nos jours, la chlorose ne devait pas exister. On pourrait, par exemple, essayer de pulvériser les feuilles avec une dissolution d'acide carbonique en se servant d'un extincteur à gaz comprimé.

En traitant sous cloche des ceps chlorosés dans une atmosphère limitée, dont on pourrait augmenter modérément la richesse en acide carbonique, on arriverait, je le crois, à améliorer l'état de la plante. Du reste, des expériences dans ce sens ont été faites avec succès par deux viticulteurs distingués, MM. Giret et Bringuier. En 1886, ces Messieurs avaient réussi à faire reverdir des feuilles de vignes chlorotiques, soit en promenant autour du cep un réchaud chargé de charbon allumé, soit en arrosant le sol sous les pieds chlorotiques avec de l'acide sulfurique plus ou moins dilué. L'acide carbonique ainsi produit aurait déterminé le reverdissement des feuilles.

Telles sont les phases de la chlorose d'été qui, généralement, diminue lorsque la véraison amène un changement complet dans la végétation de la vigne, reverdissant souvent à cette époque pour rester verte pendant les premiers jours d'automne qui correspondent à un état atmosphérique bien différent de celui de l'été, tant au point de vue de l'éclairement maximum que de la durée de cet éclairement et de l'état hygrométrique de l'air.

Pourquoi d'une année à l'autre la chlorose augmente-t-elle pendant quelques années jusqu'à amener quelquefois le rabougrissement et même la mort des ceps, à moins qu'elle n'arrive à disparaître spontanément? J'ai souvent réfléchi à ces résultats discordants et je crois que l'aggravation de la chlorose est due principalement à l'accumulation dans les tissus du bois jeune des sels de chaux à la fin de l'automne. Mais avant d'entrer dans plus de détails sur ces idées qui me sont personnelles, je dois reprendre l'étude des sels de fer pour chercher à expliquer leurs échecs ou leurs succès, suivant le mode opératoire que l'on choisit, car j'espère en déduire des faits en concordance avec les circonstances qui, à mon avis, déterminent la chlorose intensive des vignes greffées.

4° *Rôle du sulfate de fer. — Le sulfate de fer en cristaux.*—Le fer est certainement un des éléments indispensables à la végétation; de nombreuses expériences de laboratoire ont démontré qu'une plante ne pouvait prospérer si on la privait complètement de fer. On trouve ordinairement peu de fer dans la composition des cendres des plantes, mais il n'en est pas moins vrai que cet élément joue un rôle essentiel dans leur alimentation. Si une terre était dépourvue de fer, il serait indispensable d'en ajouter dans les engrais : heureusement que l'on trouve dans tous les terrains une quantité importante de sels de fer, et que ces sels, insolubles il est vrai pour la plus grande partie, sont assez facilement transformés par l'action de l'acide carbonique en sels assimilables par les plantes.

Rarement on trouve un sol donnant à l'analyse moins de 1 o/o d'oxyde de fer, et généralement les proportions d'oxyde de fer étant supérieures à celles de l'acide phosphorique du sol, les phosphates sont ramenés à l'état de phosphates de sesquioxyde de fer insolubles. Ce sont ces phosphates qui reviennent à l'état soluble par une série de transformations, dont M. Joulie donne l'explication suivante :

« Si le phosphate de sesquioxyde de fer (Fe^2O^3, PhO^6) est insoluble dans l'eau carbonique, il en est tout autrement du phosphate de protoxyde de fer (FeO, PhO^5) qui s'y dissout, au contraire, très facilement. Or, tous les sels de fer au maximum (de sesquioxyde) sont très facilement ramenés à l'état de sels au minimum (de protoxyde), par le contact des matières organiques auxquelles ils cèdent, pour les oxyder, une partie de leur oxygène. Cette réduction peut être exprimée par l'équation suivante :

$$Fe^2O^3, PhO^6 + CO^2 = FeO, PhO^5 + FeO, CO^2 + O.$$

Il suffit donc d'enlever un équivalent d'oxygène au phosphate de sesquioxyde de fer insoluble et de lui donner de l'acide carbonique pour le transformer en phosphate de protoxyde de fer, parfaitement soluble dans l'eau carbonique. Or, les matières organiques contenues dans le sol sont chargées de ces deux fonctions qui s'accomplissent en même temps. L'oxygène est enlevé par elles et elles en font de l'acide carbonique.

Mais, en présence des carbonates et bicarbonates de

potasse, de soude, d'ammoniaque, de chaux et de magnésie, en dissolution dans l'eau carbonique, le phosphate de protoxyde de fer se transforme en phosphates de ces diverses bases qui sont éminemment assimilables. Quant à l'oxyde de fer, il se suroxyde au contact de l'oxygène de l'air et redevient apte à fixer de nouveau l'acide phosphorique. »

Le fer étant principalement absorbé par les plantes à l'état de phosphate, les transformations si bien décrites par M. Joulie donnant à un moment donné du phosphate de protoxyde en abondance, on comprend que les végétaux peuvent s'approvisionner de la quantité de fer nécessaire pour leur développement.

Généralement, le fer se trouve dans les cendres dans des proportions moindres que celles nécessaires pour neutraliser l'acide phosphorique. Ce n'est que dans l'analyse des cendres des plantes chlorosées que l'on trouve un excès de sels de fer par rapport à l'acide phosphorique ; il semblerait donc que les plantes chlorosées, indépendamment de la chaux à laquelle on attribue la maladie, absorbent un excès de sels de fer. Si ces sels restent solubles, on ne voit pas pourquoi on attribue la chlorose au manque de fer. S'ils deviennent insolubles, ils contribuent à l'accumulation dans les tissus des dépôts nuisibles.

On peut donc affirmer que bien rarement le fer, par son absence du sol, deviendra une cause d'affaiblissement pour les plantes. Mais on objectera que le sulfate de fer est peut-être plus particulièrement favorable à l'alimentation végétale. Il n'en est rien et, au contraire, tout porte à croire que ce sel est nuisible à la végétation des plantes lorsqu'il est en proportion notable dans le sol ; — de plus, en présence d'un excès de calcaire, il est décomposé. Ces faits ont été mis en évidence par M. Dehérain dans son *Cours de chimie agricole* :

« Un sol qui renferme 5 pour 1000 de sulfate de fer est déjà très difficile à cultiver ; quand la proportion atteint ou dépasse 1 pour 1000, le sol est absolument stérile. On doit à M. Wœlcker, qui a étudié avec beaucoup de soin les causes de stérilité des terres arables, quelques analyses des sols stérilisés par le sulfate de fer. Une de ses analyses porte sur un sol provenant des terrains conquis par le desséchement du lac de Harlem.

Analyse d'un sol du lac de Harlem, en Hollande

Dessiccation à 100.

Matière organique (1) et eau de combinaison.......	14.71
Oxyde de fer et alumine........	9.27
Sulfate de protoxyde de fer.....................	0.74
Sulfure de fer (pyrites).........................	0.71
Acide sulfurique formant du sulfate basique de fer..	1.08
Sulfate de chaux................................	1.72
Magnésie.............	0.73
Acide phosphorique.............................	0.27
Potasse........	0.53
Soude..	0.32
Argile........	69.83
	100.00

» Ce sol renferme, en proportions notables, tous les éléments minéraux qui entrent dans la composition des cendres des plantes et il est particulièrement riche en acide phosphorique ; il renferme, en outre, une proportion considérable de matière organique capable de fournir par sa décomposition plus de 1/2 pour 100 d'ammoniaque ; mais, malheureusement, il est imprégné de sulfate de fer qui neutralise toutes ces bonnes qualités et le rend improductif.

» Une circonstance assez curieuse s'est produite dans son exploitation ; il a été, pendant quelques années, très légèrement labouré à la surface avant les semailles et il

---

(1) Contenant azote 0.52.

donnait des récoltes passables ; après quelques années, il changea de main, et le nouveau propriétaire, mécontent du rendement, retourna le sol énergiquement ; l'effet que produisit ce travail fut déplorable, la récolte manqua absolument. Une bonne fumure, à l'aide du fumier de ferme, ne changea rien à la stérilité, aucune plante ne put se développer. Un échantillon de cette terre ingrate fut alors adressé à M. Wœlcker, qui reconnut dans le sol une réaction acide due au sulfate de fer. Celui-ci avait été entraîné dans le sous-sol par l'eau de la pluie et tant qu'on se borna à ameublir la surface, ainsi que l'avait fait le premier propriétaire, la culture fut possible ; mais quand on ramena par des labours profonds les couches du sous-sol à l'air, on fit surgir aussi le sulfate de fer, dont l'acidité s'oppose à toute végétation. Le remède était nettement indiqué, il fallait décomposer le sulfate de fer au moyen de la *chaux* ; un chaulage énergique fut donc appliqué et avec un plein succès. »

On oppose, il est vrai, aux conclusions de M. Dehérain, confirmées par les expériences de MM. Grandeau, Müntz, Wrightson et Munro, d'autres observations qui sont nettement favorables au sulfate de fer. Mais je ferai remarquer que les résultats satisfaisants on été toujours obtenus en sol calcaire et généralement avec des quantités modérées de sulfate de fer, ce qui ne détruit pas les conséquences des expériences précédentes faites sur des sols pauvres en calcaire et chargés d'un excès de sulfate de fer. Voici d'ailleurs les conclusions de M. Griffths qui, le premier, a fait des recherches pour associer les sels de fer aux engrais : « Le sulfate de fer est favorable aux plantes à chlorophylle, fèves, choux, navets, et augmente la proportion d'hydrate de carbone et, dans certains cas, celle de l'acide phosphorique. Une solution à 1/5 o/o est fatale à la plupart des végétaux. Le soufre du sulfate de fer active la formation du protoplasma, le fer celle de la chlorophylle. Le sulfate de fer augmente l'azote dans une certaine mesure. Il semble agir comme antiseptique contre la rouille. »

Quoi qu'il en soit des expériences de M. Griffths, il en résulte que le sulfate de fer, s'il était absorbé par les plantes en nature et en proportion même faible, serait nuisible à la végétation. Il faut donc rejeter l'idée des avantages de cette assimilation directe du sulfate de fer par les plantes et ne le considérer que comme un réactif agissant sur les éléments du sol et des engrais pour les rendre plus solubles, et dans cette voie, on peut lui attribuer des effets semblables à ceux du chlorure de sodium, qui n'est pas non plus un engrais, qui est même nuisible, comme le sulfate de fer, à la végétation, mais qui, employé en petite quantité dans certains sols, favorise la transformation des sels insolubles, en réserve dans la terre, en éléments assimilables.

Selon moi, le sulfate de fer remplit un rôle analogue à l'action du sel marin; comme le sel marin, il ne doit être employé qu'en petite quantité et réservé en outre aux sols calcaires.

Au point de vue de l'alimentation de la plante, je crois que le sulfate de fer constitue un amendement agissant sur certains éléments du sol, principalement sur les phosphates.

Malheureusement, quelques propriétaires, entraînés par un engouement passager, ont jeté du sulfate de fer à profusion dans leurs vignobles; il en est résulté certainement des arrêts de végétation, et plus tard une moindre fructification, si on n'a pas fait accompagner cet apport de sels de fer d'une application copieuse d'engrais complets, car les premiers effets avantageux n'ont été obtenus que par la mobilisation des réserves du sol rendues solubles par l'action du sulfate de fer. Beaucoup de dépérissements de vignes inexpliqués doivent être attribués à ces faits.

Je ne partage pas l'opinion de M. Bernard, le savant professeur, qui a fait du calcaire une étude si complète, et je ne crois pas que les effets du sulfate de fer en cristaux sur la chlorose proviennent de son action décalcarisante aussi évidente que limitée. Les faits géologiques cités par M. Bernard sont l'œuvre des siècles, et pour la culture de nos terres les effets à rechercher doivent être immédiats. Malgré le cycle mis en lumière par ce distingué observateur, il faudrait, selon moi, de telles quantités de sulfate de fer et un si grand nombre d'années pour obtenir un résultat pratique dans cette voie de la décalcarisation que je considère l'effet utile comme douteux.

On peut encore objecter à l'action décalcarisante du sol par l'effet du sulfate de fer que son influence si variable et si incertaine sur la chlorose devrait faire rejeter cette théorie, car, autrement, il n'y aurait aucune raison pour expliquer les échecs du sulfate de fer venant compenser les rares succès de son dépôt en cristaux au pied des souches. Au contraire, les applications du sulfate de fer en dissolution ont donné plus souvent des résultats que j'aurai à apprécier.

Si, dans un autre ordre d'idées, on cherche à expliquer l'influence du sulfate de fer contre la chlorose par son action antiseptique sur les nombreux microbes de la terre on pourra comprendre comment certains sols, surtout ceux riches en matières organiques, sont heureusement améliorés au point de vue de la chlorose par le sulfate de fer à dose même modérée, tandis que d'autres terrains, surtout ceux qui sont dépourvus d'humus, restent chlorosants malgré les applications de cet ingrédient à haute dose.

M. Audoynaud est le premier qui ait appelé l'attention sur l'action antiseptique du sulfate de fer sur les microbes du sol et, d'après lui, en agissant sur le ferment nitrique dont il modérait le travail, ce sel enrayait la chlorose que le savant professeur attribuait, à tort, à l'exagération d'absorption de nitrates. Il est probable, en effet, que l'absorption d'un excès de nitrate ou d'un autre sel soluble quelconque amènerait dans la plante

des phénomènes à peu près analogues à ceux de la chlorose. C'est ainsi qu'on a constaté qu'un excès de chlorure de potassium donnait lieu à une maladie que l'on
peut confondre avec la chlorose. M. Dehérain a, dans le
temps, démontré ce fait, et M. Viala cite les terrains
saumâtres comme particulièrement propres à produire
le jaunissement des plantes. Mais, dans les terres calcaires, un fait domine tous les autres : c'est que la vigne
américaine y puise des sels minéraux et non un excès
d'azote.

M. Audoynaud commettait donc une erreur en attri-
buant la chlorose à l'absorption exagérée des nitrates,
mais il était dans le vrai en considérant que le sulfate de
fer agissait comme un antiseptique sur les divers microbes. Ces agents, en effet, ont chacun un rôle particulier,
souvent encore mal étudié, mais leur travail a pour conséquence de favoriser la dissolution des carbonates terreux, parce qu'ils mettent toujours de l'acide carbonique
en liberté et que ce gaz, à l'état naissant, agit puissamment pour transformer le carbonate de chaux en bicarbonate dans les eaux du sol.

Pour démontrer l'importance de l'action des microbes
dans la végétation, je citerai un extrait des leçons élémentaires de M. Paul Sabatier :

« Les détritus organiques disséminés dans le sol ne
tardent pas à subir une sorte de putréfaction due à la
présence d'agents microscopiques vivants. Aucune matière enfouie n'échappe à l'action destructive de ces microbes : ils attaquent de la même manière les substances
azotées et celles qui sont principalement formées par les
hydrates de carbone, comme la paille ou le bois. Ces
microbes ne font jamais défaut dans la terre végétale,
quelle que soit sa nature, et habituellement ils s'y trouvent en nombre immense. D'après Adametz, 1 gramme
de terre n'en renferme pas moins de 400.000 à 500.000 !
Le plus souvent, l'air pénétrant assez bien à travers le
sol, l'œuvre destructrice peut être accomplie par des êtres

aérobies, par des mucédinées, qui provoquent, activent la combustion de la matière : le carbone passe à l'état d'acide carbonique, l'hydrogène donne de l'eau, l'azote fournit une certaine dose d'ammoniaque qui demeure fixée sur la portion de matière non transformée.

» Le produit de ce travail est l'humus, mélange complexe de substances plus ou moins azotées, fréquemment acides et à ce titre solubles dans les alcalis comme la potasse ou l'ammoniaque, quelquefois alcalines et capables d'être dissoutes par les acides. »

On comprend dès lors comment les terres enrichies de matières organiques sont très chlorosantes, bien que la teneur en calcaire en soit faible.

J'ai déjà cité des terres de jardin ne contenant que 16 o/o de calcaire dans lesquelles plusieurs espèces se chlorosaient, je pourrais signaler d'autres cas semblables.

Presque toujours on trouvera les matières organiques associées au calcaire lorsque le sulfate de fer agit contre la chlorose.

M. Bernard, dans son savant ouvrage sur le fer en sol calcaire, est loin de considérer le sulfate de fer comme un engrais, et, bien que les raisons qu'il admet de l'action de ce sel contre la chlorose ne soient pas conformes à celles que j'ai données, je me fais un devoir de rendre hommage à la science de l'auteur, qui a si bien éclairé les actions multiples des sels de fer dont il compare pittoresquement les transformations à celle de l'insaisissable Protée.

Parmi toutes les propriétés des sels de fer, leur corrosivité n'a pas été suffisamment signalée, j'ai déjà indiqué qu'en grande quantité le sulfate de fer rendait la végétation impossible, mais en faible quantité, il la ralentit et on peut, comme je vais essayer de l'indiquer, tirer parti de cette propriété pour modérer l'absorption des racines et ralentir la circulation de la sève, ce qui rendrait explicable dans certains cas son action contre la chlorose par l'harmonie qui en résulte dans les fonctions de tous les organes de la plante.

Le sel de fer en dissolution. — Avec les dissolutions de sulfate de fer, appliquées pendant la végétation, on obtient toujours des effets plus ou moins accusés par suite de la diffusion, dans la sève, d'une certaine proportion de ce sel en nature ; si l'absorption est très réduite, ces effets sont éphémères et incertains ; au contraire, ils sont foudroyants et même mortels pour la plante, lorsque la quantité absorbée devient tant soit peu importante. Toujours sous l'action de cet agent corrosif, le pouvoir absorbant des racines et la vitalité des cellules seront plus ou moins impressionnés ; aussi, pour réussir, faut-il que la dose de sulfate de fer absorbé soit mesurée pour éviter les deux écueils : effets nuls, effets foudroyants. La dissolution peut être appliquée, soit par pulvérisation de la feuille, soit par arrosage du pied de la souche, soit par inoculation sous pression du tronc, soit *en imitation* de ce qui a été proposé par le Dʳ Rassiguier pour l'époque de la taille annuelle par simple badigeonnage des sections, des gourmands, des souches ou des plaies pratiquées sur le tronc par l'ablation des racines françaises du greffon, comme cela a été proposé, dès 1895, par M. Bisset, de Béziers.

Ces procédés ne me paraissent pas susceptibles de remplacer le traitement automnal du Dʳ Rassiguier, le seul d'usage courant et économique, mais on peut compléter le rétablissement d'une vigne, en les pratiquant supplémentairement sur quelques ceps isolés qui auraient jauni malgré l'application principale des badigeonnages en automne des vignes chlorosées ; seul, le traitement par inoculation me paraît devoir être complètement abandonné.

Les expériences d'Eusèbe Gris, celle du Dʳ Sacchs ont été faites avec des dissolutions faibles de sulfate de fer versées aux pieds des plantes ou pulvérisées sur les feuilles. Les résultats constatés ont été le plus souvent favorables. D'un autre côté, il résulte des essais comparatifs de M. Max Tord sur une vigne des terrains de groie de la Charente que les sels de fer déposés en cristaux n'ont donné aucun effet, tandis que les dissolutions de sulfate de fer employées en mars à raison de 100 grammes par 10 litres d'eau et par pied ont provoqué une amélioration très nette dans l'état chlorotique des ceps.

M. Paul Narbonne a démontré qu'en pulvérisant les feuilles avec une dissolution faible de sulfate de fer on arrivait à les faire reverdir presque complètement. On a proposé aussi la bouillie au tannate de fer et bien d'autres préparations ferriques pour réaliser le verdissement plus ou moins prononcé des feuilles par leur aspersion en pleine végétation.

Je crois pouvoir affirmer que ces solutions faibles ne constituent pas un vrai remède contre la chlorose, mais un simple palliatif, que ces procédés améliorent l'état de la plante pendant quelques jours principalement en colorant artificiellement les feuilles par la combinaison du fer. Pour bien fixer les idées sur ce sujet encore controversé, je m'appuyerai sur l'opinion de M. Chatin, de l'Académie des Sciences, présentée en ces termes :

« On n'a pas oublié qu'Eusèbe Gris proposa, il y a une quarantaine d'années, une solution de sulfate de fer, projetée sur les plantes et donnée en arrosage du sol, comme le spécifique de la chlorose. Un rapport très favorable fut lu à l'Académie des Sciences par M. A. Brongniart qui avait suivi au Jardin des Plantes l'application du procédé Gris sur diverses plantes atteintes de chlorose. Le fait suivant paraissait démonstratif : là où des gouttelettes de la solution s'étaient, à l'arrosement du soir, fixées sur les feuilles, on pouvait voir, le lendemain matin, des taches vertes que Gris et Brongniart regardèrent comme formées par de la chlorophylle régénérée au contact du sel de fer. Je prouvai que l'explication était erronée, en montrant, par l'étude au microscope des

tissus des feuilles, que ces taches vertes prises pour de
la chlorophylle étaient dues uniquement à du tannate vert
de fer fixé sur les parois des tissus et engendrées par la
combinaison du fer absorbé, puis combiné au tanin physiologique. »

Grâce à cette coloration artificielle de la feuille, la chlorophylle est protégée contre les rayonnements qui lui
sont contraires, car la couleur verte laisse pénétrer les
rayons qui lui sont favorables et arrête ceux qui pourraient lui nuire. Avec l'acide sulfurique seul, on ne peut
obtenir ce verdissement artificiel de la feuille, car cet
acide n'agit que par sa corrosivité.

J'admets donc avec tous ces observateurs que l'état
d'une plante chlorotique est amélioré par l'introduction
dans la sève d'une faible quantité de sulfate de fer pouvant verdir les feuilles; mais, dès que cette coloration
artificielle disparaîtra, les fonctions de la feuille, un moment ranimées grâce à une meilleure utilisation des
rayonnements solaires, seront de nouveau paralysées.
Dans cette voie, le mieux serait d'adopter le procédé le
plus économique pour pouvoir le répéter plusieurs fois,
comme le fait M. Paul Narbonne avec ses pulvérisations.

Les arrosages du pied de la souche doivent être abandonnés comme trop coûteux par suite de la main-d'œuvre qu'ils exigent et de la quantité d'eau importante
à transporter à grands frais si on ne la trouve pas sur
place.

Le badigeonnage, pendant le printemps et l'été, des
sections fraîches avec des solutions concentrées, doit
certainement donner des résultats; il agit à la fois sur le
verdissement artificiel des feuilles et sur l'intensité d'absorption des racines et des cellules qui sont partiellement mortifiées par l'action corrosive d'une dissolution
concentrée introduite dans la sève en proportion modérée pour éviter les effets foudroyants beaucoup plus à
redouter pendant la période de végétation active.

Il est prudent de ne pas multiplier les sections fraîches

ainsi badigeonnées en pleine végétation et de ne pas dépasser 30 o/o pour la proportion du sulfate de fer dissous.
— Il est indispensable que le sulfate de fer dilué dans la
sève n'atteigne jamais 2 p. 1000 et il faut nécessairement,
par de minutieuses précautions, éviter que la proportion
absorbée devienne nuisible. — On doit aussi tenir compte
de ce que les jeunes ceps absorbent plus facilement par
le tronc, même sans sections fraîches, la solution fer-
rique.

Aujourd'hui, beaucoup d'expérimentateurs se sont lan-
cés dans cette voie, que je ne considère que comme une
opération délicate pouvant compléter les effets du procédé Rassiguier.

Les trois méthodes dont je viens de parler ne sont pas
nuisibles à la végétation de la vigne, parce qu'en les
appliquant avec précaution on évite d'introduire, dans le
cep et les feuilles, des doses de fer pouvant atteindre
celles que MM. Viala et Griffths considèrent dangereuses
pour la vitalité des plantes. Elles peuvent au contraire
modérer l'activité immodérée des racines américaines et
maintenir ainsi, en quelque sorte, l'équilibre entre leur
fonction trop absorbante et les besoins d'alimentation
plus restreints du greffon français.

Il n'en est plus de même du procédé plus ancien, dit
par inoculation, qu'il ne faut pas confondre avec les
récentes applications des sels de fer sur les plaies fraîches pendant l'été. — Je n'ai jamais expérimenté cette
méthode, mais je vais citer ce qu'en a dit M. P. Martin,
dans la *Ligue agricole*, après avoir passé en revue les différents procédés qu'il avait essayés sur une vigne fortement chlorosée : «En outre, je voulus me rendre compte
exactement des effets du sulfate de fer par infusion dans
la sève, et dans le courant de l'été 1893 je pratiquai des
saignées au moyen d'une vrille sur une série de sujets
malades, ce qui me permettait d'introduire dans ce trou
ainsi pratiqué un petit entonnoir que je remplissais d'une
solution de sulfate de fer.

»Dans les quarante-huit heures, l'effet était produit ; si la solution était d'une force supérieure à 7 o/o de sulfate de fer, la souche était pour ainsi dire foudroyée, c'est-à-dire que l'on voyait immédiatement les rameaux noircir, les feuilles tomber et la souche prendre un aspect cadavérique.

»Mais je ne tardais pas à voir la végétation revivre dans la souche, de nouvelles pousses vertes émerger de presque tous les ceps et les vrilles qui surgissaient au bout de ses pousses étaient pour moi l'indice le plus manifeste de la vie nouvelle que j'avais infusée à ce sujet malade, quelquefois moribond, tellement le cottis le dévorait.

»D'autres, au contraire, traités moins vigoureusement, reverdissaient d'une façon normale et jetaient de nouveaux rameaux verdoyants».

On voit par cette expérience combien le procédé par inoculation s'écarte du badigeonnage proposé par le Dr Rassiguier avec des dissolutions concentrées.

Le sulfate de fer, lorsqu'il est introduit dans la circulation de la sève en proportion notable, détruit les jeunes rameaux et par suite fait disparaître la récolte ; cela résulte de l'expérience de M. P. Martin, mais cet effet était à prévoir pour tous ceux qui ont suivi des cours de chimie industrielle, puisque Payen, il y a une cinquantaine d'années, en parlant des procédés d'injection des bois, écrivait :

«Les sulfates de fer sont des agents de conservation ; mais introduits seuls dans les bois, ils les désagrègent en agissant par leur acide rendu libre, à mesure que l'oxydation s'avance.»

Le professeur Vincent, en parlant de l'injection des bois en sève par le sulfate de cuivre, précise encore davantage les inconvénients du sel de fer :

«Il faut, dit-il, que le sulfate de cuivre soit aussi pur que possible, il faut surtout éviter qu'il retienne des quantités appréciables de sulfate de fer, car ce dernier sel, à réaction toujours acide, réagit en se peroxydant sur les fibres ligneuses et les désagrège.»

On voit, dès lors, combien peut devenir dangereux l'emploi de ce sel de fer pendant la période de végétation active qui facilite sa diffusion dans la sève, et on comprend comment ceux qui ont essayé son usage sans méthode pendant l'été ne sont arrivés qu'à des résultats désastreux, losqu'ils ont introduit dans la circulation végétale des quantités notables de cette substance, ou à des résultats peu stables, lorsqu'ils sont parvenus à en réduire trop la proportion.

Pendant la période de végétation de la vigne, il est difficile de régler l'absorption des sels de fer à la proportion voulue pour les rendre efficaces, et je ne conseillerai pas, quelles que soient les précautions prises, de faire pendant l'été avec ces sels des traitements généraux des vignes chlorosées, tandis que je vois des avantages à employer ces applications méthodiquement aux quelques ceps restés jaunes par exception après le traitement automnal.

Il me reste à examiner ce dernier procédé qui, indépendamment de son efficacité plus certaine, se recommande en outre par le peu de dépenses qu'il exige relativement à toutes les méthodes dont je viens de parler. Au point de vue de la récolte, le mieux est de prévenir la maladie au lieu d'attendre que la vigne soit anémiée pour chercher à ranimer sa végétation rabougrie. Dans le premier cas, on sauve la récolte ; dans le deuxième, on est à peu près sûr de la perdre.

Action des sels de fer pendant la période automnale. — Pendant l'hiver, j'ai cherché à le démontrer, l'action des sels de fer en cristaux est à peu près nulle sur la chlorose ; pendant le printemps et l'été on peut, suivant le mode opératoire, arriver, avec des dissolutions de sulfate de fer, non à guérir de cette maladie les ceps, mais à en amoindrir les effets ; dans tous les cas, on est alors

menacé de détruire les pampres et par suite la récolte,
si on dépasse certaines limites bien difficiles à régler.

Il me reste à examiner les effets que l'on peut obtenir
par le sulfate de fer en dissolution concentrée, en automne, lorsque la végétation de la vigne est dans la période décroissante se rapprochant de plus en plus du
repos hivernal. On sait que la méthode généralement
adoptée pour cette époque est le badigeonnage proposé
par le Dr Rassiguier.

Avant de discuter les résultats acquis par ce traitement et les causes qui, selon moi, ont assuré son succès,
je vais reproduire, d'après le rapport fait en 1895 par
M. Pastre, au nom du Comice agricole de Béziers, les indications pratiques pour l'emploi de ce procédé, aujour-
d'hui le plus répandu :

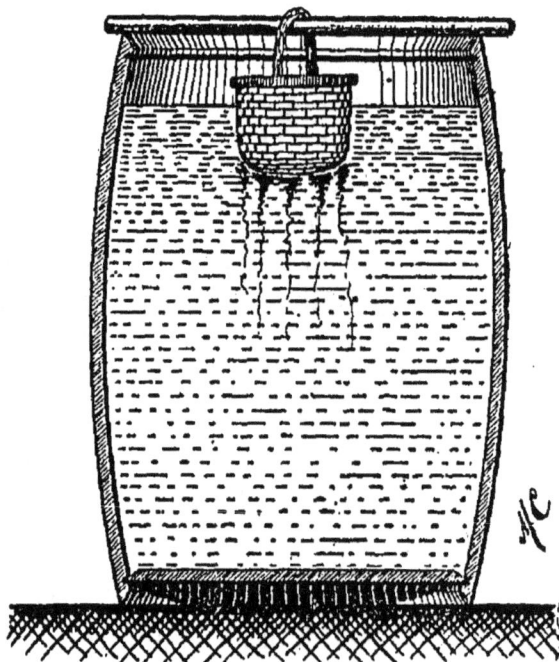

Fig. 81.— Appareil pour faciliter la dissolution du sulfate de fer.

« Le sulfate de fer doit être placé dans un sac ou,
mieux, dans un panier en osier, ainsi que l'on procède
pour le sulfate de cuivre ; dans quelques heures, la solu-

tion contiendra 35 à 45 o/o de sulfate de fer. La dissolution à chaud est beaucoup plus rapide. Les sulfates de fer de fabrication ancienne peuvent être régénérés par 1 ou 2 o/o au maximum d'acide sulfurique.

» La dose de 40 o/o convient aux vignes très malades ou dans les terrains très calcaires ; les vignes peu chlorosées recevront des doses de 30 à 35 o/o ; les vignes jeunes, les cépages les plus sensibles comme les Carignans et les Bouschet, et les vignes non chlorosées, en terrain calcaire, sont traitées avec des doses de 20 à 25 o/o ; quant aux vignes non chlorosées, en terrain non calcaire, il sera prudent *de ne pas les traiter*, jusqu'à ce que des expériences plus concluantes aie nt été faites.

» La meilleure époque pour le badigeonnage est lorsque, avant la chute des feuilles, le bois est *aoûté*. Les vignes les plus malades et celles qui sont situées dans des terrains secs où l'aoûtement est plus rapide seront taillées, dans notre région, du 15 octobre au 1er novembre. Les ceps moins chlorosés ou plantés dans des terrains humides, du 1er au 15 novembre.

» Le docteur Rassiguier recommande de tailler sur le milieu de la cloison du bourgeon ; on éviterait ainsi, d'après lui, une partie des accidents dus au froid.

» Le badigeonnage des plaies fraîches de la taille suffirait, mais il est préférable de traiter la souche entière ; on augmentera sans doute l'action du sulfate de fer qui pénètrera dans les bras et le tronc par endosmose et, de plus, on pourra débarrasser la souche d'une partie de ses parasites cryptogames ou insectes. Une condition essentielle de succès est de badigeonner la souche immédiatement après la taille. Une femme munie d'un pinceau, d'un tampon de laine ou d'un tampon à lanières, portant le sulfate de fer dans un seau en bois, peut servir deux ou trois tailleurs ; elle doit les suivre d'une manière absolue et avoir soin de remuer très souvent la solution de sulfate de fer.

» Il est bien difficile d'indiquer approximativement le

prix du traitement, puisque, suivant que l'on badigeonne les plaies de taille seulement ou la souche entière, les doses peuvent varier de 10 grammes à 30 grammes par pied ; nous pensons que l'indication de M. le docteur Rassiguier, 10 grammes pour la souche entière, est un peu faible surtout pour des souches âgées et vigoureuses ; mais quelle que soit la quantité du liquide employé, nous ne pensons pas que le prix du traitement dépasse 3 fr. 25 par hectare, liquide et travail de la femme compris. Le prix de la taille ne doit pas entrer en compte, puisque cette opération n'a fait que devancer la taille ordinaire des vignes. »

Ces instructions ne s'écartent pas sensiblement des conclusions admises par les autres Sociétés agricoles, et, s'ils avaient tenu compte de tous ces conseils judicieux, beaucoup de viticulteurs auraient évité les accidents dont on a d'ailleurs exagéré l'importance.

Dans ma propriété d'Amirat, j'ai obtenu des résultats heureux en traitant une jeune vigne greffée en Piquepoul, fortement atteinte par la chlorose, avec un badigeonnage à 35 o/o, mais j'ai attendu le 10 novembre pour faire cette application sans danger, au moment de la chute des feuilles. Je crois que cette solution à 35 o/o doit être adoptée comme suffisante dans la plupart des cas.

Les résultats acquis par le procédé Rassiguier, après avoir été acceptés unanimement, sont aujourd'hui discutés ; il convient, dès lors, de chercher à expliquer les causes du succès presque général de cette méthode et les cas particuliers qui ont donné lieu à des déceptions et, par suite, à certaines critiques. Je vais entrer dans quelques détails à ce sujet.

Les cendres des feuilles augmentent en proportion au fur et à mesure de l'avancement de la végétation ; on peut le vérifier par le résultat des analyses suivantes :

D'après Berthier :

Les feuilles vivantes	renferment	8,4 o/o de cendres.
Les feuilles mortes	—	11,31 —

D'après Boutin :

Les feuilles de juin	—	8,80 —
Les feuilles de septembre	—	13,25 —

D'après Joulie :

Les feuilles vertes	—	8,37 —
Les feuillles jaunes	—	10,76 —

On voit donc que les feuilles se chargent des principes minéraux lorsqu'elles cessent de fonctionner normalement, mais ce sont surtout les sels de chaux qui en ce cas s'accumulent dans les tissus.

Pour le démontrer, il suffit d'examiner les analyses faites par Berthier des feuilles vertes de la vigne comparativement à celles des feuilles à la fin de l'automne.

	Feuilles vertes	Feuilles mortes
Sulfate de potasse.. ...	7,0	2,29
Chlorure de potassium..	0,8	1,41
Carbonates alcalins.....	7,2	5,12
Carbonate de chaux.....	51,0	62,62
Carbonate de magnésie..	3,4	8,66
Phosphates............	20,4	13,27
Silice	10,2	6,63
	100,0	100,00
Proportion des cendres.	8,4 o/o	11,34 o/o

La vigne observée par Berthier était cultivée dans une grève caillouteuse et sablonneuse ; ce n'était pas une terre chlorosante à proprement parler par sa propre constitution, mais le sous-sol était traversé par des sources d'eau calcaire.

Après la chute des feuilles, on le sait, le bourgeon se nourrit encore et le bois grossit ; comment, pendant cette période, la plante peut-elle se procurer l'acide carbonique nécessaire à son accroissement peu sensible, il est vrai, quoique continu ? Ce n'est qu'en décomposant les carbonates et les humates de la sève, et c'est à ce moment que l'accumulation des sels de chaux, commencée pendant les derniers jours de la période estivale, se fait dans les bois jeunes en proportion telle que la végétation de l'année suivante peut se trouver compromise par suite de l'engorgement des coursons.

J'ai vérifié ces faits : une souche, à Saint-Adrien, avait résisté à tous mes traitements ; elle était tellement rabougrie qu'à la taille les ouvriers voulaient l'arracher ; c'était pour eux un pied mort. Je fis, au contraire, décapiter la souche au dessous des bras, elle repoussa sur le vieux bois verte et vigoureuse; j'en ai alors conclu que la chlorose mortelle provient de l'accumulation, en fin de saison, des sels de chaux dans les coursons de la vigne. J'ai répété cette expérience plusieurs fois depuis et j'ai vérifié que si elle réussissait au moins pendant la première année sur les souches vieilles, elle ne donnait pas des résultats constants avec les souches jeunes, à moins de les receper tout à fait ras du sol. Ce serait donc le bois jeune qui se chargerait en excès de sels de chaux.

Dès lors le procédé Rassiguier est tout expliqué, il agit en paralysant les cellules encore actives de la vigne dans les derniers jours de l'automne et en empêchant cette végétation lente, mais continue, qui précède le reposhivernal, il s'oppose à l'accumulation tardive et dangereuse des sels de chaux dans le cep. C'est pour cela qu'il est surtout efficace lorsqu'on l'applique de bonne heure avant cet engorgement des tissus ; mais pour éviter les accidents, il faut attendre que le bois soit bien aoûté, ce qui correspond généralement à la chute des feuilles.

On peut comparer les effets obtenus par le badigeonnage automnal à ce que l'on observe lorsqu'on arrose les racines, vers la fin d'août, avec une dissolution concentrée de sulfate de fer. C'est, disons-le, le procédé autrefois préconisé par M. Cazeaux-Cazalet.

Ce distingué viticulteur a écrit que l'action du sulfate

de fer consisterait dans ce cas, *selon toute probabilité*, à favoriser la multiplication des radicelles; c'est une simple hypothèse, qui expliquerait, d'après lui, la reprise de la végétation normale au printemps.

On a proposé pour ce traitement tardif d'août :

1° De creuser des cuvettes larges et profondes pour découvrir les radicelles.

2° De verser par pied 10 litres d'eau dans lesquels on a fait dissoudre 1 kilogr. de sulfate de fer. Doubler cette quantité pour les pieds les plus vigoureux ;

3° Recouvrir les creux par la terre.

Malgré les résultats acquis avec le traitement proposé par M. Cazeaux-Cazalet, on peut contester les raisons que ce viticulteur distingué donne pour expliquer le succès, car les propriétés corrosives du sulfate de fer ne sont pas favorables à l'émission des radicelles en automne, et je crois plutôt que ce bain des racines dans une dissolution au dixième de sulfate de fer provoque leur mortification et paralyse par suite cette végétation tardive des ceps, que je considère comme favorisant l'accumulation des sels de chaux dans le jeune bois de la vigne destiné à former les coursons après la taille.

Cette action modératrice du sulfate de fer est constante, mais, pendant les mois chauds, elle ne peut qu'être limitée au moment de son application ; sous l'influence des forces naturelles, la végétation reprend rapidement en été, tandis qu'en automne, la vigne ayant une vitalité réduite, on peut, par l'effet du sulfate de fer, agir plus profondément avec moins de danger sur tous ses organes.

Pour ceux qui douteraient encore que la chlorose provient d'un défaut d'équilibre entre les radicelles qui absorbent trop et les feuilles qui n'assimilent pas suffisamment les éléments qui leur sont fournis en excès par les racines, je rappellerai que, dans beaucoup de vignes chlorosées, il y a des pieds qui persistent à rester verts. Il est difficile d'expliquer ce fait par la variation seule de terrain, car ces souches exceptionnelles sont pour ainsi dire disséminées à peu près partout et il est d'autant plus logique d'attribuer la persistance de leur développement normal au choix d'un greffon plus vigoureux que j'ai observé souvent dans des. vignes de Piquepoul, mourantes et mortes, depuis, par suite de la chlorose, quelques pieds isolés greffés en Colombo et même en Fouiräl persistant à rester verts et restés verts encore au milieu des deuxièmes plantations plus résistantes, mais toujours rabougries dans ces parcelles ingrates.

On a cherché à caractériser ces faits par le nom vague d'affinité, auquel je préfère substituer, avec M. Cazeaux-Cazalet, l'expression d'harmonie entre la végétation aérienne et le développement souterrain de la vigne. Pour améliorer l'état de la plante, on doit chercher à rétablir cette harmonie, car le plus souvent la chlorose est due à un défaut d'équilibre entre l'absorption des racines et l'assimilation des feuilles. La nature, l'état physique, la composition des terrains contribuent à aggraver ou à atténuer cette discordance, en mettant à la disposition de ces racines américaines, toujours voraces, des éléments absorbables en plus ou moins grande quantité, plus ou moins proportionnés et choisis pour les besoins de la nutrition des jeunes rameaux. Certes, ce défaut d'harmonie entre les deux parties de la souche est permanent pendant toutes les périodes de la végétation, les résultats fâcheux qui en sont la conséquence sont appréciables même pendant l'été; mais ces effets s'accusent davantage en fin de saison, lorsque le greffon français serait déjà à l'état de repos, si les racines américaines ne persistaient pas à l'entretenir dans une vitalité tardive. Il en résulte que l'année suivante, le développement de la plante est affecté d'autant plus gravement qu'une proportion notable de sels minéraux insolubles encombre déjà les coursons, et que, par suite, les pousses nouvelles s'engorgent plus facilement à leur tour par l'effet du dépôt d'un excès d'éléments minéraux.

Le sulfate de fer agissant comme modérateur des fonctions nutritives des plantes pourra certainement être remplacé par d'autres substances ayant des propriétés semblables à celles de ce sel dont les effets corrosifs et réducteurs sont bien connus. Les autres combinaisons de fer employées concurremment avec le sulfate n'ont donné des résultats que lorsqu'ils accusaient une réaction acide ou réductrice.

Les expériences de MM. Combemalle, Degrully et Gastine, avec l'aide de dissolutions d'acide sulfurique au dixième ou au vingtième, appliquées en badigeonnage, semblent bien indiquer par leurs effets l'action spéciale du sulfate de fer, puisqu'on en obtient des résultats comparables, mais moins bien caractérisés, car à l'action corrosive du sulfate de fer vient s'ajouter l'effet de sa peroxydation aux dépens des fibres ligneuses.

Cette action spécifique du sulfate de fer sur la végétation est indiscutable ; il suffit de rappeler ses effets constatés pour la destruction des cryptogames ou sur les plantes parasites : mousse, cuscute, etc., et sur toutes les espèces qui, par suite de leur porosité, absorbent avec plus de facilité ces sels acides. Le blanc du fumier est aussi évité par l'emploi méthodique du sulfate de fer.

D'après M. Griffiths, une proportion de 1/5 o/o de sulfate de fer dans la sève est fatale à la plupart des végétaux. J'ai déjà d'ailleurs expliqué l'action multiple des sels de fer injectés dans les plantes et les arbres.

Si, en vieillissant dans certains terrains chlorosants, les vignes greffées deviennent quelquefois réfractaires à la chlorose, n'est-ce pas parce que la végétation automnale est moins prolongée et moins active dans les vieilles vignes que dans les jeunes plantiers ? Et si les anciens vignobles ont pu prospérer dans des terrains où la chlorose fait succomber les nouvelles plantations, n'est-ce pas parce que généralement la vitalité des vignes américaines se manifeste plus longtemps que celle des vignes françaises ?

Les cépages américains, on le sait, résistent mieux au froid que les anciennes variétés européennes. M. Viala cite dans ses ouvrages plusieurs exemples de cette endurance qui provient de ce que, aux États-Unis, les hivers sont plus rigoureux qu'en France. Bien plus, M. Viala, se fondant sur ce que dans les vignes des Palus on badigeonne les souches au printemps pour retarder le gonflement des bourgeons, a émis aussi l'hypothèse qu'en automne on pouvait arrêter également le mouvement de végétation tardive si redouté par les vignerons.

Je le répète, selon moi, le sulfate de fer appliqué après la chute des feuilles suspend la vitalité des cellules jusqu'à les rendre dès la fin d'octobre aussi paralysées que lorsque les grands froids ont arrêté leurs fonctions. Au contraire, on le sait, les engrais organiques à décomposition lente ont la propriété de prolonger trop la période d'activité de la vigne, et c'est en partie à cette circonstance qu'est peut-être due l'influence fâcheuse de ces engrais dans les terres chlorosantes, tandis que les engrais phosphatés dont on a reconnu l'influence favorable agissent en avançant l'arrêt de la végétation.

Le sulfate de fer mortifie les cellules, et on comprend dès lors comment une faible quantité de ce sel peut avoir une action bienfaisante, tandis qu'un excès peut déterminer des accidents plus ou moins caractérisés. Ces effets sont visibles lorsqu'on examine avec soin un courson badigeonné : les premières cellules sont désorganisées et celles qui suivent, moins attaquées, ont subi une altération plus légère que l'on peut observer au microscope.

D'ailleurs, d'après les analyses publiées par M. Degrully, les feuilles devenues vertes par suite du traitement automnal renferment moins de fer que celles des témoins chlorotiques sur lesquels on n'a pas opéré de badigeonnages : preuve évidente que ce n'est pas par simple assimilation que le sulfate de fer agit. M. Crochetelle a vérifié les mêmes faits sur des poiriers.

La mortification à laquelle j'attribue l'influence du badigeonnage résulte même des expériences de M. Houdaille ; d'autres observateurs l'ont aussi vérifiée et on a été jusqu'à faire un grief contre ce traitement des accidents isolés provenant des applications faites dans de mauvaises conditions, sans se rendre compte que les procédés que l'on voudrait y substituer, mis entre des mains novices, donneraient encore plus sûrement des résultats désastreux.

Revenant sur les accidents à craindre, je citerai dans cet ordre d'idées les remarques antérieures sur l'influence que peut avoir sur la fructification une solution de fer trop concentrée et les observations faites sur l'action trop énergique des badigeonnages lorsque, les ceps devenant plus âgés, les sections de taille se multiplient et en augmentent l'absorption.

Mon savant collègue, M. Pastre, a, de son côté, constaté qu'exceptionnellement des coursons ont été endormis et des souches tuées à la suite du traitement automnal, ce qui indiquerait bien que l'altération signalée peut devenir un danger lorsqu'elle est exagérée.

Enfin, il est admis que lorsque le bois a été mal aoûté à la suite d'une attaque violente d'une maladie comme l'anthracnose ou le mildew, le courson peut être tué par la solution du sel de fer absorbée en trop grande quantité par les tissus trop lâches. Ceci est d'ailleurs conforme aux résultats observés dans l'industrie de l'injection des bois, et le professeur Vincent dit à ce sujet :

« L'aubier des arbres étant plus poreux que le cœur et contenant des conduits ou vaisseaux plus larges, le liquide y pénètre plus facilement, tandis qu'il n'arrive pas, en général, vers le centre. Certaines irrégularités dans la pénétration du bois par ce moyen ont produit, à l'aide de sciages appropriés, de veines ou marbrures d'un aspect agréable. » Cette faculté d'absorption de l'aubier explique bien comment les badigeonnages du tronc peuvent être quelquefois nuisibles lorsqu'ils sont faits à une époque trop voisine de la végétation active du cep, surtout lorsque la vigne est jeune.

Le bois mal aoûté absorbe plus facilement le sulfate de fer que l'aubier, de là les accidents dont on a fait grand bruit, sans examiner si ces bois détruits par le badigeonnage n'auraient pas été désorganisés par le froid et si, dans tous les cas, ils ne se trouvaient pas dans des conditions telles qu'ils fussent complètement impropres à porter une récolte.

On a cherché à amoindrir l'importance du procédé automnal, en lui opposant des méthodes diverses de traitement estival, bien plus délicates à appliquer : de l'examen précis des faits, il résulte que personne avant le Dr Rassiguier n'avait appliqué le sulfate de fer *en dissolution concentrée sur les plaies fraîches de la taille.*

Indépendamment donc de l'époque du traitement indiquée par son inventeur, qui a une grande importance, cette méthode se distingue par la facilité qu'elle présente de couvrir avec plus de sécurité, en usant des dissolutions concentrées, de nombreux points d'absorption. Le coût de ce traitement est, en outre, des plus réduits.

Comme tous les procédés, cette méthode sera perfectionnée avec le temps. C'est à nous tous à concourir à éclairer les points sur lesquels l'accord n'est pas complet, sans diminuer le mérite de celui auquel nous devons le principe du traitement. Déjà plusieurs expérimentateurs sont entrés dans cette voie, et voulant bénéficier des effets heureux de la méthode du Dr Rassiguier, en évitant les inconvénients d'une taille trop précoce, ils ont appliqué le badigeonnage en automne sur les plaies provenant des sections de racines françaises dans les vignes nouvellement greffées.

Une de ces expériences, par son importance, mérite d'être particulièrement signalée, car elle a été exécutée sur 5 hectares par M. Bisset, de Béziers. Ce distingué viticulteur a fait déchausser ses jeunes plantiers chlorosés dès la fin de septembre pour les déraciner et en badigeonner les blessures fraîches du collet, ainsi que tout le collet, avec une solution à 40 o/o, en dépensant environ 25 kilos de sulfate de fer par hectare. Il espère obtenir, par cette modification du traitement usuel, des effets analogues avec plus de sécurité. Ces essais sont dignes d'appeler l'attention des viticulteurs, mais il est prudent d'en attendre le résultat avant de les adopter en grande culture.

Dans tous les cas, il appartient aux sociétés agricoles de mettre en relief les travaux désintéressés de leurs membres, non seulement parce que c'est de toute justice, mais aussi parce que toutes ces découvertes accumulées d'année en année constituent dans leur ensemble un patrimoine commun dont elles doivent, avec un soin jaloux, accroître tous les jours l'étendue et améliorer la valeur.

CHAPITRE IX

ACCIDENTS DE VÉGÉTATION

1° *Le court-noué.* — On confond généralement avec le court-noué de notre région plusieurs perturbations de la végétation dont la dénomination varie suivant les vignobles, sans qu'on ait jamais pu les classer soit dans les maladies cryptogamiques, soit dans les maladies microbiennes. D'après M. Viala, elles sont toutes principalement caractérisées par la végétation particulière des organes extérieurs.

«Les rameaux restent courts et les nœuds sont très rapprochés, ils donnent un grand nombre de ramifica- »tions secondaires et tertiaires; le cep, en tête de chou, »prend un aspect buissonnant. Les sarments ne sont ja- »mais tortueux, ils restent toujours droits; la coulure et

»le millerandage sont constants, mais la teinte verte
»normale persiste sur les rameaux.»

J'ignore si tous les accidents ainsi groupés sont identiques, je n'ai jamais observé que le court-noué vulgaire
des Aramons et c'est de cette seule végétation anormale
que je me propose de parler.

Depuis quelques années j'avais fait disparaître à peu près
complètement le court-noué des Aramons de St-Adrien
et j'attribuais cet heureux résultat aux saupoudrages
réitérés du plâtre phosphaté venant activer la végétation,
car je m'étais laissé guider dans cette expérience par les
effets obtenus au moyen du plâtrage classique des légumineuses.

Lorsque le Dr Rassiguier a publié qu'on pouvait diminuer le court-noué par le badigeonnage d'automne au
sulfate de fer, j'ai été amené à étudier de plus près cette
perturbation de la végétation, et j'ai vite conclu que le
court-noué vulgaire, comme la chlorose, pouvait être
dû à une alimentation déréglée de la plante, puisqu'on
agissait favorablement pour l'atténuer en réduisant par
un badigeonnage corrosif la période d'assimilation en
automne.

J'ai alors comparé mes fumures actuelles à celles pro-
diguées antérieurement à St-Adrien comme à celles des
vignes de la région dans lesquelles le court-noué prend
des proportions inquiétantes, et j'ai constaté que presque partout où cette maladie est répandue, le vignoble avait reçu de copieuses fumures azotées organiques,
tandis que depuis que j'exploite mon domaine, je prends
soin de distribuer dans mes terres des engrais complets
dans lesquels les phosphates et la potasse sont en proportion plus forte que l'azote. Il m'a semblé, dès lors, logique d'examiner si le court-noué ne serait pas dû à une
alimentation azotée anormale de la plante et au défaut
d'une absorption suffisante des éléments minéraux.

On connaît l'influence de la potasse sur la production
de l'amidon des plantes; on a mis aussi souvent en évi-

dence la nécessité des phosphates pour la production des matières protéïques, et on peut comprendre dès lors comment, faute d'une quantité suffisante d'éléments minéraux, les matières azotées sont absorbées en pure perte par les plantes. Les maladies bactériennes ne seraient-elles pas dues à cette accumulation dans les tissus des plantes des éléments azotés non utilisés pour la formation des matières végétales ? Il est difficile de se prononcer sur cette hypothèse sans la vérifier par des travaux de laboratoire, mais il est certain que les bactéries se développent mieux dans un liquide azoté.

D'après mes observations, le court-noué devrait être rangé à côté de la chlorose que l'on attribue, avec raison, à l'accumulation dans les tiges de certains éléments minéraux, tandis que, dans ce nouveau cas, ce serait le manque des éléments minéraux qui constituerait la cause du mal.

Justus Liebig écrivait déjà en 1840:

«Certaines maladies des arbres proviennent évidemment d'une disproportion entre les quantités des matières azotées et non azotées qui leur ont été amenées.»

Il est certain que d'autres causes accidentelles, comme par exemple une humidité persistante du sol, peuvent exagérer les effets d'une alimentation déréglée du cep, et on peut même constater que dans les vignes submergées, le court-noué devient plus fréquent; mais l'absorption d'un excès d'azote par la plante me paraît être toujours la condition principale qui détermine cette perturbation de la végétation.

Le court-noué étant une maladie ancienne, je crois intéressant de reproduire ce qu'en disait, en 1852, Cazalis-Allut:

«A Gigean, où l'on cultive principalement l'Aramon, on remarque, dans beaucoup de vignes complantées de cette seule espèce, que quelques ceps se rabougrissent; l'année suivante, leur nombre s'accroît, et enfin cette infirmité augmente à tel point qu'un propriétaire,

digne de foi, m'a assuré qu'il se voyait forcé d'arracher
une de ses vignes qui, par l'effet du rabougrissement,
perd chaque année beaucoup de ceps et ne produit presque plus rien, quoique les engrais et les bonnes cultures
ne lui soient pas épargnés.

»Par suite de récoltes abondantes, de fortes sécheresses ou d'autres causes qui échappent à nos observations, il arrive parfois que certaines vignes d'Aramon
s'affaiblissent à tel point qu'il devient difficile de lier
leurs sarments. Le contraire a-t-il lieu, ces mêmes vignes
reviennent naturellement à leur état normal sans le
secours des engrais ou de meilleures cultures: ce n'est
pas là ce qui constitue le rabougrissement. Les ceps rabougris ont bien aussi des sarments moins longs, mais
le signe caractéristique de cet état consiste dans le rap-
prochement des nœuds. »

Le rabougrissement dont parle Cazalis-Allut est bien
le court-noué et il a soin de le distinguer des autres causes d'affaiblissement des ceps. On voit que, dès cette
époque, le court-noué était une maladie des vignobles bien
fumés et bien cultivés. Il en est de même de nos jours.
En 1852, encore plus que maintenant, c'étaient les engrais azotés organiques, surtout ceux d'origine animale,
qui prédominaient dans les fumures: indépendamment
des fumiers d'écurie, on employait surtout des crottins
de mouton, des poudrettes, des chiffons, des résidus
d'équarrissage ou d'abattoir.

On se servait peu, alors, des engrais minéraux, qui commencent à se répandre dans nos vignobles. Plus on
enfouissait ces engrais azotés organiques, plus on cultivait
avec soin les terres pour favoriser le développement des
ferments aérobies et plus on épuisait le sol des éléments
minéraux disponibles. Aujourd'hui, grâce aux engrais
complémentaires, on peut remédier aux mauvais effets
de l'excès d'azote en apportant aux ceps les éléments
minéraux et principalement les phosphates, dont le rôle
capital dans l'alimentation des plantes est mis de plus en

plus en évidence. Je me contenterai de citer sur ce sujet un extrait des leçons élémentaires de M. Paul Sabatier :

«Les recherches, faites il y a peu de temps, sur la nutrition végétale, semblent attribuer à la matière phosphorée un rôle prépondérant dans la formation des substances albuminoïdes protoplasmiques, qui sont toujours plus ou moins riches en phosphore. Les nitrates ou les composés ammoniacaux absorbés par les plantes ne pourraient facilement se changer en matière végétale azotée qu'en présence d'acide phosphorique ou d'un corps phosphoré équivalent : la nécessité de ces derniers apparaît ainsi en toute évidence.»

On a déjà observé que, par suite de l'influence d'un excès d'engrais azotés, souvent la vigne poussait avec trop d'activité et ne produisait que des tiges et des sarments, tandis que le raisin ne portait que de rares grains millerandés. C'est ce que l'on appelle la vigne folle. Si l'on m'objectait que le court-noué étant le contraire de l'affolement de la vigne, il est difficile de l'attribuer aussi à une alimentation trop azotée, je répondrais que bien souvent une cause initiale principale peut produire des effets bien distincts, suivant les conditions secondaires qui l'accompagnent.

En physiologie végétale, la pratique des agriculteurs peut éclairer les règles encore obscures que le savant n'a pu déterminer complètement, et tout en laissant aux laboratoires scientifiques le soin d'étudier à fond ces sujets encore si controversés, il convient aux simples expérimentateurs de se maintenir sur le terrain précis des faits observés.

Rien ne paraît d'ailleurs plus naturel que d'admettre qu'après une première période d'exubérance provenant d'un excès de matière azotée, le sol soit complètement épuisé en éléments minéraux disponibles et que, par suite, le court-noué en devienne la conséquence finale.

Comme je l'ai déjà dit, par des applications réitérées de plâtre phosphaté sur l'Aramon, j'ai fait disparaître le court-noué de l'une de mes vignes. J'avais d'abord attribué l'action bienfaisante de cette substance au sulfate de chaux, dont on a, comme on le sait, constaté les effets sur les légumineuses sans arriver à bien en déterminer la cause. Mais dans l'expérience que j'ai faite, il y a lieu de tenir compte de l'action de l'acide phosphorique et de l'acide sulfurique en excès.

J'ai été amené à considérer que l'acide phosphorique du plâtre phosphaté avait une action efficace sur le court-noué, non seulement parce que l'on sait qu'il est le complément nécessaire des engrais azotés, et que sans lui les substances azotées absorbées par la plante ne sont pas utilisées avantageusement, mais aussi parce que j'avais observé que depuis que dans mes vignes j'employais des engrais complets riches en acide phosphorique et potasse, le court-noué était moins fréquent dans mon domaine que dans les vignobles auxquels je pouvais le comparer.

J'étais donc disposé à attribuer à l'acide phosphorique en particulier une action prépondérante contre le court-noué, lorsqu'une expérience faite par un de mes voisins, viticulteur très soigneux, m'a donné une plus grande certitude des effets que l'on pouvait retirer des phosphates et de la potasse pour le faire disparaître.

Ce propriétaire, ancien boucher, M. Augustin Grégoire, entretenait la fertilité de son vignoble avec les déchets de son industrie, et les engrais azotés étaient prodigués avec abondance dans ses terres. L'une de ses vignes ayant donné des signes du court-noué fut plus particulièrement soignée et fumée avec les débris de son abattoir, et elle devenait de plus en plus rabougrie, si bien qu'il allait l'arracher, lorsqu'ayant abandonné sa profession et voyant que mes vignes étaient vigoureuses, bien que les engrais complets que j'emploie soient surtout riches en sels minéraux, il se décida à substituer à ses fumures d'origine animale des engrais phosphatés et potassiques. Depuis, le court-noué n'a plus été constaté dans sa vigne, et il est bien certain que dans ce cas c'est l'action de l'acide phosphorique ou de la potasse qui a fait disparaître cette maladie, car les quelques souches témoins sont mortes par suite de l'excès de matières azotées qu'on a continué à leur distribuer.

En serait-il ainsi dans tous les terrains et dans toutes les conditions? Les faits que j'ai observés ne sont pas encore assez nombreux pour que je puisse l'affirmer, mais ils sont assez probants pour engager les propriétaires à faire dans cette voie des essais pour vérifier si l'efficacité des engrais minéraux (particulièrement de l'acide phosphorique), bien constatée sur le court-noué de l'Aramon chez moi et chez mon voisin, est simplement accidentelle ou bien si, comme j'en ai la conviction, elle est réellement générale.

Il sera nécessaire d'examiner avec soin quels sont ceux des engrais azotés dont l'action nuisible se manifeste plus particulièrement pour déterminer cette perturbation de la végétation des ceps. Il est à prévoir que les micro-organismes, si nombreux et si divers, qui accompagnent toujours les engrais d'origine animale, ne sont pas sans avoir une influence pernicieuse particulière soit directe, soit indirecte sur la pousse anormale de la plante: si, dans les terrains calcaires, par exemple, le court-noué atteint plus facilement les ceps, ne serait-ce pas parce que ces sols constitueraient un milieu plus favorable à la pullulation et au travail de ces micro-organismes? Les engrais azotés, qui se *putréfient* le plus facilement, me paraissent être les plus à redouter et l'on ne doit les employer qu'avec beaucoup de discernement pour éviter les accidents qui peuvent troubler la végétation de la vigne.

Les engrais salins azotés, qui n'apportent aucun ferment particulier dans le sol, notamment le nitrate de soude, ont pu être employés sans danger dans les vignes atteintes du court-noué et ont même, dans certains terrains, assuré la reprise de la pousse normale des ceps rabougris, mais nul n'ignore que le nitrate de soude agit sur les éléments minéraux insolubles du sol pour les rendre disponibles et que, par suite, il assure momentanément une alimentation minérale suffisante aux récoltes en *appauvrissant* ainsi la couche arable. On a dit, avec juste raison, de ce sel, qu'il enrichissait le père en préparant la ruine des enfants.

Une étude plus complète des nombreux micro-organismes du sol s'impose aux directeurs des stations agronomiques ; on sait, en effet, d'une manière générale, que certaines bactéries donnent comme résidus des sels simples azotés, d'autres des substances azotées complexes et variées, tandis que quelques-unes détruisent les matières azotées en mettant l'azote en liberté. Il est donc naturel d'étudier les différentes formes sous lesquelles l'azote est absorbé pour déterminer quelles sont celles qui se montreraient plus dangereuses pour l'alimentation des plantes et celles qui, au contraire, conserveraient toujours une influence favorable.

Les micro-organismes apportés par les fumiers d'écurie ou par les déchets d'abattoir et d'équarrissage, en s'attachant aux racines et aux sarments des ceps, ne seraient-ils pas la vraie cause de la propagation de la maladie par le bouturage ?

Toutes ces hypothèses sont à vérifier ; et, quoi qu'il en soit des découvertes futures sur ce sujet encore obscur, mais que les travaux des savants spécialistes tendent à éclaircir de plus en plus, je maintiens les observations directes que j'ai pu faire en grande culture sur le développement du court-noué de l'Aramon dans les terrains fumés avec excès par des engrais organiques seuls, surtout lorsqu'ils sont d'origine animale, et sur sa disparition au moyen des procédés simples que je viens d'indiquer.

On a en vain objecté que les vignes plantées sur défoncement des luzernières ne sont pas ordinairement atteintes du court-noué, bien que ces terres soient enrichies en matériaux azotés, car ces résidus sont particulièrement peu putrescibles, et les bactéries qui se développent sur les racines de la luzerne sont d'espèces tout à fait distinctes de celles apportées par les déjections des animaux. Il n'est pas exact que la terre arable soit, après la destruction de la luzerne, appauvrie en éléments minéraux, car c'est dans les couches profondes du sol que cette plante améliorante va puiser sa subsistance en laissant après sa disparition dans les couches superficielles des débris organiques très riches en éléments fertilisants de toute sorte et en micro-organismes favorables à la végétation de toutes les récoltes qui suivent les légumineuses.

De toute part, on se plaint des progrès du court-noué sans avoir pu ni en préciser les causes, ni signaler une pratique pour s'en préserver. Avant de rejeter sans examen la méthode que je propose pour combattre cette maladie, ceux qui voient encore leurs vignes atteintes par le court-noué auraient dû comprendre que le mieux était d'essayer des moyens simples que je propose, sans qu'on puisse même m'objecter la dépense, puisqu'elle profitera toujours à l'enrichissement du sol.

2° *Coulure.* — La floraison de la vigne est une époque critique sujette à bien des accidents ; aussi, avant de les énumérer et de donner les moyens de les prévenir ou d'en réduire l'importance, il convient d'indiquer la période pendant laquelle se produit cette phase essentielle de la végétation. Pour bien préciser, je citerai M. H. Marès :

«A partir du 10 mai, la floraison se prépare pour les espèces précoces, et elle commence dans les années ordinaires, pour les terrains de coteaux, vers le 20 mai; elle continue encore, selon la chaleur, pendant dix à quinze jours. Dans les terrains moins chauds, la floraison commence vers la fin de mai et continue encore pendant une quinzaine de jours. Les variétés tardives, comme les Terrets, fleurissent plus tard. Dans les vignes de cette espèce, on trouve encore des raisins en fleurs du 20 au 25 juin, mais ce sont les derniers. La température moyenne atteint alors 18° à 19°.

»Vers la fin de juin, la floraison est terminée et les raisins grossissent rapidement, la vigne pousse encore avec vigueur ; la température moyenne s'élève alors à 20°5 et souvent plus haut. Dans les vignes vigoureuses, la terre est entièrement couverte par les rameaux des ceps. Ainsi ombragée, elle se dessèche moins et les herbes adventices croissent avec moins de facilité».

Cet exposé m'a paru nécessaire avant d'entrer dans l'étude des circonstances qui pendant l'été peuvent contribuer à diminuer les récoltes : la coulure, le folletage, l'échaudage, le grillage.

La coulure peut être constitutionnelle, elle provient alors d'une conformation anormale des fleurs. MM. Henri Marès et Planchon ont étudié les différents cas que présentent quelques sujets pour lesquels la coulure devient spécifique. Je ne parlerai de ces anomalies végétales que pour indiquer qu'il faut sévèrement regreffer toutes les souches présentant ces cas de coulure constitutionnelle ; non seulement ce sont autant de pieds qui ne donnent aucun rendement, mais, ce qui est plus grave, c'est que les ouvriers sont portés à prendre des greffons sur ces vignes qui poussent des sarments plus beaux que les pieds voisins fertiles, ce qui a l'inconvénient de propager les ceps infertiles dans le vignoble. Il faut donc avec soin supprimer ou regreffer toutes les souches dont les inflorescences sont anormales.

Pour les vignerons, la coulure est un accident contrariant la production ou le développement du fruit. Lorsque la coulure n'a pas empêché le grain de se former, mais se traduit simplement par le défaut de grossissement de la graine, on lui donne le nom particulier de millerandage. Les engrais phosphatés sont précieux pour éviter ce genre de coulure.

Berthier, en répétant les expériences de Théodore de Saussure, a démontré que les graines renfermaient une plus grande quantité d'acide phosphorique que les autres parties des végétaux, et il a observé que c'est seulement pendant la première période de la végétation que l'acide phosphorique pénètre dans la plante. On conçoit, dès lors, comment les engrais phosphatés peuvent concourir à prévenir la coulure. Mon distingué collègue M. Castel a publié une étude dans laquelle il démontre l'influence spécifique de l'acide phosphorique sur la floraison de la vigne. M. de Vergnette-Lamothe, dans le *Livre de la Ferme*, avait aussi signalé ces faits:

«Nous savons que les pépins contiennent beaucoup de phosphates, et comme dans la nature la formation du pépin est le but de la fructification, il est évident que si le sol est épuisé, la plante n'y pourra plus trouver les éléments chimiques qui sont nécessaires au développement de ses racines».

La coulure accidentelle dépend souvent des mauvaises conditions atmosphériques qui accompagnent la floraison. Les vents, les brouillards, les pluies, les rosées, peuvent contrarier cette phase de la végétation, soit en enlevant les grains de pollen, soit en desséchant les organes de la fécondation, soit en rendant trop variable la température de l'air ambiant. La coulure peut encore être provoquée par un excès de vigueur du cep, se traduisant par un développement anormal des tiges, ou bien par le rabougrissement des pousses à la suite des atteintes des différentes maladies qui attaquent la vigne. Les vignes greffées semblent plus particulièrement affectées par la coulure que les vignes anciennes, et les greffes sur Rupestris sont encore plus sujettes à cet accident que les autres. Pour combattre la coulure, on a proposé, avec quelque raison, suivant le cas, d'augmenter le nombre des coursons, de rogner ou d'inciser la vigne trop vigoureuse, de fumer au contraire la vigne rabougrie, de drainer les sols trop humides, de soufrer la vigne au moment de la floraison.

Les engrais trop riches en azote provoquent la coulure en exagérant le développement des feuilles au détriment des mannes. Dans ma pratique, j'ai pu souvent éviter cet accident en employant des engrais riches en phosphates et en poudrant abondamment la vigne pendant sa période de floraison avec du plâtre phosphaté. Rarement j'ai pratiqué le rognage même dans les variétés à sarments érigés, et bien que l'on ait trouvé avantage quelquefois à appliquer cette méthode contre la coulure, je crois qu'elle doit être employée avec précaution. J'ai, au contraire, drainé beaucoup de parties de mon vignoble et j'ai constaté que ce travail avait eu un bon résultat pour diminuer les effets de la coulure. M. H. Marès, avec juste raison, recommande de soufrer la vigne un peu avant la floraison pour favoriser l'acte de la fécondation. «Il faut combiner l'action des soufrages de manière à mettre à profit l'action du soufre sur la végétation et la fructification, et pour cette raison soufrer une fois à l'époque de la floraison. Celle-ci comprend une douzaine de jours, depuis le moment où la fleur se prépare jusqu'à celui où le grain commence à se former. Cette dernière opération est des plus importantes et elle coïncide d'ailleurs avec l'époque où le développement de l'oïdium prend une grande activité.»

Mais je dois insister sur les résultats obtenus par les poudrages copieux contre la coulure, comme contre tous les autres accidents de la végétation et les maladies de la vigne qui se défend mieux lorsque ses feuilles sont couvertes de poussière, fût-elle inerte, que lorsqu'elles sont à nu. Il se produit une action mécanique et physique sur laquelle j'aurai à revenir.

Le rognage de la vigne est rarement pratiqué dans le Midi, même pour les variétés à sarments érigés, dont on est porté à sabrer les pampres pour éviter que le vent

les détache ; dans tous les cas, il doit être appliqué
avec beaucoup de discernement, et à ce sujet je citerai
un passage des études de M. Daurel résumant les inconvénients produits par l'abus de cette pratique :

«Vers le milieu de l'été, pour faciliter l'opération des
labours, il est d'usage d'écimer le sommet des sarments.
Nous nous élevons contre ce système, qui est pour nous
très défectueux ; pendant que la plante est en végétation,
on affaiblit le cep. Dans notre région du Sud-Ouest, on
appelle cela «moucher la vigne». La vigne est un grand
arbrisseau qui développe dans le sol ses racines à mesure
que la partie aérienne prend de l'extension. On arrête
subitement, par ce procédé, la végétation des racines. Cette
opération se fait sans intelligence ; on rogne à tort et à
travers les sarments les plus élevés ; après cette opération, un sarment de vigne ne doit pas dépasser l'autre ;
il faut que tous les pieds aient la même hauteur ; c'est
très régulier et très joli à l'œil. Mais qu'on abandonne
ce système et l'on s'apercevra, l'année suivante, que la
vigne est plus vigoureuse et le vin possèdera un degré
alcoolique plus élevé. Qu'on se contente donc d'épam-
prer et d'enlever en juin les bois gourmands qui épuisent
la vigne au détriment de la fructification. L'épamprage
doit se faire de bonne heure pour éviter la déperdition
de la sève et les lésions profondes : c'est une excellente
façon, et l'épamprage prépare admirablement la taille à
venir.

»Nous ne parlerons pas du pinçage, ni de l'incision
annulaire. Nous ne croyons pas ces opérations utiles ni
pratiques en grande culture.»

3° *Folletage.* — Le folletage ou apoplexie de la vigne
est un accident depuis longtemps observé dans nos vignobles, mais il est devenu plus fréquent depuis la
reconstitution des vignes par le greffage des plants français sur cépages américains.

On observe en effet, bien souvent, dans une vigne, pen-

dant la période des plus grandes chaleurs, soit après un
vent violent, soit à la suite d'une journée plus chaude,
que toutes les tiges d'une souche, ou seulement une
partie des pampres, se flétrissent rapidement au point
d'être complètement desséchés au bout de quelques heures. Aucune cause apparente ne peut être relevée pour
expliquer ce phénomène soudain; seulement, si on s'em-
presse de tailler les rameaux avant que les feuilles soient
complètement flétries, la souche repousse le plus souvent avec vigueur, tandis que si on laisse continuer ce
flétrissement jusqu'à la dessiccation des pampres, la souche est atteinte plus sérieusement et souvent elle meurt.

Ces accidents proviendraient du défaut d'équilibre
dans la végétation à la suite d'un écart notable entre
la proportion d'eau puisée par les racines dans le sol et
celle évaporée par la feuille.

C'est ainsi que M. Saint-André, ancien chef des travaux
chimiques à l'École d'agriculture de Montpellier, a écrit
à ce sujet :

« Le folletage de la vigne est une maladie produite
par la transpiration de la plante qui évapore plus d'eau
par les feuilles qu'il n'en arrive par la tige. Si, comme
cela arrive parfois dans les contrées méridionales, l'élévation de la température de l'air est rapide, elle provoque l'évaporation d'une plus grande quantité d'eau par
les organes foliacés et une diminution de la pousse des
racines, c'est-à-dire que l'absorption et l'évaporation de
l'eau marchent en sens inverse, et, si la température
continue d'augmenter, il arrive un moment où les racines cessent de maintenir à la surface des organes trans-
piratoires la couche d'eau indispensable à leur fonctionnement, à cet instant la quantité d'eau est notablement
inférieure à celle qu'elle est capable de transpirer dans
d'autres conditions. Si la température ne demeure pas
stationnaire, les cellules des feuilles perdent leur eau de
constitution et le cep présente tous les indices du folletage. »

Ces explications font comprendre comment on peut arrêter le mal en supprimant, dès le début de l'accident, par la taille, une portion des pampres et par suite une partie des feuilles, organes par lesquels se produit l'éva-poration de l'eau de la sève. .

Mais en se reportant à ce que j'ai dit dans le paragraphe précédent des effets que l'on peut obtenir par le poudrage abondant des pampres, on comprendra facilement comment des vignes traitées par des poudrages successifs, comme ceux que j'applique régulièrement sur mon vignoble chaque année, peuvent rendre ces cas de fol-letage moins fréquents, en diminuant la transpiration des parties vertes de la plante. Les poussières dans cette circonstance jouent le rôle modérateur qu'elles possèdent toutes, quelle que soit leur composition. Mais ici les poudres blanches sont préférables, tandis que, dans le cas de la chlorose ou celui de la coulure, ce seraient les poudres noires qui donneraient les meilleurs résultats.

En effet, toutes les poussières projetées sur les feuilles ont la propriété de modérer l'évaporation de l'eau des tissus, mais les poudres blanches, en diminuant le pou-voir absorbant et le pouvoir émissif des corps sur les-quels on les projette, ont une influence toute particulière sur la transpiration dont elles atténuent les effets. Le soufre fait exception parce qu'il s'échauffe considérable-ment par suite de son oxydation.

Je dirai, à ce sujet, qu'il résulte des expériences de laboratoire que le soufre exposé au soleil s'échauffe, par suite de son oxydation, jusqu'à 40°6, lorsque la tem-pérature de l'air est de 29°5 et que l'on arrive, en le noircissant par son mélange avec du charbon en poudre, à porter sa température à 54°.

Le rougeot peut être aussi cité à côté des accidents provoqués par une insolation ardente. Dans ce cas, la feuille prend une teinte rosée plus ou moins foncée, suivant la nature du cépage. Autrefois, le rougeot était

plus général que de nos jours. Peut-être le soufrage a-t-
il contribué à le rendre plus rare.

En tout cas, il faut signaler qu'à l'époque où cette maladie était plus fréquente et plus intensive, on recommandait le recepage, autrement dit l'étêtage des ceps
pour les sauver de la mort, qui était le résultat d'une
attaque complète de la souche.

4° *Echaudage, grillage, brûlures.* — Contrairement à
tous les autres accidents qui peuvent troubler la végétation de la vigne, on observe peut-être moins souvent
l'échaudage dans les nouveaux vignobles que dans les
anciens. C'est probablement parce que les vignes jeunes
présentent un système foliacé mieux développé, abritant
plus complètement les raisins contre les rayons solaires.
Peut-être aussi doit-on attribuer ce fait à ce que les
anciennes pratiques de relever les souches pour exposer directement les raisins au soleil sont abandonnées
de plus en plus, depuis que des expériences directes ont
démontré les inconvénients d'un pareil procédé. De son
temps déjà, Cazalis-Allut condamnait le relèvement des
souches en ces termes :

«Cette opération, outre qu'elle est coûteuse, offre des
inconvénients. Si on l'a fait trop tôt, on n'est pas à l'abri
d'un coup de soleil qui peut nuire aux raisins et donner
au vin un goût désagréable. Si on la fait trop tard, les
raisins qui ont mûri à l'ombre, ayant la peau très délicate, ne résistent pas aussi bien à de fortes pluies et encore moins à la plus petite grêle. Les Aramons ont surtout cette chance à redouter, et, en outre, comme ils ont
le pédoncule très cassant, beaucoup de raisins se détachent si on n'use pas de grandes précautions, lesquelles
augmentent de beaucoup les frais».

Comme l'indique avec précision M. Foëx : «L'échaudage
est le résultat de l'action très intense de la radiation solaire sur les raisins ; c'est surtout dans la région méditerranéenne et dans les mois de juillet et d'août que ce

phénomène est à redouter. Les raisins qui sont à découvert, et ceux surtout qui après avoir été longtemps à l'abri de l'action du soleil y sont subitement exposés, ont particulièrement à en souffrir».

L'Aramon est le cépage qui souffre le plus des effets de l'échaudage, parce que la grappe n'est pas ligneuse et que la queue, se flétrissant, entraîne la perte de tout le raisin.

D'après M. Viala:

«Lorsque les grains sont grillés à l'état vert, ils ternissent, se flétrissent et se sèchent: de même leurs pédicelles et la rafle. Mais, le plus souvent, les raisins ne sont échaudés qu'à l'époque de la véraison ou peu après, et surtout au soleil couchant. Le grain prend alors une teinte plus sombre, la peau paraît se boursoufler, la pulpe est plus consistante; puis la peau se ride, la coloration est rouge sombre et enfin rouge brun, ensuite il se dessèche. Les pédicelles se rident parfois avant que le grain ait commencé à s'altérer».

On recommande, lorsque le temps sec et la température élevée font redouter l'échaudage, de suspendre tout travail dans les vignes et d'éviter de les soufrer.

L'échaudage n'a pas seulement pour effet de diminuer la récolte, mais il a le grave inconvénient de nuire à la qualité des vins; mais, par l'égrappage, on débarrasse la vendange des raisins ainsi altérés.

Les effets d'une insolation trop intense se font sentir sur les feuilles, en altérant principalement leur pourtour, et en se manifestant aussi sur les autres parties par des taches d'un jaune sale ou brun clair.

Cet accident, appelé par M. Viala coup de soleil, brûlure ou grillage, serait, d'après ce savant professeur, très commun en Amérique. Il amène le desséchement d'une partie de la feuille, puis quelquefois le pétiole étant desséché, les feuilles se détachent des rameaux. Il est rare que cet accident détruise toutes les feuilles d'une souche, mais si une grande partie était atteinte,

la maturation du fruit en souffrirait, ainsi que la qualité du vin.

. Le grillage, souvent confondu avec le mildew, n'est dû
qu'à l'action trop vive du soleil. Les soufrages et les poudres oxydables peuvent contribuer à le rendre plus fréquent, mais les poudrages inoxydables, en s'interposant
entre les rayons solaires et la feuille, rendent ces brûlures plus rares ou moins graves.

Dans les traitements aux sels de cuivre, on a constaté
des effets semblables à ceux produits par l'action des
rayons solaires; mais, dans ce cas, le mal est produit par
l'effet corrosif du sel acide. C'est donc à tort que l'on
dit que dans ce cas la vigne est grillée, les tissus sont
détruits non par excès de calorique, mais par le trop
d'acidité de la dissolution cuprique.

Il me paraît pourtant utile de parler de ce genre d'accidents, que l'on désigne plus particulièrement comme
des brûlures.

Les solutions simples du sulfate de cuivre pur ont pu
être utilisées, quelquefois avec succès, jusqu'à 3 kil. de
sulfate par hectolitre d'eau, tandis qu'elles ont donné
lieu à de graves inconvénients avec des proportions
même très réduites.

Le président du Comice de Béziers en a donné la raison, les effets divergents proviennent du mode d'application de la solution. On ne brûle pas lorsque,
la pulvérisation étant parfaite, le liquide est uniformément réparti sur les tissus végétaux en gouttelettes
imperceptibles qui mouillent uniformément toutes les
parties de la souche. Toutes les fois, au contraire, que
de grosses gouttes, par suite d'une pulvérisation gros-
sière, pourront couler sur la feuille et se réunir en de
petits amas liquides dans les creux, la solution se con-
centrant par évaporation, sa corrosivité augmentera au
point d'attaquer les tissus. L'influence de la masse intervient toujours pour aggraver le mal ; on sait, par exemple, que les pointes de feu ne font qu'irriter l'épiderme

du malade, tandis qu'une tige rougie détruit les chairs avec d'autant plus d'énergie que son diamètre augmente.

Je partage donc l'opinion de M. Giret et je conseillerai, pour éviter les brûlures, l'emploi des appareils à grand travail, qui répandent uniformément les solutions sans superposition, puisque leur marche est régulière, et pulvérisent plus finement par suite de la pression continue sous laquelle le liquide est projeté.

Sans m'attarder davantage sur les solutions simples, puisque leurs effets divergents ont été déjà étudiés, je vais examiner comment on explique les accidents observés avec les bouillies.

On sait qu'une très faible proportion de chaux suffirait pour neutraliser le sulfate de cuivre si les produits mis en présence étaient purs. Malheureusement, il n'en est rien, le sulfate de cuivre contient quelquefois non seulement d'autres sulfates, mais aussi de l'acide sulfurique libre ; la chaux est souillée par des impuretés de tout ordre : aussi, pratiquement, on en emploie 1 kil. pour 2 kil. de sulfate de cuivre et, quelquefois, beaucoup plus.

Malgré l'exagération de la proportion de chaux et des précautions que l'on prend pour vérifier si la bouillie est neutre, on brûle quelquefois la vigne et l'on rejette sur la qualité de la chaux la cause de l'accident. Si la bouillie est préparée pour être acide, on brûle lorsqu'on en emploie une grande quantité, car la partie soluble peut s'accumuler dans le creux des feuilles en donnant lieu aux mêmes inconvénients que la solution simple de sulfate de cuivre.

Telles sont les explications générales que l'on donne des accidents provenant des bouillies, mais tous les viticulteurs ne s'en contenteront pas, car souvent ils ont constaté des brûlures imprévues et très graves, malgré toutes les précautions prises pour les éviter.

Évidemment, un élément étranger intervient dans ce cas et on ne peut expliquer son influence subite qu'en admettant qu'il ne soit pas réparti uniformément dans

les matières employées, car, sans cela, les effets corrosifs se généraliseraient au lieu de se manifester ou disparaître inopinément.

On a parlé de l'acide sulfurique libre, mais la chaux
neutralisera cet acide libre avant de décomposer le sulfate de cuivre.

La chaux, lorsqu'on l'achète en pierres, peut varier
beaucoup de composition, et on sait très bien que les
impuretés qu'elle renferme en diminuent l'alcalinité,
mais on en emploie généralement un tel excès qu'il est
difficile d'expliquer par ce défaut d'alcalinité les accidents graves et imprévus dont je viens de parler.

Je crois pouvoir donner une explication plus satisfai-
sante de ces brûlures ; j'ai en effet remarqué que toutes
les fois que la chaux renfermait des rognons de phosphates, la bouillie qui en résultait devenait beaucoup
plus dangereuse pour les vignes.

On sait que l'acide phosphorique ou ses combinaisons
acides ont une action corrosive intense, et lorsque exceptionnellement un rognon de phosphate dissimulé par la
chaux est introduit dans la solution de sulfate de cuivre,
il se produit une réaction donnant lieu à la production
de phosphates acides, beaucoup plus corrosifs que le sel
de cuivre en dissolution.

J'aurais à citer plusieurs accidents provenant de
ce que j'avais préparé des poudres contenant une proportion notable de phosphates acides. Dernièrement
encore, j'ai constaté que quelques souches sur lesquelles mes ouvriers avaient secoué des sacs ayant
contenu du plâtre phosphaté avaient été complètement
abîmées. Certes le plâtre n'est pas corrosif et cet accident très grave ne pouvait provenir que de l'acide phosphorique et des phosphates acides qui entrent pour
4 o/o dans le plâtre phosphaté.

Il en est de même pour les bouillies, elles brûleront
inopinément toutes les fois qu'accidentellement on y
aura introduit une faible proportion de phosphate.

Pour les poudres contenant du sulfate de cuivre libre, il faut, comme on le sait, n'employer que des mélanges renfermant 5 o/o de ce sel au début, pour en augmenter la proportion lorsque les feuilles deviennent adultes. En juillet, par exemple, on emploie sans inconvénients des poudres à 10 o/o qui sûrement brûleraient la vigne en mai.

Pour ne pas brûler, même avec les premières applications à 5 o/o, on doit, en outre, régler et modérer l'épandage du mélange. Comme pour les solutions, pour éviter les accidents, il faut distribuer uniformément les poudres sans en couvrir les feuilles à l'excès. Dans les premiers traitements, il convient de ne pas répandre plus de 40 kil. de matière par hectare et il faut en outre prendre des soins pour couvrir les feuilles d'un nuage de poussière, au lieu d'appliquer la poudre en paquets.

CHAPITRE X

MALADIES PARASITAIRES DE LA VIGNE

1° *Anthracnose.* — La première maladie de la vigne à
examiner, d'après son ordre chronologique, est le charbon, dont les effets funestes ont été observés depuis les
époques les plus reculées, puisqu'on cherche à en trouver la trace dans les récits des auteurs latins. Plus peut-
être que les autres maladies parasitaires, le charbon de la
vigne donne lieu à une dépression de la végétation des ceps
qui se répercute défavorablement sur les récoltes ulté-
rieures, et on doit se préoccuper d'en entraver l'extension par des traitements spéciaux aussi régulièrement
appliqués que ceux que l'on prescrit pour combattre les
autres parasites de la vigne.

Cette maladie particulière est due à un champignon
parasite, le *Sphaceloma ampelinum*; elle a été étudiée,
pour la première fois, avec soin, par Esprit Fabre,
d'Agde, et Dunal, professeur à Montpellier.

C'est Esprit Fabre qui a donné à cette maladie le nom d'anthracnose pour la distinguer plus particulièrement du charbon des céréales. Je suis heureux de rappeler les travaux de l'un de mes compatriotes, dont le souvenir est aujourd'hui oublié dans sa ville natale.

E. Fabre et Dunal ont étudié surtout deux variétés de la maladie ; l'anthracnose maculée et l'anthracnose ponctuée. J.-E. Planchon a depuis distingué l'anthracnose déformante. Ce parasite affectait particulièrement autrefois certains cépages ; la Carignane et la Clairette en étaient souvent si fortement attaquées qu'elles en perdaient toutes leurs récoltes. On citait même des cas de vignobles ayant succombé sous les attaques de l'anthracnose maculée, mais ces accidents étaient, pour ainsi dire, localisés. Depuis la plantation des plants américains, cette maladie a changé de caractère, car elle s'est généralisée sous toutes ses formes, en perdant, il est vrai, de son acuité. J'ai observé l'anthracnose surtout sous la forme ponctuée dans toutes mes vignes et sur toutes les espèces ; mais, grâce à des soins culturaux bien ordonnés et à des traitements bien compris, les nouvelles plantations végètent sans trop souffrir de ce parasite, dont on ne parvient jamais à les débarrasser complètement.

Cette maladie semble attaquer plus particulièrement tous les ceps affaiblis par les diverses perturbations de la végétation, ainsi elle accompagne souvent la chlorose et le court-noué.

Les effets de l'anthracnose sont plus à redouter lorsque la maladie sévit avant la floraison, car elle contribue alors à la coulure du raisin. Plus tard, la vigne résiste mieux, mais la végétation est quelquefois entravée par ce parasite.

Dans un simple opuscule, comme celui que j'écris, il serait tout à fait oiseux d'étudier le champignon qui est la cause du mal, et je renvoie pour la description de ce parasite aux auteurs compétents et spécialement au *Traité des maladies de la vigne* par M. Viala.

On doit retenir, de ces études, que l'anthracnose s'attaque non seulement aux tiges et aux feuilles et, par suite, devient un obstacle à la bonne maturation et au développement normal du fruit, mais qu'elle peut atteindre les pédoncules, les pédicelles, la rafle du raisin, ce qui détermine le dessèchement ou la chute d'une partie et quelquefois de toute la grappe.

Généralement, dans les plantations nouvelles greffées en Aramon, elle ne se manifeste que par une dépression de la récolte comme quantité et qualité. C'est un mal pouvant avoir une grande influence sur la durée de ces nouveaux vignobles, aussi faut-il sérieusement se préoccuper d'en modérer la propagation si on ne parvient pas à s'en débarrasser complètement.

L'humidité, surtout celle qui provient des brouillards, est une des causes les plus favorables aux attaques de cette maladie. Je signalerai particulièrement les brumes des côtes de la mer comme ayant quelquefois des effets foudroyants; au mois d'août 1892, toutes les vignes de Vias, situées entre la route nationale d'Agde à Béziers et la mer, eurent leur récolte détruite à la suite d'un brouillard épais ; et, fait curieux, les arbres plantés sur la route du côté de la mer eurent leurs feuilles brûlées, tandis que les arbres de l'autre côté de cette voie furent préservés de cet accident. L'anthracnose se développa rapidement à la suite de ce brouillard qui avait déjà altéré les feuilles de la vigne par le dépôt de matières salines.

On défend un vignoble contre l'anthracnose de deux manières. On peut agir préventivement en hiver par des badigeonnages acides, opérés avec 50 kilos sulfate de fer dissous dans 100 litres d'eau. Ce mode de traitement a été particulièrement préconisé par mon collègue M. E. Petit, de la Gironde, qui, non seulement, l'a vulgarisé en publiant le résultat de ses études sur l'anthracnose, mais a, de plus, signalé son influence pour prévenir l'invasion des ceps par la chlorose. On a aussi proposé contre l'anthracnose l'application sur le bois de la vigne, pendant

l'hiver, d'une dissolution de 10 kilos acide sulfurique dans
1 hectolitre d'eau. Il ne faut pas oublier que pour éviter
les projections, on doit verser petit à petit l'acide sulfurique dans l'eau et bien se garder de faire le contraire.
On applique ces badigeonnages avec un pinceau ou une
brosse; mais, dernièrement, on a proposé, pour les solutions simples d'acide sulfurique, l'emploi d'un pulvérisateur à récipient en verre pouvant résister aux effets
corrosifs des matières dont on asperge les troncs.

Chez moi, ces traitements sont faits au printemps, un
peu avant le réveil de la végétation, sur les parcelles dans
lesquelles j'ai observé les plus fortes attaques d'anthracnose ; mais réunissant les deux agents, j'emploie, avec
100 litres d'eau, 50 kilos sulfate de fer et 2 kilos acide
sulfurique. On doit badigeonner tous les coursons avec
soin, car c'est sur le bois jeune que la maladie est localisée. Il est inutile de traiter le tronc de la souche, à
moins que l'on ne veuille détruire les larves d'insectes.
Dans le reste de mon vignoble, je me contente de faire
deux traitements, dits curatifs, au soufre composé
Bringuier, dont la préparation est tenue secrète, mais
qui selon moi doit son effet spécifique à la chaux caustique qui entre dans sa composition.

En avril, dès que les bourgeons ont atteint quelques
centimètres de longueur, je fais un traitement général
avec cette poudre, huit jours après je réitère cette application sur celles de mes vignes que je juge plus particulièrement atteintes par la maladie, et si je ne détruis
pas complètement le mal, j'en arrête assez les progrès,
pour qu'il ne nuise pas à la qualité et à la quantité de
ma récolte. Ces traitements me reviennent en tout et en
moyenne à 20 fr. par hectare. Ils ne dispensent pas de
pratiquer les procédés particuliers de défense contre
les autres maladies cryptogamiques dont j'aurai à parler.

Le soufre composé Bringuier est cher, il se vend 15 fr.
par 100 kilos; on a cherché à le remplacer par d'autres
substances, soufre, sulfostéatite, chaux, ciment, poudre

sulfatée, fungivore, mais si l'on obtient ainsi quelquefois une économie sur la matière, je doute que les effets constatés sur l'anthracnose soient aussi bons, à moins qu'on ne multiplie l'application de ces poussières moins actives.

Mon distingué collègue, le Dr Despetis, a déclaré bien souvent que cette poudre avait un effet à la fois préventif et curatif, ce qui me dispense d'insister davantage sur les résultats que j'ai obtenus en enrayant chez moi les progrès de ce parasite.

Il faut aussi se préoccuper, pour combattre l'anthracnose, des moyens culturaux. En parlant de la plantation des vignes, j'ai déjà signalé que l'aération du vignoble était une des conditions favorables pour éviter toutes les maladies cryptogamiques. Le drainage et le pierraillement des terres pour les assainir sont aussi à recommander. J'ai aussi dénoncé les mauvais effets des fumures azotées. M. Viala parle de cette influence sans y ajouter la même importance : « On a même observé que les fumures fortement azotées, qui déterminent un accroissement rapide des organes, préparent en quelque sorte un champ plus favorable au développement du champignon ».

Je suis personnellement persuadé en outre que la propagation des maladies parasitaires est facilitée dans les vignes où, par suite du développement de la végétation aérienne, l'humidité persiste plus longtemps au-dessous d'un matelas de feuilles, conséquence de la fumure azotée trop abondante. M. Marès a signalé dans le temps que les engrais aggravent l'état des Clairettes qui sont atteintes par l'anthracnose.

Enfin, une bonne pratique consiste, pendant l'été, à faire supprimer par la taille tous les coursons qui ayant échappé au traitement présentent des cas graves d'anthracnose. Cette opération radicale me paraît nécessaire pour diminuer les chances de l'extension de la maladie, l'année suivante. Le badigeonnage du Dr Ras-

siguier arrive au même résultat en détruisant les coursons altérés par l'anthracnose et par suite mal aoûtés.

2° *Oïdium*. — Les désastres causés par l'oïdium, dans
la région méridionale, correspondent à la période comprise entre 1851 et 1857. C'est en 1852 seulement que la
maladie, déjà grave à Montpellier, s'étendit dans tout
l'arrondissement de Béziers. L'année 1856 est peut-être
celle dont la récolte fut le plus gravement compromise
par l'oïdium, dont l'invasion était alors plus rapide et
plus intensive que depuis que l'on est parvenu à en arrêter les progrès par des traitements appliqués aujour-
d'hui régulièrement dans les vignobles.

La maladie, on le sait, se développe sur toutes les
parties vertes de la souche, mais elle attaque principalement le grain qui se gerce et s'ouvre en mettant les pépins à découvert; par suite, une portion du jus s'écoule
et le raisin se dessèche si on n'arrête pas les progrès du
mal.

Dès le début de la maladie, des études scientifiques,
parmi lesquelles on doit citer surtout les recherches
de M. H. Marès, déterminèrent exactement la cause du
mal, en réfutant l'opinion de quelques praticiens distingués qui attribuaient ce désastre à des insectes ou à la
dégénérescence de l'arbuste.

La cryptogame, découverte sur la vigne malade, reçut
d'abord le nom d'*Oïdium Tuckeri*, mais aujourd'hui une
nouvelle désignation plus exacte (*Erysiphe Tuckeri*) a été
substituée à la première sans qu'on ait pu la faire adopter par les praticiens. Vulgairement, l'oïdium est appelé
la *maladie de la vigne* parce qu'il est le plus ancien des
fléaux qui ont successivement atteint notre vignoble.
Son influence sur l'avenir économique de notre pays a été
considérable, car c'est à cette époque que la distillerie
industrielle des betteraves a pris son essor pour se
substituer aux 3/6 de vin. Chacun des désastres de la
vigne a fait surgir des concurrences nouvelles pour ses

produits ; on sait, en effet, que c'est depuis le phylloxera que la fabrication des boissons industrielles a été
organisée en grand.

Aujourd'hui, on a appris à se préserver des atteintes
de l'oïdium, mais il est juste de rappeler non seulement les travaux décisifs de M. H. Marès, mais aussi le
nom de tous ceux qui ont contribué à sauver le vignoble de la terrible maladie qui menaçait de le rendre improductif.

Tous les vignerons savent que c'est le soufre en poudre
qui constitue le remède le plus puissant pour désorga-
niser ce parasite végétal, mais on ignore généralement
l'importance des études et des expériences nombreuses
qui ont dû être faites alors pour répondre aux critiques
et détruire les préventions dont le procédé fut l'objet ;
on s'en rendra compte en lisant les Bulletins de la Société centrale d'agriculture de l'Hérault, le rapport de la
Chambre d'agriculture de l'arrondissement de Béziers,
le rapport de M. Barral à la Société d'encouragement
pour l'industrie nationale.

En résumant rapidement tous ces faits, je démontrerai,
une fois de plus, qu'au milieu des plus grandes difficultés, le vigneron ne doit jamais désespérer et que l'on
trouve toujours des viticulteurs assez persévérants et
assez instruits pour surmonter tous les obstacles de la
nature.

M. Kyle, jardinier à Leyton, paraît être le premier qui
ait essayé le soufre contre l'oïdium, mais c'est le savant
botaniste Duchartre, de Portiragnes, qui, dans les serres
du potager de Versailles, le 25 juin 1850, fit exécuter des
expériences qui démontrèrent les propriétés efficaces de
cette substance. M. Gontier, horticulteur à Montrouge,
imagina un soufflet avec lequel, en 1850, il projetait la
poussière de soufre sur des feuilles préalablement
mouillées; enfin à Thomery, en 1853, Rose Charmeux
employa avec succès le soufre sec en poudre sur des
treilles de Chasselas.

Ces expériences firent l'objet, en 1854, d'un rapport de M. Rendu, inspecteur général de l'agriculture.

Pendant ce temps, dans l'Hérault, les viticulteurs ne restaient pas inactifs et le soufre était essayé en petit un peu partout, en donnant lieu, le plus souvent, à des insuccès qui en retardèrent l'application générale. Ces échecs étaient dus à l'ignorance des conditions qui devaient régler l'application du remède. Aussi, à cette époque, sans nier complètement une action efficace du soufre, on estimait que le procédé n'était pas applicable en grande culture, et, suivant les indications de M. Cauvy, professeur à l'Ecole de Pharmacie de Montpellier, on s'attachait plus particulièrement à trouver un moyen de détruire les germes de l'oïdium pendant l'hiver, en traitant les souches après la taille.

Pendant que de tous côtés on cherchait un moyen pratique de préserver les grands vignobles de l'oïdium, sur les confins des départements de l'Aude et de l'Hérault, M. Frédéric Laforgue, avec une énergie rare et une persévérance remarquable, appliqua, dès 1852, des traitements au soufre sur les premières vignes oïdiées de son domaine de Quarante. Ayant reconnu les bons effets de la méthode, M. Laforgue persévéra dès lors en étendant, en 1853, le soufrage sur 72 hectares, et cet habile viticulteur ne recula ni devant aucune difficulté, ni devant aucune dépense pour sauver sa récolte ; il se servait, pour distribuer cette poudre, d'une boîte en fer-blanc de son invention tamisant le soufre, que l'on a, depuis, généralement adoptée pour le premier saupoudrage, sous le nom

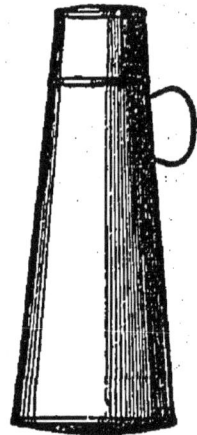

Fig. 82. — Soufrette ordinaire.

de soufrette. Constamment avec ses ouvriers, il surveillait et dirigeait toutes les opérations, rien ne lui échappait. Il remarqua bien vite que les vignes soufrées tardivement, après l'apparition de la maladie, ne pouvaient, malgré des saupoudrages répétés, être débarrassées du mal qui les dévorait ; tandis que celles qui avaient reçu le premier traitement avant toute apparition étaient préservées des ravages de l'oïdium, d'où l'obligation d'opérer une première fois, avant l'apparence de tout mal, si l'on voulait sauver la récolte. La méthode préventive et rationnelle était trouvée.

Dans son rapport, M. Barral donne les détails de ces traitements : « M. Laforgue a droit aussi à une mention tout à fait spéciale pour avoir pratiqué en grand le soufrage dans l'arrondissement de Béziers à dater de 1852. M. Laforgue conseille de se hâter dans l'application du remède ; selon lui, il faut commencer le 20 mai en répandant le soufre sur les cépages les plus précoces et en finissant par les plus tardifs, on opère un second soufrage à l'époque de la floraison et un troisième en juillet. »

Les préjugés contre le soufrage étaient tels que, malgré le succès de M. Laforgue, son usage ne se répandit que lentement. Ces résistances des vignerons étaient entretenues par les échecs de quelques expérimentateurs qui, voulant économiser du soufre, attendaient trop tard pour appliquer la précieuse poudre. Croyant bien faire, ils criaient bien haut : « Ne soufrez pas, cela ne vaut rien ; j'ai soufré, et ma récolte est quand même perdue. » Tous ces insuccès étaient dus à une mauvaise application du remède, qu'il aurait fallu répandre avant l'invasion de la maladie, ou tout au moins avant qu'elle eût atteint la phase virulente qui en rend la guérison plus difficile.

L'année 1854 devait pourtant donner lieu à plusieurs applications importantes du soufrage et, en outre de M. Laforgue qui traitait tout son vignoble, on peut citer, comme ayant alors préservé une partie de leurs vignes de l'oïdium : MM. Bouscaren, à Gigean ; Léon Marès, à Saint-Gély-du-Fesq ; Audouard, à Marseillan.

C'est aussi en 1854 que M. H. Marès, qui dès le début de la maladie s'était livré à des études comparatives rigoureuses de tous les procédés proposés contre l'oïdium, soufra avec succès une grande partie de son domaine de Launac.

A la suite de la réussite de cette application en grand, M. H. Marès publia, en 1855, son premier mémoire sur l'emploi du soufre, ses effets et le traitement des vignes malades : ce travail remarquable eut un grand retentissement dans tous les pays de vignobles. M. Marès démontra pour la première fois l'action curative du soufre, en expliquant clairement comment il désorganisait le parasite. A partir de ce moment, M. H. Marès, avec une persévérance et un zèle que rien ne put arrêter, se consacra à détruire toutes les objections que l'on pouvait faire contre le soufrage, qu'il déclarait être la plus précieuse des conquêtes dont les vignerons pouvaient s'enorgueillir.

En 1855, pourtant, malgré le succès de plus en plus évident de la méthode, les effets curatifs du soufre étaient encore contestés par plusieurs praticiens éminents, et l'un des délégués commis par le Préfet de l'Hérault pour contrôler la guérison des vignes de Launac se sépara de ses collègues pour rédiger un rapport défavorable dans lequel il attribuait l'état satisfaisant du vignoble de M. H. Marès non au soufre, mais à des procédés perfectionnés de culture. Le délégué du Préfet allait même jusqu'à rappeler l'insuccès de ses propres essais et il raillait les propagateurs du soufrage en reproduisant les déclarations d'un régisseur qui, en répandant le soufre pour obéir aux ordres du propriétaire, déclarait que ce corps agissait contre l'oïdium comme *un cautère sur une jambe de bois*.

Les viticulteurs, convaincus de l'efficacité du soufre, avaient à lutter alors contre les préjugés du personnel qu'ils occupaient, et M. H. Marès, en parlant de tous les propriétaires intelligents qui avaient préservé leurs vignes du désastre, écrivait à la même époque :

«J'ai pu m'assurer que les soufrages avaient été bien faits sous les yeux des propriétaires eux-mêmes et qu'ils n'avaient pas été abandonnés, comme on l'a vu souvent, aux mains d'agents ruraux, qui se moquaient les premiers de ce qu'ils appelaient les fantaisies de leurs maîtres. J'ai eu l'occasion de voir, la même année, plusieurs soufrages dont l'insuccès a toujours été la conséquence du retard apporté à l'opération ou de l'incurie avec laquelle on l'a pratiquée.»

Pour détruire toutes ces préventions, M. H. Marès publia d'autres mémoires complétant ses premières études, et il parvint à expliquer si clairement tous les bons effets que l'on pouvait obtenir par le soufrage méthodique pour combattre l'oïdium et stimuler la végétation de la vigne qu'à partir de ce moment toutes les oppositions cessèrent et que la pratique du soufrage se répandit dans le vignoble méridional.

M. Barral, dans son rapport lu le 3 juin 1857 à la Société d'encouragement à l'industrie nationale, en rappelant les travaux de M. H. Marès, disait avec raison que : « Si des expériences nouvelles, parfaitement entendues, dirigées avec persévérance et sagacité, n'étaient pas venues faire disparaître tous les doutes, réfuter toutes les objections, on eût vu, longtemps encore, des vignes arrachées, des vignobles incultes, et les vignerons abandonnés au désespoir ou à de vaines tentatives empiriques. »

C'est aussi grâce à M. H. Marès que les résultats acquis dans l'Hérault ont été acceptés par tous les pays viticoles, et les études classiques de l'éminent secrétaire perpétuel de la Société centrale d'agriculture de l'Hérault sont restées comme un modèle que tous les expérimentateurs ont cherché à imiter.

Les mémoires de M. H. Marès, lorsqu'on les lit avec attention, constituent, même indépendamment du sujet

qu'il traite, la révélation d'une nouvelle science : la viticulture rationnelle expérimentale venant éclairer l'ancien empirisme des praticiens, et on peut dire que ses
publications ont vulgarisé une méthode pour laquelle les
vignerons éprouvaient une prévention invincible.

Aujourd'hui, on soufre régulièrement la vigne tous les
ans, et un propriétaire besogneux préfèrerait économiser sur les achats d'engrais, plutôt que de renoncer au
soufrage de son vignoble.

Indépendamment du traitement qui guérit le mal, il
y a lieu de signaler les conditions culturales qui sont favorables ou contraires à la propagation de l'oïdium. On
sait que cette maladie peut attaquer la vigne dans toutes
les périodes de sa végétation et qu'elle sévit avec intensité dans les années chaudes et humides. La cryptogame
commence à se développer dès que la température
moyenne atteint 12°, sa vitalité est au maximum lorsque,
la température moyenne étant de 20°, l'air est humide,
mais l'excès de chaleur lui est défavorable et elle périt
à 40°.

Les engrais azotés à l'excès favorisent le développement de la cryptogame ; dès le début de l'invasion, Esprit Fabre avait signalé ce fait. D'après cet observateur
distingué, les jeunes feuilles, plus tendres, sont attaquées
de préférence ; les feuilles de la base, les plus anciennes
et les plus rapprochées du sol, résistent mieux à la maladie. On sait que les jeunes feuilles sont plus riches en
matière azotée que les feuilles adultes.

Cazalis-Allut a aussi signalé que les vignes fumées
étaient plus fortement attaquées par l'oïdium que celles
qui n'avaient pas reçu d'engrais. M. H. Marès recommande de soufrer avec plus de soin les vignes qui ont
été fumées.

En outre de l'influence directe de l'envahissement plus
complet des feuilles dont la richesse en azote est accrue,
il résulte des fortes fumures une végétation exagérée
rendant difficile l'aération des ceps qui se trouvent au

milieu d'une atmosphère humide et chaude favorable au développement de toutes les cryptogames. Les tissus d'une vigne exubérante de végétation se laissent d'ail-

Fig. 83.— Soufflet ordinaire de l'Hérault.

leurs mieux pénétrer par toutes les végétations crypto-gamiques qui trouvent alors dans les feuilles un champ bien préparé pour leur développement.

On emploie le soufre en poudre, soit trituré, soit su-

Fig. 84.—Soufflet de Lavergne.

blimé. D'après Chancel, qui a étudié particulièrement les poudres de soufre et a indiqué les méthodes pratiques pour en vérifier la nature : « Le soufre trituré ne res-

Fig. 85.—Soufflet régulateur de M. Malbec.

semble pas plus aux fleurs de soufre que la glace fine-ment pulvérisée ne ressemble à la neige. »

Le trituré est moins cher d'achat, mais on en con-somme davantage pour chaque opération ; le soufre su-blimé peut être répandu en poussière plus fine sur les ceps, par suite de son état floconneux, il est plus adhé-

rent, et, d'après M. H. Marès, il contient une petite proportion d'acide sulfurique qui le rend plus actif. On
choisit, pour répandre le soufre, une journée calme et
chaude. Pour les premières opérations, on répand le
soufre avec un sablier : le plus en usage est encore l'ancienne soufrette ; mais lorsque la vigne est plus avancée
dans sa végétation, on emploie de préférence le soufflet.

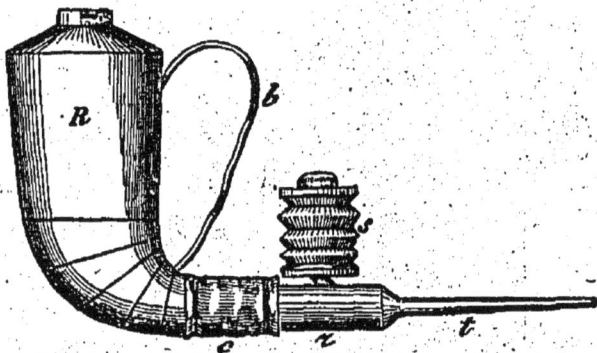

Fig. 86.— Hotte à soufrer.

On a proposé beaucoup de modèles pour ces appareils :
le plus pratique est le soufflet le plus simple imaginé par
M. Vergnes. Il est inutile de décrire ces outils, qui sont
d'un usage commun.

Dernièrement, M. Vermorel a construit un appareil
appelé *la Torpille*, que l'on peut substituer avec avantage
aux soufflets. Non seulement la poudre est bien dissé-
minée en nuage dans toutes les parties de la souche et
pénètre mieux dans l'intérieur des grappes, mais la
main-d'œuvre est économisée par suite de la quantité
de soufre dont on charge l'appareil, ce qui diminue les
pertes de temps inévitables avec les soufflets ou les sa-
bliers, l'ouvrier étant obligé de suspendre trop souvent
son travail pour aller s'approvisionner de matière

Aussi, avec les anciens appareils, il est bon de munir
chaque ouvrier d'une giberne pleine de soufre, pour
éviter autant que possible les arrêts trop fréquents. D'autres constructeurs vendent des appareils à soufrer à grand

travail ; je citerai les modèles de M. Rollet, ceux de la
Société industrielle et agricole d'Albret, à Nérac.

Dans les dernières opérations, on peut sans inconvé-

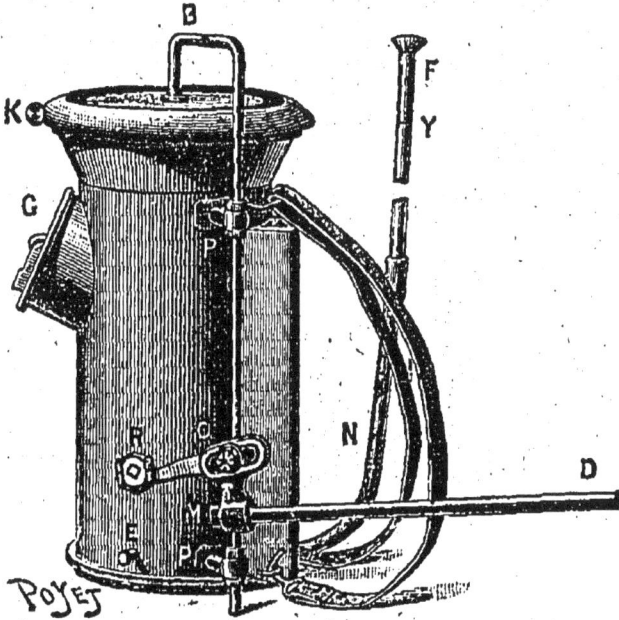

Fig. 87. — *Torpille* de M. Vermorel.

nient mélanger le soufre moitié par moitié avec du plâtre pour économiser de la matière, et on évite ainsi de
griller les raisins, ce que l'on observe quelquefois lorsqu'on répand le soufre par un temps trop chaud.

Comme je l'indiquerai bientôt, dans mon vignoble je
combine les traitements contre l'oïdium avec ceux destinés à combattre le mildew, en mélangeant le soufre
aux poudres cupriques que j'emploie de préférence.

Peu importe, selon moi, la quantité partielle de matière
que l'on répand ainsi par chaque opération, si par des
traitements plus fréquents on arrive à employer les
100 kil. de soufre reconnus comme suffisants pour préserver les vignes de l'oïdium et stimuler leur végétation.
Dans ma pratique, je vais même au delà de cette proportion de soufre en multipliant les applications d'une
poudre mixte.

Le prix de revient du soufrage varie d'année en année suivant les cours de la matière première, que l'on a vu atteindre 70 fr. par 100 kilos, pour descendre à 14 fr. pour les soufres sublimés. La main-d'œuvre, par opération, peut être estimée en moyenne à 2 fr. par hectare.

Le soufrage est entré aujourd'hui dans la pratique générale de la culture de la vigne méridionale ; qu'il y ait ou qu'il n'y ait pas d'oïdium, on soufre trois fois la vigne, en mai, juin, juillet, en prenant soin de faire concorder la deuxième opération avec la floraison de la vigne. Si, malgré ces trois soufrages, l'oïdium attaque accidentellement une partie du vignoble, on répète sur les points atteints les traitements jusqu'au moment où la maladie est guérie.

Il faut couvrir de poussière toutes les parties vertes de la souche, feuilles, fruits, sarments, et ne jamais attendre que le parasite se soit tellement développé sur la vigne que la guérison en soit devenue difficile.

Lorsqu'une vigne a été envahie sérieusement par l'oïdium, il faudra en mieux soigner la culture. Dès le début de ses études, M. Marès écrivait :

«L'oïdium trouble profondément la végétation des ceps, il faut la ranimer par la culture et le soufre tout en désorganisant le parasite... Il vaut mieux donner les soufrages trop tôt que trop tard. Quand l'oïdium est fortement établi sur les ceps, il est difficile de les débarrasser complètement, il faut alors des soufrages plus nombreux et plus énergiques, tandis qu'au début le soufre désorganise la jeune cryptogame avec la plus grande facilité. La multiplicité des soufrages ne présente d'ailleurs aucun inconvénient tant que les fortes chaleurs ne se font pas sentir.»

L'influence du soufrage sur la viticulture méridionale a été considérable, et je crois utile de reproduire le résumé que donne M. Marès de tous les avantages que l'on retire de cette pratique :

«De toutes les innovations apportées à la culture de

la vigne, l'emploi méthodique et périodique du soufre en poudre, soit pour combattre les invasions parasites de l'oïdium, soit pour agir sur la fructification et la végétation des ceps, est la plus considérable qu'on ait encore imaginée et fait accepter par la pratique. Son influence sur la production des vignobles est décisive. Jusqu'à présent elle a eu pour résultat une augmentation considérable de produits. Combinée avec une bonne culture et l'usage des engrais, les rendements de la vigne sont devenus à la fois plus réguliers et plus abondants. La végétation des vignes est plus brillante, leur fructification est moins exposée aux ravages de la coulure.

»Le soufre active la maturation des raisins d'une manière très remarquable. Ainsi, depuis que le soufrage est adopté dans l'Hérault, les vendanges sont devenues beaucoup plus précoces. Antérieurement, elles ne commençaient guère que du 20 au 25 septembre ; elles ont lieu, depuis, du 1ᵉʳ au 12 du même mois.

»D'après nos observations, le soufrage avance de dix jours environ la maturité du raisin. C'est un avantage inappréciable à tous les points de vue, car non seulement il assure plus tôt les résultats du travail de toute l'année, mais il contribue à améliorer la qualité du vin; il perfectionne le raisin sous le rapport de sa couleur et de son développement ; aussi le vin des vignes soufrées, dans le Midi, est-il relativement meilleur et plus coloré.

»Le soufre exerce une certaine action sur les insectes dont les vignes sont attaquées ; cependant elle n'est point assez forte pour les détruire ou pour les éloigner tout à fait. Ainsi il n'a empêché les invasions ni du gribouri, ni de l'attelabe, ni de l'altise ; mais il peut détruire un grand nombre de ces dernières au mois de juin, à l'époque où naissent les larves sur le revers des feuilles. Quand celles-ci sont poudrées de soufre et exposées au soleil, elles meurent.

»Les avantages de l'emploi du soufre sont tels que son usage dans les vignobles persistera, indépendamment de

l'oïdium, partout où il aura été suffisamment étudié.
Nous sommes persuadé qu'il sera un des moyens qui,
dans l'avenir, contribueront le plus à faire étendre la
culture de la vigne.

»On peut le considérer pour les vignes comme un engrais, ou plutôt comme un amendement d'un ordre particulier. Partout où il existe des vignes, on ne saurait
trop recommander d'essayer, dans l'intérêt de leur culture, l'emploi du soufrage méthodique.

»Si nous devons en juger par ce qui se passe dans les
vignobles du Midi, l'apparition de l'oïdium, qui a causé
de si vives alarmes à la viticulture, aura été, en définitive, par l'acquisition du soufrage, l'occasion du progrès
le plus considérable qu'elle ait fait depuis bien longtemps,
et au lieu de la ruiner, comme on le craignait, l'oïdium
sera devenu pour elle une cause de prospérité et de per-
fectionnement.»

3° *Mildew*. — Le mildew est encore une nouvelle calamité qui est venue fondre sur nos vignes à la suite de
l'importation des cépages américains. On peut, en effet,
avancer que, sauf l'anthracnose qui a été observée de tout
temps en Europe, toutes les autres maladies parasitaires
sont d'origine exotique. La cryptogame qui est la cause
du nouveau mal est le *Peronospora viticola*. Comme pour
les autres parasites végétaux de la vigne, on trouve l'étude
complète de cette cryptogame dans les ouvrages de M.
Viala.

Je me contenterai de rappeler que la maladie agit sur
les feuilles, sur les rameaux et sur les fruits. Lorsque le
progrès du mildew n'est pas arrêté, les feuilles se détachent et le raisin ne mûrit pas et donne un vin de mauvaise qualité ; lorsque la grappe est atteinte, le mal
devient plus grave encore et la récolte peut être entièrement perdue. Heureusement que le remède contre
cette maladie est connu ; avec les sels de cuivre appli-

qués à temps et en quantité suffisante, on est sûr d'en enrayer les progrès.

Le mildew se développe lorsque certaines conditions favorables se rencontrent, il faut à ce parasite que le milieu de sa propagation soit assez humide et assez chaud ; le froid et les temps secs lui sont contraires. C'est ainsi que dans la région méditerranéenne, le vent du nord, lorsqu'il règne, arrête sûrement les progrès de la maladie ; c'est pour cela qu'il est utile d'aérer la vigne si elle est trop fourrée pour l'assainir, et une bonne pratique en usage chez moi est de ménager des chemins dans les grandes pièces pour permettre à l'air de circuler plus facilement. A Saint-Adrien, dans presque toutes mes terres, les voies de circulation sont assez rapprochées l'une de l'autre pour obtenir facilement ce résultat ; dans d'autres pièces greffées en Aramon, je fais pincer les tiges chaque dix rangées, pour tracer, pendant l'été, des allées comme celles que l'on est obligé de pratiquer à travers les vignes fourrées pour l'enlèvement des raisins pendant la vendange.

M. Foëx, dans son *Cours complet de viticulture*, résume ainsi les conditions favorables à l'envahissement du vignoble par le *Peronospora viticola :*

«Les petites pluies suivies d'une température élevée, les rosées abondantes auxquelles succède un soleil ardent, les vents marins, provoquent une expansion considérable de filaments conidifères et sont la cause déterminante de la germination des conidies dans les gouttelettes d'eau déposées sur les feuilles. L'importance de ces influences est démontrée par des faits bien observés : des vignes ont été complètement envahies quelquefois en vingt-quatre heures, à la suite d'un brouillard abondant ou d'une forte rosée ; si bien que les viticulteurs ont souvent rattaché le mal à cette cause et lui ont attribué la destruction des feuilles (une *nèble*, d'après les vignerons méridionaux) ; dans le Médoc et le Lyonnais, ce phénomène est qualifié du nom de *melin* et de *brouil-*

lardage; les Américains, dans le Missouri, l'appellent : *sun scald* (coup de soleil), et les Allemands : *mehl-thau* (rosée de farine). Enfin, on a observé que sous les abris, tels que les arbres, etc., qui empêchent le rayonnement et le dépôt de la rosée qui s'ensuit, le mildew ne se développe pas.

»La température la plus convenable pour la germination des conidies est comprise entre 25 et 30° centigr. Lorsque la température s'abaisse, la germination est plus longue : ainsi, à 17°, elle a lieu régulièrement et seulement au bout de deux ou trois jours, dans de bonnes conditions d'humidité constante ; elle peut même ne pas se produire lorsqu'on se rapproche de 14°. Parfois cependant, au-dessus de ce point, les conidies ne perdent pas leur faculté germinative : on a obtenu la germination de conidies qui avaient été portées à 0°, en les ramenant progressivement à 23 et 25°.

»Dans un milieu sec, la germination ne se produit pas et les spores meurent, ce qui explique l'effet bienfaisant des coups de vent du nord-ouest dans le Midi de la France, ou du siroco en Algérie. »

On sait que c'est à M. Millardet que l'on doit les études les plus complètes sur le mode d'action des sels de cuivre et sur la manière de les employer. Ce savant professeur est le propagateur de la bouillie bordelaise. Tout d'abord, la composition qu'il recommandait était préparée avec un excès d'alcalinité : pour 1 kilogramme de sel de cuivre, on ajoutait 2 kilogrammes de chaux. Il fut vite reconnu que cette composition, plus adhérente peut-être que celles que l'on préfère aujourd'hui, avait un mode d'action prolongé mais trop lent. En effet, tant que la chaux en excès n'est pas entièrement carbonatée, l'oxyde de cuivre qu'elle emprisonne ne peut se transformer en sel soluble, et il reste inactif. Aussi, bientôt on a reconnu que les bouillies basiques devaient être abandonnées et qu'il était préférable d'user des bouillies neutres obtenues théoriquement avec 1/4 de chaux pure, par rapport à 1 de sulfate de cuivre.

Malheureusement, la chaux que l'on trouve dans le commerce est impure et on est condamné à exagérer la proportion de cette base. Généralement, aujourd'hui, on emploie 2 kilogrammes de sulfate de cuivre et 1 kilogramme de chaux pour 100 litres d'eau.

On doit dissoudre d'abord le sulfate de cuivre et verser ensuite dans cette dissolution le lait de chaux. Dans ces proportions, l'excès d'alcalinité est peu de chose, et on réduit de beaucoup la période d'inaction de la bouillie bordelaise. On propose, avec juste raison je crois, d'aller au delà et de ne pas craindre de faire des bouillies légèrement acides.

Il suffit de se rappeler les observations judicieuses faites par un habile expérimentateur, M. Robert, du Comice de Béziers, pour comprendre que c'est le sulfate de cuivre qui est l'agent le plus actif :

« Des expériences faites avec l'eau distillée, il résulte : 1° Que les zoospores en mouvement dans l'eau sont comme foudroyées au contact d'une quantité infinitésimale de sulfate de cuivre, tandis que leur repos n'est obtenu que quelques minutes après par le bioxyde de cuivre ; 2° que les zoospores atteintes par le sulfate de cuivre ne montrent par la suite aucune trace de germination, tandis que celles qui ont été mises en contact avec le bioxyde montrent, le lendemain, beaucoup de germes, dans la proportion de 2 à 3 o/o, et qu'un grand nombre de ces spores se sont gonflées et arrondies, ce qui constitue un commencement de germination.

» Les cultures obtenues dans des macérations de feuilles ont donné les résultats suivants :

» 1° *Feuilles n'ayant encore reçu aucun traitement.* — Cette culture a donné des germes nombreux, vigoureux, très développés, et de beaux feutrages de mycélium dont j'ai conservé quelques échantillons en cellule,

»2° *Feuilles traitées à la bouillie bordelaise basique.* — Quelques germes, la plupart grêles et peu développés.

»3° *Feuilles traitées à la bouillie bordelaise fortement acide.* — Pas la moindre trace de germination. »

Si on n'emploie que peu le sulfate de cuivre pur, c'est que l'on risque de brûler les feuilles, au moins les pousses jeunes, car les feuilles adultes sont plus résistantes et peut-être aussi parce que le remède, agissant immédiatement, la période de son effet utile est plus réduite, ce qui amènerait à faire des traitements trop fréquents.

La bouillie a l'inconvénient d'engorger les appareils dont on se sert pour la répandre dans les vignes ; aussi M. Michel Perret a rendu un grand service à la viticulture en proposant d'ajouter de la mélasse à ces préparations pour les rendre plus fluides.

Voici la formule proposée par M. Michel Perret :

Sulfate de cuivre dissous dans 10 lit. d'eau... 2 kil.

Chaux délitée et tamisée, délayée dans 10 lit. d'eau.. 2 —

Mélasse délayée dans 10 lit. d'eau........... 2 lit.

Eau... 70 —

On verse le lait de chaux dans la dissolution de sulfate de cuivre et ensuite on y incorpore la mélasse.

J'ai employé avec succès cette préparation ; son adhérence et son action sont supérieures à celles de la bouillie bordelaise et elle a l'avantage de ne pas engorger les appareils. Mais j'ai reconnu que la complication du mélange laissée aux mains d'ouvriers négligents devenait un obstacle, et j'ai alors essayé la dissolution du verdet gris. Malheureusement, dans ce cas, on se heurte à un inconvénient : celui d'obtenir dans le commerce un produit régulier en quantité suffisante pour subvenir aux besoins variables de la propriété. Il en est de même pour toutes les poudres destinées à la préparation des bouillies.

Toutes ces difficultés m'ont amené à adopter la bouillie bourguignonne pour mes traitements liquides, que je n'applique qu'après la floraison, comme je l'expliquerai plus loin. J'emploie, par hectolitre de bouillie : 2 kil. sulfate de cuivre, 1 kil. carbonate de soude raffiné.

Il est bon de calculer exactement les prix de revient des traitements liquides opérés dans ces conditions.

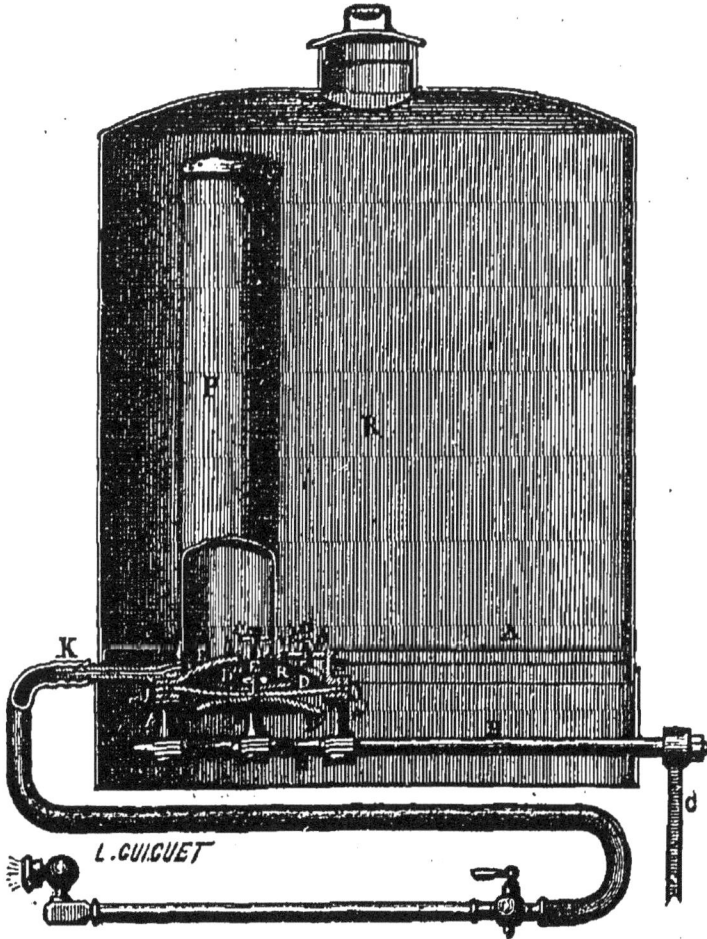

Fig. 88. — Coupe de l'appareil de M. Vermorel.

Généralement, on se contente de compter le prix d'achat des matières, quelquefois on y ajoute la main-d'œuvre. Rarement on tient compte de l'usure du matériel, du transport de la bouillie et des matières premières qui entrent dans leur composition ; je n'ai d'ailleurs vu jamais se préoccuper du prix de l'eau qui constitue la base des traitements liquides.

Pourtant, rarement dans le Midi on a l'eau sur place et il faut souvent aller la puiser à la rivière, à des distances variant de 2 à 3 kilomètres, les dépassant même quelquefois. J'estime qu'un hectolitre d'eau que l'on est obligé d'aller chercher au loin revient environ à 0 fr. 40 par hectolitre par les frais exigés pour son puisage et son transport, et c'est ce prix que j'adopte dans les comptes ci-dessous que j'ai dû dresser pour faire une comparaison économique des divers traitements en évaluant toutes les dépenses, laissant à chacun le soin de rectifier mes chiffres pour chaque cas particulier.

Les propriétaires assez heureux pour avoir un appro-

Fig. 89. — Pulvérisateur à dos d'homme.

visionnement d'eau suffisant au centre de leur exploitation pourront réduire de 10 o/o les frais de leurs traitements liquides.

Les traitements sont souvent faits au pulvérisateur à dos d'homme; dans ce cas on peut distribuer moins de liquide au début pour en augmenter la quantité au fur et à mesure des progrès de la végétation.

Si, par exemple, on fait trois opérations liquides en mai, juin, juillet, on dépensera par hectare :

1ᵉʳ traitement avec 400 litres :

8 kil. sulfate de cuivre, à 50 fr.	4 fr.	»
4 kil. carbonate de soude raffiné, à 20 fr. . .	0	80
Eau, 4 hectolitres, à 0 fr. 40.	1	60
Main-d'œuvre de préparation, 1 heure. . . .	0	40
Main-d'œuvre pour la pulvérisation (3/2 journées à 4 fr.). Ce travail est payé plus cher que les journées ordinaires.	6	»
Réparation et amortissement du matériel. .	0	20
Transport de la bouillie sur place, 1 charrette à 10 fr. par jour pour 5 hectares ; soit pour 1 hectare...	2	»
	15 fr.	»

2ᵉ traitement avec 500 litres : coûtera proportionnellement $\dfrac{15 \times 5}{4}$ . . . . 18 fr. 75

3ᵉ traitement avec 600 litres : coûtera proportionnellement $\dfrac{15 \times 6}{4}$ . . . . 22 fr. 50

Je n'ai pas voulu adopter ce mode d'opérer, parce qu'il a l'inconvénient grave d'exiger un personnel nombreux, de sorte qu'on est obligé d'arrêter presque toujours les travaux de culture pendant la période des pulvérisations. J'ai donc choisi, pour l'aspersion de mes vignes, l'appareil à grand travail de M. Vermorel, et voici le prix de revient, en appliquant l'amortissement du matériel à une seule opération pour faciliter les calculs.

J'emploie à peu près 700 litres par hectare, et je traite 7 hectares par jour avec les frais suivants :

Cuivre, 100 kil. à 50 fr	50 fr.	
Carbonate de soude, 50 kil. à 20 fr..	10	»
Eau, 50 hectolitres à 0 fr. 40.	20	»
4 ouvriers à 3 fr	12	»
2 bêtes à 5 fr.	10	»
Amortissement et entretien du matériel . . .	21	»
Dépenses pour 7 hectares	123 fr.	

Dépense pour un hectare, 17 fr. 50 environ.

Si on fait plusieurs aspersions, les autres opérations ne reviennent qu'à 14 fr. 50, puisque l'amortissement a

Fig. 90.—Pulvérisateur à grand travail de M. Vigouroux.

été porté tout entier sur le premier traitement.

Lorsque les vignes sont trop petites ou trop touffues, on substitue aux appareils à grand travail les pulvérisateurs à dos de mulet. Je crois que si on considère qu'il faut deux appareils à dos de mulet pour faire 7 hectares par jour, on arrivera au même résultat pour les prix de revient.

Je dois ici faire une mention spéciale du pulvérisateur l'*Automatic* construit par MM. Lasmolles, Fréchou et de La Faye. On sait que cet appareil est dépourvu de tout système mécanique et qu'on obtient la pression au moyen du dégagement de l'acide carbonique provenant de la dissolution dans l'eau d'une certaine proportion de sulfates et de bi-carbonates. Grâce à cet artifice, on peut économiser sur la main-d'œuvre, puisque l'ouvrier, pouvant disposer de ses deux mains, traite deux rangées

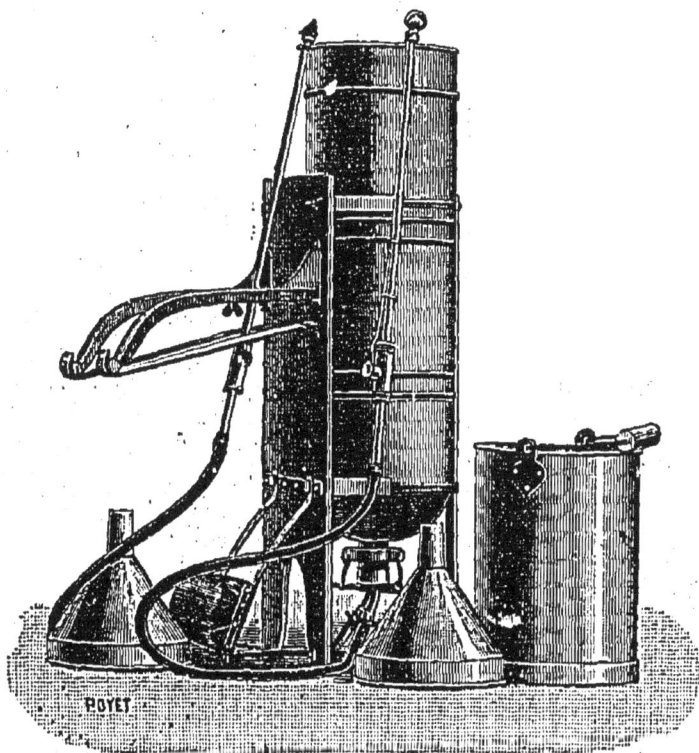

Fig. 91.— Appareil à pulvériser l'*Automatic*.

à la fois en maniant deux lances. La pulvérisation est plus parfaite et l'usure de l'appareil est nulle.

Les traitements liquides sont reconnus excellents pour protéger la vigne tant que les feuilles ne sont pas assez développées pour couvrir les grappes, et on considère comme indispensable de faire des applications complémentaires de poudres, lorsque, la végétation étant avancée, les liquides ne peuvent pénétrer jusqu'aux raisins.

Les poudres, généralement, ne sont pas écartées des premiers traitements parce qu'elles ne sont pas assez actives, car comment pourrait-on supposer qu'un procédé que l'on recommande pour les raisins pendant l'été fût impuissant sur les feuilles au printemps. Si la poudre est bien préparée, si elle contient une proportion de sulfate de cuivre suffisante, elle agit bien dans les deux cas.

La vérité est que généralement on croit que les poudres sont d'un emploi plus coûteux, qu'elles n'adhèrent pas suffisamment aux feuilles, et qu'elles produisent des accidents graves de brûlures lorsqu'elles sont acides.

Ce dernier point seul est exact ; des poudres acides projetées sur des bourgeons jeunes les brûlent si elles contiennent plus de 5 o/o de sulfate de cuivre.

Fig. 92.— Charge de l'appareil l'*Automatic*.

Ce fait résulte des expériences du Dr Despetis, et je l'ai vérifié dans ma pratique ; plus tard, lorsque les feuilles deviennent adultes, elles résistent mieux aux saupoudrages acides ; mais au début des traitements il ne faut pas dépasser la proportion de 5 o/o de sulfate de cuivre dans les poudres, et on y arrive en les mélangeant avec le soufre pour faire un traitement mixte contre l'oïdium et le mildew.

Quant à l'adhérence, on a bien exagéré, pour les poudres, ce défaut. Certes, on perd de la matière et le sol en est souvent couvert, mais ce déchet est inévitable et, même avec les traitements liquides, une partie de la préparation tombe à terre, et cette perte, quoique moins apparente que celle des saupoudrages, n'en est pas moins *réelle* et *importante*. Dans les deux cas, d'ailleurs, je n'admets pas que la matière soit tout à fait perdue, car elle sert à assainir le sol qui est souvent couvert par les spores des différentes cryptogames.

Une autre objection que l'on soulève, c'est la difficulté de faire les poudrages par un temps favorable. On recommande par exemple de répandre les poudres, le ma-

tin, avec la rosée. Pour ma part, je trouverais plus logique de le faire, le soir, avec l'humidité de la nuit. Mais
ce serait vouloir compliquer pour peu de chose un traitement, et je n'ai pas persisté dans cette voie, pas plus
qu'à l'époque des premiers essais de soufrage on a persisté à projeter le soufre sur les feuilles préalablement
mouillées. Je fais mes poudrages pendant le jour et par
tous les temps, l'essentiel pour moi est de les exécuter
à l'époque et au moment voulus pour qu'ils agissent
efficacement.

Le vent, par exemple, que l'on considère comme un
inconvénient, est peut-être plutôt un avantage, au moins
lorsqu'il est modéré, pour bien ménager la répartition
de la poudre, et je citerai ce que disait sur son effet
Cazalis-Allut en parlant des soufrages :

«J'ai fait des recherches pour préciser les conditions
atmosphériques les plus favorables au soufrage des vignes
et j'ai acquis la conviction que les vents du nord impétueux, bien loin d'être nuisibles à cette opération, la
favorisent. J'avais déjà cru le remarquer en 1856, et mes
observations de 1857 m'ont prouvé que je ne m'étais pas
trompé. Voici ces observations: Le 12 juin, trois de mes
vignes furent soufrées par un vent du nord si impétueux
que les personnes chargées de cette opération refusaient
de la continuer. Le vent cessa le lendemain : nous sou-
frâmes une autre vigne du même âge et des mêmes
plants, avec la conviction que ce soufrage, par un temps
calme, serait plus efficace ; mais le contraire arriva, et,
douze jours après, cette dernière vigne était complètement envahie, tandis que l'invasion des trois autres,
soufrées avec le vent du nord impétueux, ne commença
à se manifester faiblement que dix-sept jours après.
Quand on soufre par le vent du nord, les personnes pré-
posées au soufrage ont les yeux abîmés; quand on soufre par le vent du midi ou par un temps calme, il n'en
est plus ainsi et les ouvriers peuvent se tenir rapprochés

de l'instrument de soufrage sans éprouver de maux d'yeux. Il paraîtrait, d'après cela, que le soufre, plus divisé par le vent du nord, pénètre mieux toutes les parties des ceps et agit, pour ce motif, avec plus d'efficacité.

»La pluie n'annihile pas toujours les effets du soufre. Mes expériences comparatives de 1856 et une nouvelle observation faite en 1857 m'en ont fourni la preuve.»

J'ai trouvé dans l'application générale des poudres dans mon domaine des avantages marqués distincts de leur effet curatif. En tenant systématiquement les feuilles de mes vignes poudrées par différents agents pulvérulents, les uns destinés à combattre l'anthracnose, d'autres l'oïdium et le mildew, d'autres, comme le plâtre phosphaté, pouvant stimuler la végétation, j'obtiens des effets mécaniques et physiques, dont j'ai signalé précédemment l'action. Enfin, les saupoudrages sont plus économiques que les pulvérisations, car, comme je l'expliquerai bientôt, on peut les combiner avec les soufrages. La quantité de matière employée pour chaque poudrage varie de 30 à 100 kil., suivant l'état d'avancement de la végétation, et, en comptant la main-d'œuvre à 2 fr., on doit estimer que les premières opérations aux poudres reviennent à 8 fr. par hectare pour atteindre 20 fr. au mois de juillet.

Le mildew est la maladie qui sévit avec le plus de virulence dans le vignoble méridional, lorsque les circonstances atmosphériques favorisent son développement ; aussi faut-il considérer qu'il est utile de préserver le vignoble de l'invasion de ce parasite par des traitements préventifs et réguliers devenus aussi nécessaires que ceux que l'on pratique contre l'anthracnose et l'oïdium.

Le black-rot est encore inconnu dans nos vignobles, et s'il a fait son apparition dans quelques localités du département, il ne s'est pas propagé encore au delà des premiers points d'attaque. Le climat méditerranéen ne paraît pas favorable au développement de cette terrible maladie, qui porte plus particulièrement ses ravages dans les vignobles des régions plus humides.

On sait que sans être encore fixé sur le meilleur moyen de se préserver du black-rot, les applications copieuses et répétées des sels de cuivre en temps normal paraissent avoir donné des résultats suffisants pour que l'on ait pu enrayer les attaques de ce parasite dans les régions où il donne lieu à des désastres. Il est donc à présumer que sous notre climat sec, on pourrait plus facilement combattre le black-rot si nos vignes étaient atteintes par cette terrible maladie. Je ne m'étendrai pas davantage sur un fléau encore inconnu dans mon vignoble, et je souhaite de ne pas avoir à essayer contre ce parasite les phosphates multiples de cuivre, nickel et zinc que j'avais proposés pour rendre plus efficaces les traitements dans les régions où le black rot est devenu une calamité. Je me contenterai de rappeler que ces phosphates multiples m'ont donné dans la défense de mes vignes contre le mildew des résultats plus satisfaisants que les sels de cuivre seuls, et que si j'ai renoncé à leur emploi, c'est que le traitement devenait plus coûteux et plus délicat pour éviter les brûlures.

4° Pratique du traitement des maladies cryptogamiques. —Pour combattre le mildew, tous les traitements à base de sels de cuivre sont bons lorsqu'ils sont faits en temps utile, sans parcimonie et répétés le plus souvent possible. Le succès en est favorisé par l'emploi judicieux des engrais et par des cultures soignées.

Je tiens à faire cette déclaration avant d'entrer dans le détail du régime auquel j'ai soumis mes vignes de Saint-Adrien, pour bien faire comprendre que je n'ai pas la prétention d'indiquer aux viticulteurs une méthode précise ; je me contenterai de donner simplement un exemple de la défense d'un vignoble, justifiée plusieurs années de suite par le succès.

A la suite des désastres auxquels quelquefois le mildew a donné lieu dans la région méridionale, je veux démontrer que, malgré les circonstances défavorables qui ont caractérisé certaines années, on aurait pu sauver la récolte et cultiver convenablement le vignoble. A Saint-Adrien, en 1895, je suis arrivé à ce résultat avec un personnel moyen de 18 hommes et 5 femmes, aidés de 5 chevaux pour les labours. J'ai pu traiter sept fois mon domaine composé alors de 50 hectares de vignes et plantiers de tout âge, sans arrêter mes cultures.

Pour assurer la défense de mon vignoble avec économie, je réunis toujours les deux traitements contre le mildew et l'oïdium, en employant un mélange de soufre sublimé et de poudre sulfatée à 10 o/o. Par suite, la poudre mélangée de soufre ne renferme plus que 5 o/o de sulfate de cuivre.

En 1895, une partie du domaine (15 hectares) fut traitée complètement aux poudres, une autre (25 hectares) reçut cinq traitements aux poudres et deux par les liquides, une troisième partie (10 hectares) reçut quatre traitements aux poudres et trois par les liquides.

La dépense moyenne par hectare pour me défendre contre l'oïdium et le mildew atteignit 106 fr., tandis que dans les années ordinaires, je puis me contenter de cinq traitements mixtes, dont les frais peuvent être réduits à 60 fr. En effet, en 1895, j'ai dû répéter mes opérations tous les quinze jours, tandis que les années précédentes je me contentai de les faire tous les vingt et un jours.

Mon vignoble, certes, fut attaqué par le mildew, quelques raisins disparurent, mais les pertes furent assez réduites. Je pus récolter les trois quarts de la quantité de vin normale pour ma propriété. Avec d'autres préparations cupriques, on arrive aussi à sauver la récolte, en traitant toujours le vignoble préventivement, mais je doute que par les autres procédés on puisse agir avec autant d'économie, sans arrêter les travaux de culture.

Les poudres que j'achète sont composées de *plâtre phosphaté*, dans lequel on a incorporé le sulfate de cuivre dissous dans l'eau pour que chaque molécule soit imprégnée du liquide anticryptogamique. Ces produits sont *acides* et, au début de la végétation, on doit éviter de les employer seuls, car on brûlerait les bourgeons si on ne les répandait pas avec précaution. Pratiquement, le mélange de cette matière sulfatée à 10 o/o par moitié avec du soufre, ramenant à 5 o/o la teneur en sulfate de cuivre de la poudre, permet d'éviter cet inconvénient grave.

M. Henri Marès, dès 1886, avait prévu que: «Le plâtre doit fournir des ressources d'une grande valeur comme véhicule pour le soufre et le sulfate de cuivre qu'on est amené à répandre sur les souches afin de les défendre contre l'invasion de plusieurs maladies.

»Sous forme de poudre très ténue, il assurera une répartition des substances mises en œuvre et il maintiendra leur adhérence avec les divers organes traités.»

Je me suis laissé guider par ces considérations pour organiser la défense de mon vignoble.

Les bouillies et même quelques poudres que l'on a citées comme n'ayant pas toujours été efficaces sont neutres ou alcalines et n'agissent, par suite, qu'après une période plus ou moins prolongée, nécessaire pour que les sels de cuivre qu'elles renferment, dans un état peu soluble, soient transformés lentement en sels solubles.

Il me paraît, par suite, évident, que dans les années où le mildew se développe avec intensité et opiniâtreté, comme cela a eu lieu en 1895, mieux vaut employer les produits qui agissent immédiatement. Avec les préparations peu solubles on s'expose à être en retard pour combattre le mal. On doit aussi tenir compte de la nature des cépages ; en effet, tandis que les Aramons peuvent être défendus par des traitements exclusivement faits aux poudres, on ne peut arriver à un résultat complètement satisfaisant avec les cépages à sarments érigés qu'en intercalant des traitements liquides, car les poussières ne pouvant rester adhérentes à l'extrémité de longs sarments agités par le vent ne protègent plus que les raisins et les feuilles de la base.

En définitive, au début de la végétation, et d'après les faits que j'ai observés, les poudres sont particulièrement à recommander pour la bonne défense du vignoble ; mais après la floraison, si on veut bien protéger toutes les pousses, il est préférable d'avoir recours aux traitements combinés, car à ce moment les feuilles sont mieux protégées par les liquides et les raisins par les poussières.

Tandis qu'on s'accorde aujourd'hui à recommander les traitements combinés et préventifs en laissant aux poudres un rôle secondaire dans la défense, je viens, au contraire, d'après mes expériences personnelles poursuivies en grand depuis 10 années, affirmer que les matières pulvérulentes sulfatées, combinées avec le soufrage, doivent prendre le premier rang dans le traitement préventif contre le mildew, et que les traitements liquides ne sont réellement plus avantageux que pour mieux préserver les feuilles lorsque la végétation est très avancée. Pour être clair, je considère *à tous les points de vue* comme préférable de traiter les vignes aux poudres avant et pendant la floraison ; et après la floraison, d'opérer alternativement avec les poudres et les liquides.

Voici, par exemple, comment j'ai procédé en 1895 pour me défendre à la fois contre l'oïdium et le mildew :

1er traitement :
    Du 10 au 25 mai, avec   50 kil. de poudre mixte par hectare.

2e traitement :
    Du 25 mai au 7 juin, avec 60 kil.   —   —

3e traitement :
    Du 7 juin au 17 juin, avec 90 kil.   —   —
En tout pour les 3 opérations. 200 kil.   —   —

Les années précédentes je n'avais employé que 150 kil.

pour ces trois premières opérations, parce que mes appareils à répandre la poudre étaient en meilleur état.

Avec les appareils perfectionnés que l'on construit actuellement pour répandre les poussières, on économiserait encore davantage sur la quantité de matière dépensée pour ces poudrages.

4° traitement :

> Du 21 juin au 1er juillet, bouillie bourguignonne sur 35 hectares.
> — — poudre mixte sur 15 hectares.

5° traitement :

> Du 2 juillet au 20 juillet, poudre mixte sur tout le vignoble.

6° traitement :

> Du 22 juillet au 1er août, bouillie bourguignonne sur 35 hectares
> — — poudre mixte sur 15 hectares.

7° traitement :

> Du 10 août au 22 août, poudre mixte sur tout le vignoble, excepté
> sur les cépages blancs qui ont reçu un traitement au verdet.

Les 15 hectares traités *exclusivement aux poudres* comprennent mes vignes Aramon de la plaine, exposées à l'inondation. Dans ces terres de la plaine j'ai eu, en 1895, un plein succès, et je pouvais montrer une vigne, dont la récolte était à peu près complète, entourée de toute part par un vignoble dont les raisins avaient été enlevés par le mildew. Cette plaine avait reçu deux fortes inondations de la rivière, et je pus plus facilement traiter à temps cette vigne par les poudres, dès que les eaux se furent écoulées, parce que mon personnel y entra plus tôt, n'étant pas embarrassé par le matériel usité pour le traitement aux liquides.

Un homme avec un soufflet circule plus facilement sur un sol humide que s'il était chargé par le poids d'un pulvérisateur. On peut d'ailleurs confier l'épandage des poudres à des femmes et même à des enfants, moins lourds que les hommes.

Il me reste à prouver que ma manière de procéder est plus économique; pour être plus clair, je scinderai en deux parties la défense du vignoble. Dès le moment qu'après la floraison j'accepte comme bons les traitements combinés ordinaires et que je les pratique sur 35 hectares de mon vignoble, je n'ai pas à en tenir compte dans la comparaison des frais, car cette partie de la défense doit figurer pour une somme fixe dans les prix comparés de revient et ne peut varier que par les moyens mécaniques que l'on adopte, la quantité de liquide que l'on répand et le prix du transport de l'eau, si on est obligé d'aller la chercher au loin. Mon système ne diffère des autres qu'en ce que je supprime tous les traitements liquides avant la floraison. Or, avant et pendant la floraison, pour protéger mes vignes à la fois contre le *mildew* et l'*oïdium*, j'ai dépensé, au cours de 1895 :

200 kil. d'un mélange contenant 100 kil. poudre contre le mildew, à.. 18 fr.
100 kil. soufre sublimé, à...................... 14 —
                                                                          _____
                                                                          32 fr.
Main-d'œuvre............................. 6 —
                                                                          _____
                                                                          38 fr.

Ceux qui préféreraient les liquides seraient obligés, pour protéger leurs vignes contre l'oïdium, à dépenser environ 150 kil. soufre sublimé.............. 21 fr.
Main-d'œuvre........................... 6 —
                                                                          _____
                                                                          27 fr.

Ils font donc, comme moi, trois opérations de poudrages en ne se défendant que contre l'oïdium et ont à exécuter en plus les traitements liquides, qui reviennent à 14 fr. 50 par hectare chacun, si on compte bien tout: matières premières, eau, main-d'œuvre, amortissement du matériel, etc. Comme il faut au moins deux opérations avant la floraison, on doit admettre dans ce cas, pour cette première partie de la défense :

Deux traitements liquides à 14 fr. 50, tout
compris.................................... 29 fr.

Trois soufrages comprenant 150 kil. soufre
et main-d'œuvre...................... .... 27 —

    Soit en tout, par hectare................ 56 fr.
tandis que je dépense avec trois poudrages mixtes avec des appareils imparfaits.............. 38 —

Différence par hectare pour ma manière de
procéder .... 18 fr.

Avec la hausse du soufre et l'économie de matières que
l'on peut faire en répandant la poudre avec de bons appareils, on arrivera à dégager un plus grand bénéfice de
la comparaison de ces prix de revient.

Ces traitements mixtes me permettent de ne passer
que trois fois dans mes vignes pendant le printemps, au
lieu de cinq fois : il en résulte que je puis mieux soigner
mes cultures, puisque mon personnel est occupé aux
labours et binages, pendant que ceux qui emploient les
liquides l'immobilisent pour les répandre. D'ailleurs,
les traitements aux poudres peuvent être confiés à des
femmes, ce qui permet de ne pas détourner les hommes
de leurs travaux ordinaires. On le sait, une bonne culture, une fumure rationnelle et l'aération des ceps contribuent pour beaucoup à favoriser la défense du vignoble. Dans l'année désastreuse de 1895, toutes les vignes
mal cultivées furent celles dans lesquelles les traitements se montrèrent inefficaces, et je considère comme
une chose très importante de combiner les travaux pour
faire simultanément les traitements de défense et les
cultures ordinaires.

CHAPITRE XI

DESTRUCTION DES INSECTES AMPÉLOPHAGES

1° Pendant l'hiver : Echaudage. — Clochage. — Lavages et pulvérisations acides.— Traitements souterrains.
2° Pendant le printemps : Escargots. — Erinose. — Pyrale et Cochylis. — Noctuelle. — Chenille bourrue. — Altises. — Asphyxie des insectes au printemps.
3° Pendant l'été : Larves de la deuxième génération. — Attelabe. — L'éphippigère. — Gribouri. — Papillons.— Brunissure.
4° Pendant l'automne : Cochylis. — Défense préventive contre les insectes.— Maladies diverses.

1° *Pendant l'hiver.*— Le professeur Dunal a publié, de 1832 à 1839, une série d'études sur les *insectes qui attaquent la vigne*, on y trouvera, comme dans l'ouvrage plus récent de M. Valéry Mayet, les *Insectes de la vigne*, tous les renseignements nécessaires pour l'étude entomologique de ces ampélophages ainsi que la description détaillée des procédés propres à les détruire. Mais il serait injuste de ne pas citer aussi les études particulières de plusieurs praticiens du Midi qui ont contribué à vulgariser les moyens de mettre les ceps à l'abri des attaques des insectes. Lorsqu'on a lu la communication faite en 1882 par Louis Jaussan au Comice agricole de Béziers : « De la pyrale et des moyens de la combattre », et l'étude de Cazalis-Allut communiquée en 1849 à la Société centrale d'agriculture de l'Hérault sous le titre : «De l'altise de la vigne, moyen le plus économique et le plus efficace de conserver la récolte des vignes attaquées par cet insecte», on reste convaincu que les deux Sociétés agricoles compétentes de notre département n'ont pas failli à leur tâche et que, par leurs soins, les cultivateurs ont, à toute époque, reçu les conseils les plus judicieux pour diminuer les dégâts provenant de l'invasion des vignes par les insectes. Je ne me propose pas de résumer ces travaux antérieurs, je me contenterai de comparer les procédés les plus usités pour détruire les ennemis de nos récoltes, en renvoyant aux ouvrages spéciaux d'entomologie ceux qui voudraient connaître les mœurs de tous les ampélophages et les différentes phases de leur existence. On sait que pendant l'hiver on trouve surtout les insectes à l'état hibernant cachés sous les écorces des arbres ou de la vigne et dans les tertres. C'est là qu'on doit venir les attaquer par plusieurs procédés déjà anciens qu'il convient de propager.

Echaudage.— La chenille de la pyrale, qui a causé tant de dégâts à nos vignes du littoral, ne peut être détruite économiquement que pendant l'hiver lorsqu'elle s'abrite sous l'écorce de la vigne. Je donnerai plus tard les moyens de l'atteindre dans ses métamorphoses en parlant des traitements de l'été. La chenille de la pyrale est verdâtre, mais sa tête est noire ; au printemps elle tord et enlace feuilles et fruits en les rapprochant par ses fils pour construire un fourreau à l'abri duquel elle dévore les feuilles; pendant l'hiver, elle se protège contre les rigueurs de la saison par un léger cocon.

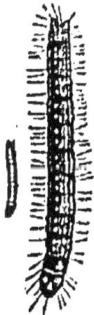

Fig 93. — Larve
de la pyrale.

C'est à un vigneron du nom de Raclet que l'on doit la découverte de la destruction de la pyrale par l'ébouillantage des souches pendant l'hiver. Le procédé primitif consistait à verser de l'eau chaude logée dans des cafetières à bec que l'on remplissait en puisant le liquide bouillant dans une chauffeuse portative. Depuis on a rendu le procédé plus efficace et plus économique par des modifications successives dues à la sagacité des viticulteurs qui l'ont adopté et des constructeurs qui depuis de longues années ont modifié la chaudière pour la rendre aussi légère que possible tout en remplissant les conditions d'agencement et de solidité nécessaires pour ne pas compromettre la sécurité des ouvriers et l'ont combinée pour maintenir l'ébullition constante de l'eau.

Pour être portative, une chaudière ne doit pas dépasser 50 litres de capacité et un poids total d'environ 100 kilos ; pour que l'eau reste bouillante, on doit l'alimenter constamment par petite quantité au fur et à mesure que l'on en retire de l'eau chaude, et il faut que la surface de chauffe soit la plus grande possible. Par des brevets pris en 1879 et 1880, M. Bourdil, de Narbonne, a revendiqué plusieurs perfectionnements pour la construction des chaudières destinées au traitement des vignes ; on lui doit en particulier l'ingénieuse application d'un tube en S adapté au robinet d'extraction. Grâce à cet artifice, l'eau ne sort que sous pression de l'appareil, ce qui permet de l'obtenir bouillante. L'essentiel est de modérer cette pression pour que tout le liquide ne soit pas entraîné précipitamment au dehors, ce qui amènerait le dessoudage de la chaudière.

Fig. 94. — Chaudière à échauder à bras de M. Bourdil.

Ce phénomène de l'entraînement instantané de toute l'eau chaude au dehors est dû à une action physique semblable à celle qui se produit quelquefois dans les grandes chaudières sous pression, lorsqu'on ouvre brusquement le robinet de vapeur, et que l'on désigne sous le nom de coup d'eau. C'est bien improprement que vulgairement on attribue cet accident à un siphonnement, puisqu'il est dû à un excès de pression dans la chaudière ; le seul moyen d'éviter ce grave inconvénient serait de mieux combiner les soupapes, qui ne fonctionnent le plus souvent qu'avec difficulté dans tous ces appareils ruraux.

D'après Jaussan, on doit se garder de traiter les vignes après la pluie pour éviter une perte de chaleur ; il faut répandre l'eau bouillante méthodiquement, en décrivant une spirale de bas en haut autour du tronc, sans oublier les coursons, et prendre soin de déchausser les souches pour atteindre les chenilles blotties à leurs pieds.

Lorsque l'opération aura été faite avec toutes les précautions voulues, on débarrassera les ceps non seulement de toutes les chenilles, de tous les insectes, mais on attaquera les germes des maladies cryptogamiques sans avoir recours aux sels de fer, car l'eau bouillante produit des effets excoriants et coagulants comparables à l'action corrosive du sulfate de fer. On obtient ces résultats en prenant le liquide directement sur une échaudeuse à grande surface de chauffe, au moyen de tuyaux en caoutchouc adaptés d'un côté à un robinet de la chaudière et de l'autre bout terminés par un manchon en bois portant un robinet à lance. Cette innovation n'est pas récente, car déjà, en 1870, Louis Jaussan l'avait adoptée et, dans sa brochure, il ne peut indiquer le nom du premier vigneron auquel on doit ce progrès, ce qui prouverait que l'invention était déjà ancienne.

Il me paraît nécessaire d'insister tout particulièrement sur les prix de revient de l'ébouillantage des souches, car on cherche souvent, par des considérations inexactes et dangereuses, à en diminuer la dépense.

On sait que l'on trouve dans la région des entrepreneurs traitant à forfait les vignes à raison de 10 fr. les mille souches, à la condition qu'on leur amènera l'eau sur place ; dans ce cas, la dépense est de 44 fr. par hectare, plus le prix du transport de l'eau qui peut varier dans de fortes proportions suivant l'éloignement de la source où on va la puiser. Certes, si par une modification des appareils les plus usités, les cultivateurs pouvaient espérer réaliser un bénéfice, ce seraient les entrepreneurs qui devraient tout d'abord adopter ces procédés. Il n'en est rien et on ne peut citer aucun traitement important basé sur l'application des appareils que l'on préconise comme plus avantageux; c'est que s'ils économisent un peu de charbon, ils coûtent par contre plus cher d'achat, sont encombrants et n'ont aucune influence réelle sur les frais de manutention qui constituent le gros de la dépense.

D'après les expériences en grand faites sur 64 hectares par Louis Jaussan dans un domaine complanté partie en vignes vieilles, partie en vignes jeunes, le prix de revient serait en moyenne de 52 francs par hectare, soit:

Manutention, charroi, surveillance . . . 40 francs
Charbon . . . . 8 —
Amortissement et réparation du matériel. 4 —
                  Total . . . . . . 52 francs par hectare.

Je crois utile d'entrer dans plus de détails pour établir un *prix moyen type* que chacun pourra modifier suivant les conditions particulières du vignoble, car le transport de l'eau, qui entre pour une grande part dans la dépense, varie beaucoup d'un domaine à l'autre. Le modèle d'échaudeuse le plus répandu est la chaudière blindée pour grand travail dont je donne le dessin qui m'a été communiqué par M. Bourdil. Cette chaudière coûte 305 francs. Elle peut donner par heure 350 litres d'eau bouillante que l'on doit distribuer avec trois femmes, dont deux ébouillantant les souches éloignées avec les caoutchoucs et la troisième échaudant avec la cafetière les ceps les plus rapprochés.

Il résulte des comptes de mes différentes propriétés que le prix d'une charrette attelée est de 10 francs par jour, soit 3 francs pour le conducteur, 5 francs pour la bête, 2 francs pour la charrette. En admettant ce prix de base, suivant la distance qui séparera la source du chantier, le prix de l'eau rendue sur place variera de 0 fr. 30 à 0 fr. 50, soit en moyenne 0 fr. 40 par hectolitre. En comptant un litre d'eau par souche, il faudra 45 hectolitres par hectare et une dépense que j'estime à 18 francs en moyenne. Rarement on trouve l'eau sur place, mais, lorsque ce cas se réalise, le prix du traitement est abaissé dans une forte proportion par suite de la suppression de ce charroi. Le travail d'une femme ressort chez moi à 0 fr. 22 l'heure, soit 1 fr. 50 pour sept heures et 2 francs pour une tâche de neuf heures. Si on admet qu'avec un travail soigné on puisse ébouillanter avec une lance 2 souches par minute, on pourrait traiter 840 souches par sept heures avec chaque jet. Mais j'estime que le travail ne sera jamais continu et il faudra admettre par heure une perte de temps *inévitable* évaluée à 10 o/o, ce qui réduit à 756 le nombre de souches qu'une femme peut ébouillanter avec soin par journée de sept heures.

Il faudra pratiquement six femmes par hectare, soit une dépense de 9 fr. Enfin on doit prévoir deux chaudières portatives par hectare et quatre ouvriers pour les changer de place et les alimenter en eau et en charbon, ce qui correspond à 12 fr. par hectare pour la manutention seule de ces appareils. En outre, il faut compter 4 francs par hectare pour l'entretien et l'amortissement des chauffeuses et 8 francs pour le charbon évalué à 40 francs la tonne, en majorant la facture de tous les transports.

A toutes ces dépenses, j'ajouterai 5 o/o pour frais généraux et surveillance.

En récapitulant tous ces frais, on trouve :

	Fr.	c.
45 hectolitres d'eau, prix moyen 0 fr. 40 rendu sur place.	18	»
6 femmes pour échauder, à 1 fr. 50	9	»
4 ouvriers à 3 francs, pour le service de deux chaudières	12	»
200 kilos de charbon à 4 francs	8	»
Amortissement et entretien du matériel de chauffage	4	»
Frais généraux et surveillance 5 o/o	2	50
Total des dépenses par hectare....	53	50

Soit environ 12 francs par mille souches tout compris, ou 8 fr. par mille souches, sans compter les frais de transport de l'eau sur place. Ces prix ne sont applicables qu'aux vignes du Midi taillées en gobelet et plantées à raison de 4.444 pieds par hectare.

Le prix moyen type que je viens d'établir ne diffère pas sensiblement de celui ressortant des comptes de Louis Jaussan, et je doute fort qu'on puisse le réduire de beaucoup, lorsqu'on n'aura pas l'eau sur place.

Quelles que soient les modifications proposées, il me paraît bien difficile d'activer le travail des femmes sans compromettre le succès d'une opération demandant à être faite avec beaucoup de soin pour atteindre toutes les parties de la souche.

Tous les praticiens savent que lorsqu'on veut aller trop vite, l'échaudage ne détruit pas complètement les insectes, car ils ne périssent que par leur contact avec le liquide bouillant.

Quelques constructeurs déclarent qu'avec leurs appareils on peut faire plus de travail que celui que j'indique, mais je ne crois pas que dans la pratique, quels que soient les perfectionnements apportés aux chauffeuses, on puisse faire un bon travail avec plus de précipitation. Je dois insister sur ces faits pour mettre les vignerons à l'abri de cruels déboires.

Beaucoup de combinaisons proposées pour économiser la main-d'œuvre n'ont pu être propagées parce que, sans arriver à ce résul-

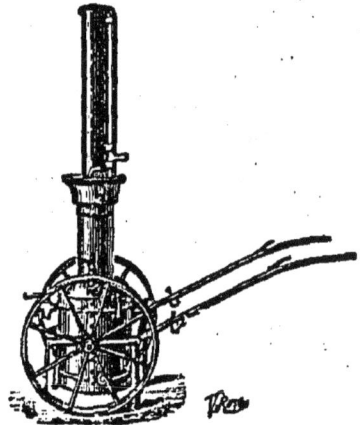

Fig. 95. — Chaudière sur roues de M. Bourdil.

tat, elles compliquaient le traitement que les inventeurs auraient voulu activer.

M. Bourdil a essayé à plusieurs reprises de rendre plus économique sa chaudière, soit en l'adaptant sur grandes roues en fer avec un petit brancard d'attelage, soit en la montant sur un wagonnet que l'on pousse au moyen de deux mancherons sur une voie portative ; sur la plate-forme on ménage une place pour la provision d'eau et de charbon. Ce chariot n'a qu'un mètre de long, pour éviter que dans les manœuvres il puisse s'accrocher aux souches et faciliter son passage d'une allée à l'autre. Il suffit de deux voies mobiles de 5 mètres de longueur et de deux petites plaques tournantes en bois pour assurer le fonctionnement de ce système. Le premier modèle sur wagonnet de M. Bourdil a été exposé, en 1880, au concours particulier de Perpignan, mais jusqu'à présent les viticulteurs ont donné la préférence à la simple chaudière transportée à bras. Je ne crois pas que les nouveaux modèles proposés aient plus de succès que les anciens, car ils sont plus encombrants.

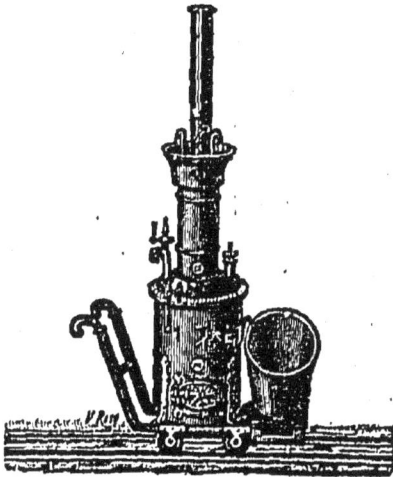

Fig. 96. — Chaudière roulant sur voie portative de M. Bourdil.

L'époque la plus favorable pour détruire la pyrale par l'ébouillantage correspond aux mois de février et mars. Pour la cochylis, mieux vaut opérer en novembre ou décembre.

Après la première pousse de la vigne, on peut encore ébouillanter le tronc avec avantage, mais sans atteindre les premières colonies qui envahissent les bourgeons dès qu'ils commencent à s'épanouir. Jaussan estime avoir sauvé la moitié de la récolte avec un traitement tardif fait du 13 au 16 avril, dans un cas de force majeure.

Clochage. — On réussit à détruire aussi les insectes abrités pendant l'hiver dans les fissures des troncs de souche, en employant la sulfurisation, procédé qui consiste à asphyxier tous ces ravageurs de la vigne en brû-

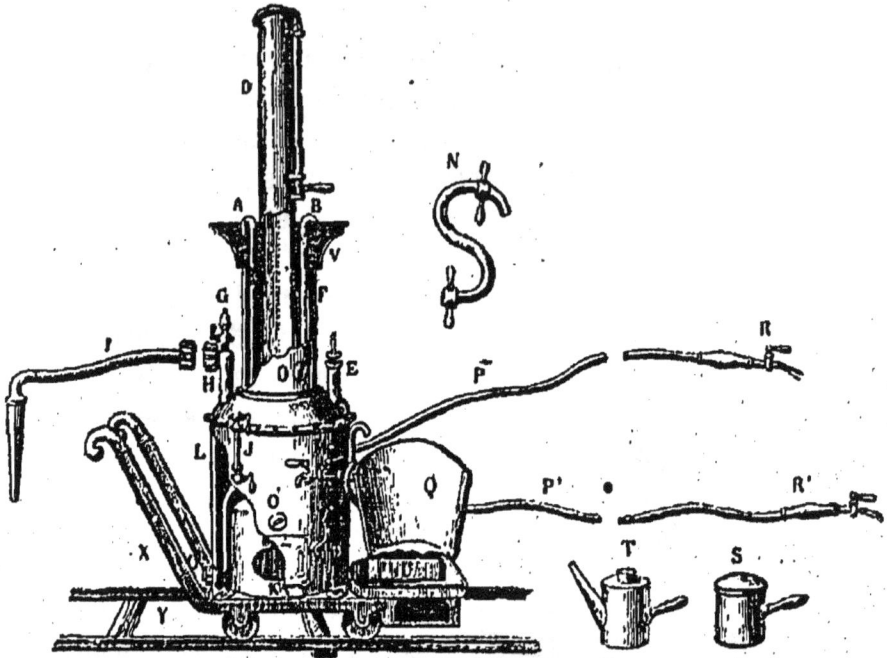

Fig. 97.— Coupe de la chauffeuse de M. Bourdil.

A   Tuyau d'air.
B   Tuyau perforé conduisant l'eau un peu chaude au fond du réchauffeur.
C   Tuyau de trop-plein recevant l'eau chaude du réchauffeur et la conduisant au bas de la chaudière.
D   Cheminée à registre.
E   Soupape libre évitant la pression.
F   Compartiment dit « Réchauffeur ».
G   Sifflet annonçant l'ébullition.
H   Prise de vapeur pour l'étuvage des foudres et fûts.
I   Tuyau en caoutchouc spécial pour l'étuvage à vapeur.
J   Robinets-niveau avec tube verre indiquant la hauteur à laquelle doit arriver l'eau dans la chaudière.
K   Porte du foyer.
L   Corps de la chaudière à foyer intérieur tubulaire.
M   Culotte à laquelle sont vissés deux robinets d'extraction d'eau bouillante.
N   Coude ascenseur s'adaptant à volonté sur l'un des robinets.
O   Tampon à vis pour vider et nettoyer l'intérieur du réchauffeur.
O"   —   —   —   le bas de la chaudière.
O'   —   permettant le détartrage du bouilleur intérieur.
P P' Tuyaux en caoutchouc spécial pour eau bouillante.
Q   Comporte à eau.
R R' Robinets à lance, manchon bois, pour répandre l'eau sur les souches.
S   Pot pour alimenter la chaudière.
T   Cafetière à bec pour verser l'eau bouillante sur les souches.
U   Caisse à charbon.
V   Cuvette dans laquelle on verse l'eau froide d'alimentation.
X   Bras et bâti supportant tout l'appareil.
Y   Voie étroite portative.

lant du soufre sous une cloche en bois ou en zinc, renversée sur le cep pour l'isoler de l'air ambiant. Pour produire un effet utile, il faut que l'opération dure environ dix minutes. Dans ces conditions, un seul ouvrier peut manœuvrer 20 cloches et traiter 120 souches par heure. Par ce procédé, la main-d'œuvre est réduite à peu de chose et la principale dépense provient de l'achat du soufre. Lorsqu'on entoure l'opération des précautions suggérées par la pratique, les résultats que l'on en obtient sont aussi complets que ceux réalisés par l'échaudage, mais il importe de prendre bien soin de ne pas laisser échapper les gaz sulfureux. Si on prolonge trop longtemps l'action de ces vapeurs asphyxiantes sur la souche, on arrive à nuire à la végétation et même à faire périr le pied; au contraire, lorsque le sol est mouillé, le gaz étant absorbé par la terre humide, la sulfurisation est sans effet utile. On le voit, la pratique du clochage est plus délicate que celle de l'échaudage et elle doit toujours précéder le départ de la végétation, ce qui limite l'époque favorable pour son application.

Ce procédé était estimé, autrefois, trop coûteux, et Louis Jaussan, qui l'avait expérimenté en grand comparativement avec l'ébouillantage, en évalue le prix de revient à 44 fr. par hectare avec le soufre en canon et à 70 fr. 90 avec les mèches soufrées. Aujourd'hui que le prix du soufre est plus bas, la sulfurisation est devenue plus économique, et, en tenant compte des dépenses de main-d'œuvre et d'amortissement telles qu'elles ressortent des comptes de Jaussan, on peut estimer comme il suit les dépenses du traitement d'un hectare par le clochage.

1° Avec mèches soufrées		2° Avec soufre ordinaire	
(4.444 mèches à 20 gr.)			
90 k. à 23 fr........	20 70	110 k. soufre à 12 fr....	13 20
Main-d'œuvre......	15 50	Main-d'œuvre.........	15 50
Amortissement.....	4 60	Amortissement........	4 60
	40 80		33 30

Tant que le soufre sera à bon marché, il sera moins

coûteux d'employer la méthode du clochage en l'entourant des soins qui la rendent efficace. C'est ainsi qu'il est indispensable de ne l'appliquer que dans des terres meubles pour éviter les pertes de gaz en enfonçant les cloches dans le sol.

L'ébouillantage et le clochage sont les procédés les plus recommandés contre la pyrale et, loin de nuire à la végétation de la vigne, il semble que les vignobles qui ont été ainsi traités en plein hiver poussent plus vigoureusement pendant le printemps, peut-être par suite de l'action de resserrement des fibres trop lâches du bois jeune qui se contractent lorsque l'action de l'eau chaude ou d'un gaz acide vient s'ajouter à l'influence naturelle des agents atmosphériques.

Disons que quelquefois les ravages de la pyrale cessent inopinément, sans que l'on ait donné d'explication suffisante de cette disparition spontanée. Lichtenstein l'attribue à un parasite, l'*Heteropus ventricosus*, qui, en se développant avec une effrayante rapidité, ferait périr toutes les pyrales sur lesquelles il s'attache.

Lavages et pulvérisations acides. — L'échaudage et le clochage détruisent facilement les larves et les chenilles cachées sous les écorces, mais ces procédés ne sont pas suffisants pour anéantir tous les insectes blottis dans les fentes de la souche et protégés par une carapace plus ou moins cireuse. Les cochenilles, par exemple, résistent aux procédés qui font périr les chenilles.

Pour se débarrasser à coup sûr des altises, des cochenilles et de tous les autres insectes parfaits remisés dans les interstices du tronc, on a proposé plusieurs procédés, mais, disons-le, ils ne réussissent généralement que si, par un travail préalable, au moins sommaire, on débarrasse la souche des vieilles écorces. Ce résultat peut être obtenu naturellement en répétant plusieurs années de suite les applications acides sur le pied de la vigne après la taille : au bout de deux ou trois badigeonnages au sulfate de fer concentré, par exemple, l'enveloppe corticale se détache du tronc. L'écorçage, tel qu'on le pratique avec le gant Sabaté, est une excellente opération, mais, pour être complet, il devient très coûteux.

Lichtenstein recommande même pour la sulfurisation par le clochage d'opérer un écorçage rapide qui, quoique incomplet, facilite la destruction des insectes. D'après lui, un enfant, payé 1 fr. 25, pourrait nettoyer 500 souches suffisamment pour permettre aux gaz ou aux solutions acides d'atteindre les insectes, et la dépense totale par hectare serait de 11 fr. J'ai voulu me rendre compte de ces frais et j'ai fait dépouiller un grand nombre de souches à mains nues par mes hommes. Pour cela, il ne faut pas consacrer toute la journée à ce travail, les mains seraient vite endolories et les ouvriers, fatigués par une opération qui les oblige à se courber jusqu'au sol, finissent par avancer plus lentement dans leur tâche.

Fig. 98. — Gant de M. Sabaté.

On obvie à ces inconvénients en faisant déchausser les ouvriers pendant la plus grande partie de la journée et en les faisant écorcer pendant les deux dernières heures de la journée.

Dans ces conditions, un ouvrier payé 0 fr. 30 l'heure en hiver peut nettoyer convenablement le pied et sommairement les bras en traitant 100 souches par heure, ce qui m'a fait revenir le travail à 13 fr. 20 par hectare, prix qui ne s'écarte pas sensiblement des évaluations de Lichtenstein ; aussi je me propose de faire écorcer toutes mes vignes en répartissant le travail en trois années et en commençant par mes plus vieilles plantations.

C'est dans la Gironde que les cochenilles ont jusqu'à présent causé le plus de dégâts, et on a observé, dans cette région, que pour les faire périr, il faut ajouter aux effets corrosifs des badigeonnages ou des solutions acides l'action mécanique du brossage. Généralement, on use d'une dissolution de sulfate de fer contenant environ 50 kilos de ce sel pour 100 litres d'eau chaude. A froid, on ne peut obtenir une dissolution aussi concentrée et on doit maintenir la préparation chaude pour que le sel de fer ne se précipite pas. On applique cette préparation acide au moyen d'une brosse en crin très dure, qui enlève ou écrase les insectes et met à découvert ceux qui sont remisés sous les vieilles écorces du tronc. Il ne faut pas oublier de traiter toute la souche, le vieux bois comme le jeune, car c'est à la naissance des coursons que l'on trouve le plus grand nombre de ces insectes. Lorsqu'on possède une chaudière à ébouillanter la vigne, on peut se procurer facilement de l'eau chaude en quantité en s'en servant pour chauffer une marmite, ce qui permet de disposer d'un plus grand volume de liquide pour cet usage comme pour toutes les autres applications de l'eau bouillante dans l'exploitation. On peut aussi user de dissolutions d'acide sulfurique à 10 o/o ou d'huiles lourdes pour ces badigeonnages.

Fig. 90. — Chaudière à ébouillanter du système Bourdil, combinée avec une marmite à bascule.

Malheureusement, la carapace de l'insecte est recouverte d'une substance cireuse qui empêche les liquides de pénétrer au-delà de cette enveloppe protectrice. Sous l'action de ces préparations corrosives ou insecticides, les cochenilles se raidissent et passent à un état insensible qui leur permet de résister aux traitements liquides. Aussi M. Andrieu, du Comice de Narbonne, a-t-il proposé de verser par hectolitre de solution acide un quart de litre de pétrole, et il a observé que cette faible addition suffit à dissoudre l'enveloppe cireuse des cochenilles et à permettre aux agents acides de pénétrer leur carapace en atteignant leurs parties sensibles.

A tous ces procédés de brossage, je préfère les injections acides que l'on peut aujourd'hui appliquer facilement, grâce au pulvérisateur à récipient en verre de MM. Lasmolles, Fréchou et de La Faye. Avec cet instrument, chargé d'une solution de 10 o/o d'acide sulfurique dans l'eau, il devient possible de combattre à la fois l'anthracnose et de détruire les insectes pendant le repos hivernal. La solution acide, finement pulvérisée et projetée avec force, pénètre sous l'écorce dans toutes les fentes du tronc, dans les parties creuses du cep et atteint insectes et germes des maladies sur tous les points de la souche. Cet appareil permet de faire un traitement parfait et, en ajoutant, comme le propose M. Andrieu, à la solution acide une faible proportion de pétrole, on doit réussir

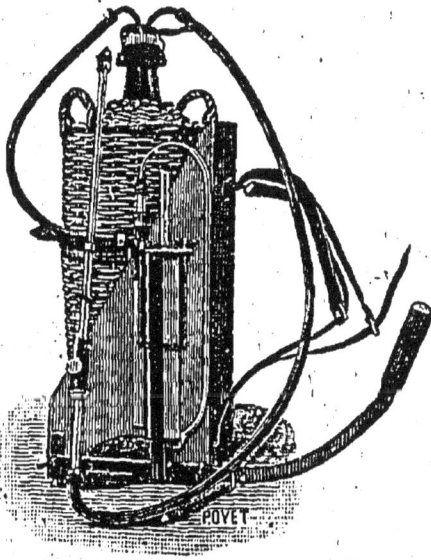

Fig. 100. — Pulvérisateur pour solutions acides de MM. Lasmolles, Fréchou et de La Faye.

à atteindre et à tuer les insectes dans leurs refuges.

Un traitement fait dans de pareilles conditions ne revient qu'à 6 fr. par hectare, et à 10 fr. si on le combine avec un écorçage sommaire triennal.

En terminant la revue de tous les procédés de destruction des insectes réfugiés sur les bois de la vigne pendant l'hiver, je dois indiquer qu'il faut simultanément traiter les échalas, les piquets, les tuteurs qui peu-

vent abriter les insectes, et enlever des terres infestées
les roseaux creux pouvant leur servir de refuge.

Traitements souterrains. — Il ne faut pas oublier que
beaucoup d'insectes se blottissent dans le sol et qu'il
est bon de déchausser les souches pour mettre à découvert les troncs jusqu'à une profondeur de 10 centimètres
environ, afin de permettre à tous les traitements extérieurs d'atteindre les ennemis de la vigne remisés sous
les écorces. En outre, le déchaussage fera périr beaucoup
de ces rongeurs souterrains qui garnissent la terre autour
de la souche, en les exposant en plein hiver à toutes les
intempéries.

Les larves du gribouri ou eumolpe ont, à une époque,
causé de grands dommages aux vignes françaises en
attaquant les racines; bien qu'il semble résulter d'observations récentes que les cépages exotiques sont
moins sensibles à ces inconvénients, il est bon de rappeler que le baron Thénard, en Bourgogne, et M. H. Marès,
dans l'Hérault, ont observé que l'huile essentielle que
contiennent les tourteaux des graines de crucifères, lorsqu'ils n'ont pas été chauffés au-delà de 80 degrés centi-
grades, constituent pour ces larves un agent toxique.
Dans ce cas, il faut nécessairement employer des tourteaux tels qu'ils sortent des fabriques d'huile, et rejeter
ceux qui ont été repassés pour les débarrasser de l'huile
essentielle qui détermine leur action nocive.

On trouve aussi, dans les jeunes plantiers, des larves
qui ressemblent aux vers blancs du
hanneton, sans qu'il soit possible
d'admettre toujours leur identité
avec cette espèce, les hannetons vul-
gaires étant très rares dans nos
pays. Souvent, ces vers blancs sont
de plus petite taille et constituent

Fig. 101.— Ver blanc.

alors des larves des cétoines apportées par les fumiers
d'écurie.

Il faut aussi citer les larves du Pentondon ponctué comme dangereuses pour les jeunes greffes.

Comme nous l'indiquerons bientôt pour la noctuelle, on pratique, à la fin de l'hiver, des fouilles aux pieds des souches pour écraser ces dangereux ravageurs souterrains des plantiers.

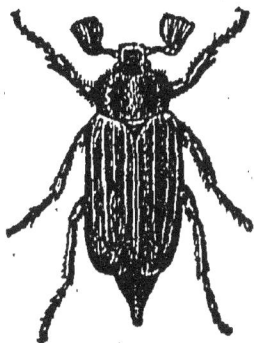

En 1832, déjà, Dunal, en citant le hanneton velu comme un des ennemis de la vigne, recommande d'en faire la chasse au printemps : « Les larves font périr beaucoup de pieds de vignes en rongeant leurs racines, surtout dans les nouvelles

Fig. 102.— Hanneton commun.

plantations. Il ne faut pas négliger de les tuer lorsque les laboureurs les amènent à la surface du sol. On doit multiplier les labours profonds aux mois de mars, d'avril et de mai, pendant lesquels il est possible au soc ou à la bêche de les atteindre, ce qui est impraticable pendant l'hiver, tant elles sont à cette époque profondément enfouies dans la terre. Bosc rapporte que par des labours à la bêche en temps opportun, il en a quelquefois fait périr plus de 1.000 par jour. »

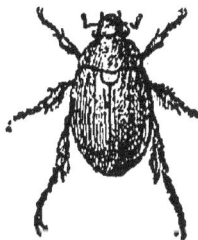

Fig. 103. — Anomala vitis.

Ces larves ayant une prédilection pour les salades laitues, les fraisiers et le sureau, on pourrait se servir de ces plantes comme d'un piège pour les attirer ; il en est de même des pommes de terre, et, en cultivant dans une terre infestée quelques-unes de ces plantes, on peut, en les arrachant, lorsque les feuilles flétries indiquent la présence des vers blancs, en détruire un grand nombre.

On a aussi recommandé, pour faire périr ces rongeurs souterrains, d'infecter le sol avec des injections de sulfure de carbone, ou de déposer au pied des matières bitumineuses qui, par les huiles essentielles qu'elles contiennent, éloignent les larves si elles n'arrivent pas à les détruire complètement. Les fumiers d'écurie étant favorables au développement des vers blancs, particulièrement aux larves des cétoines, doivent être éloignés des terres dans lesquelles on a constaté la présence de ces espèces dangereuses pour l'avenir des jeunes plantiers. Le sulfate de fer, déposé aux pieds des souches, les protège au contraire contre tous les parasites souterrains. Je dois signaler aussi que l'on a essayé de détruire les vers blancs en leur communiquant une maladie parasitaire.

Enfin, la submersion des vignes détruit tous les insectes qui sont maintenus sous l'eau, mais les vignes submergées sont, au printemps, souvent envahies par de nouvelles colonies provenant des chaussées et des bourrelets qui constituent un refuge assuré à tous les déprédateurs de la vigne.

En terminant cette revue des traitements appliqués aux vignes pendant l'hiver, je dois rappeler que l'on a proposé à plusieurs reprises le flambage et que l'on a imaginé un grand nombre d'appareils pour user de ce procédé, sans qu'on ait pu encore le faire adopter par les viticulteurs pour débarrasser le tronc des insectes en calcinant les écorces.

2° *Pendant le printemps.* — *Escargots.* — Dès que les froids ont pris fin, tous les parasites animaux qui s'étaient remisés sous les écorces, dans les murs, dans les tertres, dans les haies, sortent de leur état léthargique pour envahir toutes les cultures et dévorer avec d'autant plus d'avidité les jeunes pousses que leur jeûne forcé a été plus prolongé. Il en est de même des mollusques, dont les ravages sont comparables à ceux des insectes.

Lorsque le printemps est doux et humide, et que les vignes sont couvertes d'herbes, les escargots les envahissent en si grand nombre qu'ils couvrent tous les coursons sans en laisser la plus petite partie libre. Ils dévorent alors les bourgeons au fur et à mesure qu'ils poussent, et leur œuvre de destruction ne peut être comparée qu'à celle des sauterelles venant détruire toute la récolte. Les canards, qui sont si friands des mollusques, sont impuissants à en avaler de si grandes quantités et il faut, tout d'abord, cultiver les vignes ainsi ravagées, puis faire soigneusement ramasser les escargots par les ouvrières qui les recueillent à pleines mains sur les coursons pour les enfouir dans un sac ; lorsque le temps est doux en faisant usage du plat qui sert pour la chasse aux altises, on peut en secouant la souche ramasser les limaçons qui couvrent les coursons, mais quelquefois ils sont tellement adhérents aux ceps qu'il faut les saisir à poignée pour les en détacher.

Le soir, on verse dans de l'eau bouillante tous les escargots récoltés et on les donne à manger aux volailles.

Une fois qu'on a ainsi débarrassé la vigne de ces hôtes dangereux, ce que l'on ne parvient à faire qu'après plusieurs cueillettes successives, il est bon de saupoudrer abondamment tout le tour de la vigne avec de la chaux vive pour empêcher son envahissement par de nouvelles colonies.

Pour prévoir ces inconvénients, il faut se rappeler que l'escargot se réfugie dans les haies et les herbes des tertres, et que le meilleur moyen de s'en préserver est de détruire, par le feu, tous ces refuges naturels.

Dans la Gironde, pour empêcher les mollusques d'attaquer les ceps, on prépare une pâte composée de 25 parties de sulfate de cuivre, 1 partie de farine et 5 parties ocre pour 100 litres d'eau, et avec un pinceau trempé dans cette colle, on trace autour de chaque tronc une bande circulaire que les limaçons ne peuvent plus franchir sans s'exposer à périr par l'action du sulfate de cuivre qui constitue pour eux un poison. Les tourteaux de ricin sont funestes pour les escargots lorsqu'on les dépose au pied de la souche sans les couvrir de terre. On sait que ce tourteau fait également périr les larves des insectes.

Erinose.— Un tout petit parasite, le *Phytoptus vitis*, de la famille des Acariens, envahit très souvent la vigne dans les premiers jours du printemps, en provoquant des déformations de la feuille qui se traduisent par des boursouflures auxquelles on a donné le nom d'*érinose*. Ces verrues se trouvent toujours sur la face supérieure des feuilles et le petit parasite se loge dans le creux correspondant à la face inférieure en se protégeant par un tissu de poils feutrés et serrés tantôt blancs, tantôt bruns. Quelquefois la maladie attaque aussi le raisin, mais dans ce cas, on a remarqué qu'une feuille contaminée était en contact direct avec les mannes

L'échaudage et le clochage détruisent une partie de ces parasites réfugiés sous les écorces pendant l'hiver, mais, lorsqu'au printemps ils envahissent les jeunes pousses, on doit soufrer le vignoble abondamment et répéter l'opération jusqu'à ce que la maladie cède sous ce traitement qui paraît efficace. L'érinose a pour inconvénient non seulement de contrarier le développement des jeunes bourgeons, mais il contribue à augmenter la coulure des raisins lors de la floraison. On a observé que les grandes chaleurs font disparaître cette maladie.

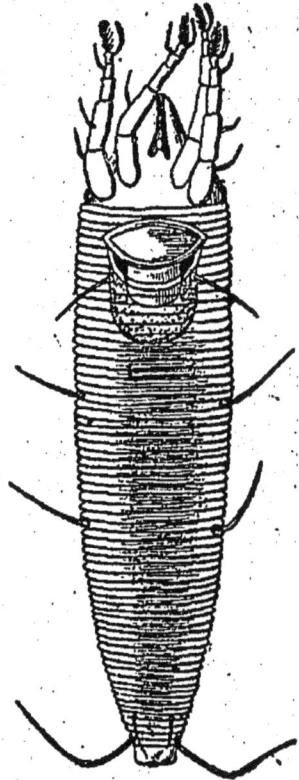

Fig. 101 — Larve du *Phytoptus vitis* grossie à 850 diamètres.

Pyrale et cochylis. — Lorsque la pyrale apparaît au printemps dans une vigne, un bon moyen de s'en débarrasser est de saupoudrer les feuilles avec de la fleur de soufre, on arrive ainsi à précipiter la pyrale sur le sol, et si on a pris soin de placer au-dessous un plat comme celui qui sert à chasser les altises, on recueille la larve dans le petit sac qui est adapté à la tubulure de ce petit appareil. L'écimage des ceps a été essayé à l'époque où les jeunes chenilles se portent de préférence sur ces pousses tendres, que l'on doit soigneusement brûler après leur rognage.

Dans la Gironde, on pratique avec un certain succès le simple écrasement sur le raisin de la cochylis en comprimant la chenille entre le pouce et l'index.

On a aussi proposé de détruire la cochylis et la pyrale en pulvérisant sur les feuilles de l'oléo-sulfure de carbone, c'est-à-dire une émulsion particulière de sulfure de carbone. M. Quantin, qui a essayé ces pulvérisations, recommande de rejeter les eaux calcaires et de ne choisir que des eaux qui ne donnent pas de grumeaux lorsque, additionnées de 10 à 20 grammes de carbonate de soude par litre, on les bat avec l'huile. On ajoute le sulfure de carbone à raison de 25 grammes par litre dans cette eau émulsionnée d'huile, et on charge un pulvérisateur ordinaire avec cette préparation pour en asperger les vignes attaquées par les chenilles, qui sont détruites lorsqu'elles sont atteintes par le contact direct de l'oléo-sulfure de carbone.

Les chenilles de la pyrale et de la cochylis résistent aux plus grands froids dans leur état léthargique, mais lorsqu'elles ont commencé à dévorer les bourgeons, il suffit d'une gelée printanière pour les détruire en masse.

Noctuelle. — Lorsque le ver gris de la noctuelle attaque la vigne, on doit lui faire la chasse pendant la nuit avec des lanternes, et si on a pris soin de semer quelques quartiers de pommes de terre çà et là dans la vigne, on est presque sûr d'en détruire beaucoup en visitant ces appâts, car le ver gris est paresseux et ne monte sur les ceps que lorsqu'il ne trouve pas de nourriture appropriée plus à sa portée. C'est pour cela que M. Valéry Mayet propose de laisser dans les vignes infestées par la noctuelle une bande de terre sans culture dont les herbes attireront cette chenille omnivore; on pourra alors la détruire plus économiquement.

Fig. 105.— Chenille de la noctuelle.

Les vers gris ne s'éloignent pas du pied de la souche, et pendant le jour on peut en détruire beaucoup en fouillant légèrement la terre autour du tronc. Ordinairement on les trouve enterrés presque au-dessous des bourgeons qu'ils ont dévorés, et si l'on prend soin de pratiquer à l'avance quelques trous dans le sol en enfonçant un piquet, on peut facilement les écraser, car ils vont s'y réfugier.

Chenille bourrue. — Cette chenille devient quelquefois un fléau pour les vignes dont elle dévore les jeunes bourgeons au fur et à mesure de leur pousse, — on peut en comparer souvent les ravages à ceux provenant d'une gelée printanière ; — généralement c'est le défaut de culture des vignes pendant l'été qui en favorise la multiplication. Lorsqu'en automne les vignes sont garnies d'herbes et que l'hiver est assez doux pour ne pas être fatal à un grand nombre de larves des dernières pontes, elles sortent de leurs abris au printemps en si grande quantité que l'on peut les ramasser par décalitres.

La chenille bourrue provient de l'éclosion de la ponte d'un papillon nocturne : l'Ecaille martre (*Chelonia caja*).

Des cultures bien soignées à la fin de l'été pour laisser nos terres bien propres à la veille des vendanges me paraissent devoir prévenir les invasions des chenilles. Il convient aussi, dans ce but, de brûler les tertres et les herbes des fossés.

Je ne crois pas que les herbes d'hiver puissent contribuer à aggraver les dégâts des chenilles ; il me semble, au contraire, que les *taures bourrudes*, qui sont omnivores, ont une préférence marquée pour certaines plantes, et je citerai, pour l'avoir constaté, qu'elles recherchent particulièrement l'artichaut, les seneçons, les pradelles.

Lorsqu'une vigne n'a pas été cultivée de bonne heure, c'est sur les mauvaises herbes que se portent les chenilles bourrues, si bien que M. Valéry Mayet a proposé de les cantonner pour leur faire une chasse plus fructueuse et plus économique en laissant dans les vignes quelques rangées sans les labourer pour que les herbes leur servent d'appât. Généralement, les vignes sont envahies par les bords, ce qui prouverait que les *taures bourrudes* sortent de certains abris extérieurs au vignoble. Ainsi à Saint-Adrien, on les trouve en plus grand nombre sur les ceps plantés le long du mur de la rampe ou sous les vieux amandiers formant une allée le long d'un chemin : les ceps entourant le jardin potager en sont aussi plus particulièrement garnis. Elles pullulent dans les carrés d'artichauts.

Quoi qu'il en soit, on ne connaît jusqu'à présent qu'un seul moyen d'enrayer le mal : c'est de faire parcourir les vignes par des ouvriers chargés de les écraser avec les pieds lorsque les chenilles garnissent les touffes d'herbes et de les partager en deux en les frappant avec une baguette plate lorsqu'elles sont sur les ceps ou sur les tuteurs. Il faut parcourir plusieurs fois, à quelques jours d'intervalle, chaque vigne pour en venir à bout, car les plus petites chenilles échappent au premier passage des ouvriers. On peut aussi faire ramasser les chenilles et les échauder pour les donner aux volailles.

Rarement, ces *taures bourrudes* donnent lieu à deux invasions successives du vignoble, et en 1896 particulièrement, l'espèce fut complètement détruite par suite d'une maladie parasitaire analogue à la muscardine qui en fit périr une grande quantité avant leur transformation en chrysalide; aussi, en 1897 on n'en trouvait plus que très peu dans les vignes.

Des faits analogues ont été signalés en 1857 par MM. Cazalis-Allut et H. Marès, qui avaient remarqué un grand
nombre de ces chenilles desséchées et tortillées au sommet des coursons ; chaque insecte, lorsqu'il se propage
trop, entraîne avec lui le plus souvent le développement
d'une maladie parasitaire.

Altises. — L'altise est un petit coléoptère bleu que l'on
appelle quelquefois la puce de la vigne
parce qu'il saute avec beaucoup d'agilité
pour se soustraire au danger qui le menace.

Les dégâts causés par les altises dans
la région méridionale sont comparables
à ceux de la pyrale, car s'ils ne sont pas
aussi désastreux, ils s'étendent sur une
aire plus grande.

Fig. 106. — Altise
(insecte grossi)

Depuis les travaux de Dunal, on connaît la biologie de
ce coléoptère, et on profite de toutes les phases de son
existence pour s'opposer à sa multiplication. C'est ainsi
que Cazalis-Allut recommandait, en 1849, en outre de la
chasse au plat, l'ablation des feuilles de la base des sarments pour détruire les œufs immédiatement après la
première ponte, et cet observateur judicieux a signalé
particulièrement cette pratique par laquelle on arrive,
dit-il, à conserver la récolte en détruisant les larves
d'altises placées au dessous des raisins-maîtres et à
conserver les punaises carnassières qui font aux altises
une guerre incessante.

Comme on le sait, les altises ont une préférence marquée pour certaines variétés de vignes, et d'après Cazalis-Allut, le Brun fourca est tellement recherché par
ces coléoptères que l'on peut les attirer sur un point
déterminé planté avec ce cépage, pour leur faire une
chasse plus fructueuse et moins coûteuse, en concen-
trant sur un espace plus réduit les moyens recommandés
pour les détruire.

L'Aramon gris est aussi plus particulièrement recherché par ces insectes ampélophages et on peut lui attribuer dans les vignes blanches le rôle réservé au Brun fourca dans les vignes rouges.

C'est surtout au printemps que les altises deviennent dangereuses pour la récolte ; elles envahissent les vignes dès l'apparition des premiers bourgeons et les dévorent au fur et à mesure de leur développement. Lorsque, sous l'influence d'une température plus chaude, d'autres bourgeons se développent avec plus de rapidité, les altises deviennent impuissantes à les détruire, mais elles attaquent le sarment, en rongent l'écorce et contribuent ainsi à rendre la végétation chétive ; elles attaquent aussi les feuilles, en ne laissant que les nervures. Les altises s'accouplent, pour la première fois, fin avril et déposent leurs œufs sur le revers des feuilles de la base. Suivant que l'accouplement a été plus ou moins favorisé ou contrarié, ces agglomérations varient de 8 à 50 œufs. Ces œufs ont une coloration jaune clair ; ils donnent naissance à des petites larves noires qui dévorent les feuilles et se transforment bientôt en chrysalides, que l'on retrouve dans la terre prêtes à donner lieu à une autre génération d'insectes.

Au printemps, pendant la nuit, les altises cherchent encore à s'abriter et ce n'est que le matin qu'elles couvrent de nouveau les souches ; aussi doit-on chercher à les détruire en disposant des pièges que l'on arrose avec un liquide insecticide ou que l'on enflamme avant le lever du soleil. En Algérie, on a eu l'ingénieuse idée de se servir, comme abris artificiels, des paillassons ayant servi à l'emballage des bouteilles, et on se contente de les plonger dans l'eau chaude pour étouffer les altises remisées dans ce piège, qui peut ainsi servir plusieurs fois de suite. Ce procédé est un de ceux qui donnent les meilleurs résultats lorsque l'invasion des altises prend des proportions désastreuses.

Il faut, dans tous les cas, ne pas négliger de faire la

chasse aux altises, en usant du plat spécial dont nos pères se servaient autrefois pour détruire ces insectes dans leurs anciennes vignes. Ce grand plateau en fer-blanc, échancré pour faire place au tronc de la souche, est percé à son centre d'un trou tubulé auquel on attache un petit sac. Le soir, on plonge les sacs pleins d'altises dans de l'eau bouillante et on les donne à manger aux volailles. Avec nos nouvelles vignes dont le tronc, trop bas, rend difficile l'application du plat, la chasse aux insectes devient moins facile et on n'arrive

pas à un résultat aussi complet que celui que l'on obtenait avec les souches plus hautes de l'an-cien vignoble. Il en est de même de l'enlèvement des feuilles de la base, tachées par les œufs, qui devient plus pénible pour les ouvriers, obligés à se cour-ber jusqu'à terre pour les sup-

Fig. 107. — Plateau pour chasser les insectes.

primer. Aussi on a cherché à diminuer les ravages des altises en les attaquant directement par des traite-ments insecticides, ou tout au moins assez nuisibles pour troubler leur accouplement.

Lorsqu'on projette sur une souche une poussière, fût-elle inerte, on éloigne momentanément les altises, mais si cette poussière est imprégnée d'une odeur repoussante, ou d'une matière active, ou d'un agent toxique, elle donne lieu à des effets de plus en plus prolongés pour protéger les feuilles contre tous les ampélophages.

Quelquefois, au printemps, les vignes de la plaine sont submergées par les crues des rivières, mais les altises ne périssent pas pour cela, on les voit surnager au-dessus de l'eau et, poussées par le vent, elles vont atterrir sur les chaussées qui entourent ces terres basses. On voit donc combien ces coléoptères sont difficiles à détruire.

Les saupoudrages proposés contre les altises réussis-sent bien contre les larves, mais n'arrivent pas à tuer l'insecte parfait : ils l'étourdissent simplement ou l'éloignent d'une vigne dans laquelle il ne trouve plus des moyens aussi faciles pour sa subsistance. On a aussi observé que les altises ainsi paralysées ne peuvent plus à l'avenir s'accoupler avec succès, et qu'il en résulte que la ponte des œufs est moins abondante. Mais le fait principal résultant des poudrages abondants est d'éloigner des feuilles couvertes de ces poussières les insectes qui n'y trouvent plus une nourriture appropriée.

Cette explication me parait d'autant plus probable, que dans une de mes vignes, plus souvent envahie par les altises parce que, cette pièce étant isolée, j'ai beau les détruire, il m'en arrive de nouvelles colonies des autres vignobles, j'ai observé que les insectes abandonnaient les souches toutes les fois que je les traitais avec le soufre composé Bringuier, dont je me sers fin avril pour combattre les progrès de l'anthracnose, et qu'en ne ménageant pas les applications de ce produit, j'arrêtais les dégâts causés par ces coléoptères. Je commence par faire un traitement général avec ce soufre sur toute la vigne, mais ensuite, chaque trois jours, j'en saupoudre les 5 à 6 premières rangées tout autour de cette terre, pour constituer une ceinture de défense contre les insectes qui sont surtout remisés dans les chaussées et les fossés de ceinture.

Les altises ne périssent pas, elles abandonnent simplement les feuilles chargées de cette poudre caustique. Après les applications du soufre Bringuier, viennent les traitements aux poudres cupriques acides qui écartent encore les insectes. J'ajouterai que lorsque mes saupoudrages acides coïncident avec l'éclosion des larves, j'arrive à les détruire facilement. Il y a quelques années, j'avais usé avec succès du sulfure de calcium pour éloigner les insectes de mes vignes.

Les poudres caustiques ou acides que j'emploie successivement pures ou mélangées au soufre paraissent donc un procédé de défense à conseiller, parce que, répété chaque année un grand nombre de fois dans la saison, il protège suffisamment la récolte lorsqu'il est combiné avec la destruction des altises dans les abris artificiels. Mais peu de vignerons se trouvent disposés à répéter souvent les poudrages anticryptogamiques en abondance comme je le fais dans mon vignoble, et, pour eux, il faut trouver un produit plus actif. On sait qu'en Algérie on emploie toutes sortes de substances : pyrèthre, poussière de tabac, etc., mais le produit le plus usité, probablement parce que son bas prix le rend plus économique, même lorsqu'on en couvre les souches avec abondance, est le soufre d'Apt mélangé à la chaux. On emploie encore avec succès une émulsion composée de 3 kil. de savon noir et 1 kil. 5 de poudre de pyrèthre par hectolitre d'eau. Cette poudre insecticide peut aussi être associée aux traitements liquides contre le mildew. Mon distingué collègue, M. Prosper Gervais, a réussi à se débarrasser en grande partie des altises en répandant dans ses vignes une solution composée de 1 kil. 5 de verdet et 1 kil. 5 de poudre de pyrèthre par hectolitre. Par ce traitement, beaucoup d'insectes étaient paralysés, et le plus grand nombre, en fuyant la poudre insecticide, se réfugiaient sur des souches témoins, sur lesquelles on pouvait alors opérer une chasse des plus fructueuses avec les plats.

On ne doit employer que des poudres de pyrèthre fraîches et provenant des boutons d'inflorescences, récoltés avant que les fleurs soient épanouies. Il faut, pour obtenir la décoction de pyrèthre, verser la matière dans de l'eau chaude en la délayant avec soin pour en faire une pâte d'abord épaisse et que l'on étend ensuite dans un plus grand volume d'eau. Les traitements à base de pyrèthre sont peu répandus à cause du prix élevé de ce produit.

D'après des expériences de laboratoire faites par M. Andrieu, le mélange de la décoction de pyrèthre avec les bouillies de sels de cuivre atténue, dans une certaine mesure, l'action insecticide, et mieux vaudrait, comme l'a fait M. Teisserenc, répandre cette poudre insecticide en l'associant au soufre pour combattre à la fois l'oïdium et chasser les insectes. Dernièrement, M. Prosper Gervais a employé avec succès un mélange de 15 o/o poudre de pyrèthre, 85 o/o sulfostéatite. M. d'Aurelle de Paladines recommande la composition suivante : chaux vive, 50 kil. ; soufre, 50 kil. ; pyrèthre, 3 kil. On répand la poudre avec un soufflet.

Tous ces procédés ne dispensent pas de la nécessité de détruire les œufs déposés sur les feuilles. Dans ma pratique, je fais coïncider l'enlèvement des feuilles tachées par des œufs avec l'ébourgeonnage de la vigne, et je confie ce soin à des ouvriers beaucoup plus habiles pour ce travail que ne peuvent l'être les femmes.

Plus tard, lorsque les larves d'altises seront écloses, il faudra encore enlever les feuilles qu'elles dévorent, mais ce triage devient plus facile parce que les parties attaquées par cette vermine prennent une coloration blanchâtre d'abord, puis rouge brique clair qui dénonce leur présence.

Toutes ces opérations sont d'autant plus pénibles que l'on doit les répéter souvent, car les altises ne pondent pas toutes à la fois, et si, au début, elles recherchent les feuilles de la base, bientôt elles donnent la préférence aux feuilles moyennes lorsqu'elles ont pris la consistance que semblent rechercher ces coléoptères pour y déposer leurs œufs, sans doute en prévoyance de la nourriture préférée par les futures larves. Ce ne sont donc que des visites répétées dans les plantations attaquées qui donnent un résultat sérieux, mais un vigneron intelligent peut diminuer beaucoup ces frais en indiquant aux ouvriers les points du vignoble qu'il faut le plus soigneusement surveiller, car ces insectes n'envahissent pas uniformément les vignes, et on trouve avantage à s'acharner à les détruire sur les parties du terrain dont ils font leur séjour d'élection.

Malheureusement, par tous ces procédés de destruction de l'altise, on fait périr simultanément les punaises carnassières qui leur font une chasse incessante, aussi on

recommande de couvrir le trou des plats d'une toile métallique assez large pour laisser passer les altises et assez
resserrée pour arrêter les punaises bleues qui sont généralement bien plus grosses que les insectes qu'elles dévorent.

Asphyxie des insectes au printemps. — A plusieurs époques, on a essayé de détruire les ampélophages en les attaquant par des gaz toxiques ou asphyxiants, et on sait
même que l'acide sulfureux a été employé avec succès
pour désinfecter les magnaneries et que, pendant l'hiver,
la pratique du clochage réussit à faire périr beaucoup
d'insectes, ou tout au moins leurs larves

Malheureusement, après le développement des bourgeons, si on veut essayer de clocher les ceps, même en
prenant quelques précautions, les insectes sont paralysés
il est vrai, mais la végétation est compromise par l'influence de l'acide sulfureux.

J'ai commencé une série d'expériences pour mieux
étudier les moyens de détruire les insectes par des gaz
asphyxiants au moment du départ de la végétation. Pour
cela, abandonnant la cloche ordinaire, j'ai fait construire
un récipient qui me permet de mieux surveiller l'action
des gaz et d'en modérer en même temps les effets. Mais
jusqu'à présent je ne suis pas arrivé au
succès que j'espérais et je dois dire que
la petite période de temps, environ un
mois, pendant laquelle on peut faire
ces essais, les intempéries qui peuvent
les contrarier, en faisant disparaître
les insectes au moment où l'on voudrait

Fig. 108. — Cloche modifiée.

les surprendre, rendent ces études
difficiles et ce ne sera qu'en répétant pendant plusieurs
années ces expériences que je pourrai peut-être en tirer
un résultat profitable.

J'ai constaté qu'avec l'acide sulfureux à une dose
nocive pour les altises, quelles que soient les pré-

cautions prises, on brûlait les feuilles de la vigne. En réduisant à dix minutes le temps de l'expérience et la quantité de soufre à la moitié de celle que l'on emploie dans les clochages d'hiver, la tige et les raisins restent intacts, les feuilles seules sont flétries, mais les coléoptères, qui sous l'action du gaz tombent comme foudroyés au-dessous des ceps, ne meurent pas et reviennent à la vie après un nombre d'heures plus ou moins prolongé, suivant que la terre les a protégés contre l'action délétère des gaz; de là la nécessité de mettre sous la cloche un plat pour recueillir tous les ampélophages et la possibilité de diminuer le temps de l'opération et les doses de gaz, pour arriver à un résultat pratique, que l'on peut atteindre en ramassant tous les insectes étourdis dans ce plateau.

Je me propose de réduire à 5 minutes l'action de l'acide sulfureux ou de l'acide sulfhydrique reconnus nocifs pour la végétation lorsqu'on prolonge l'opération pendant 10 minutes. L'acide carbonique, je l'espère, sera même suffisant pour précipiter les insectes dans le plat disposé à l'intérieur de la cloche, sans qu'on soit menacé de nuire aux feuilles de la vigne.

3° *Pendant l'été.— Larves de la deuxième génération.* — A cette époque de l'année, la végétation ayant pris un grand développement rend plus difficile la chasse directe aux insectes.

Les poudrages et les pulvérisations toxiques peuvent être continues. Plusieurs préparations ont été indiquées pour asperger les insectes sur la souche.

On sait que Riley à proposé d'émulsionner 175 grammes de savon dans 4 litres d'eau et de verser dans le mélange bouillant 8 litres de pétrole. On doit agiter avec soin cette préparation pendant un quart d'heure et l'ajouter dans de l'eau dans la proportion de 5 o/o.

M. Duffour, de Lausanne, conseille de pulvériser sur les jeunes grappes avant, pendant et après la fleur, de l'eau additionnée de 1,5 o/o de poudre de pyrèthre et de 3 o/o de savon noir; pour obtenir le succès, il faut atteindre les chenilles :. sans contact il n'y a pas destruction. Dernièrement, M. Duffour a proposé de remplacer dans cette préparation le pyrèthre par 2 litres de térébenthine. Le soufre agit aussi sur les larves des coléoptères avec d'autant plus d'énergie que la température s'élève davantage pendant les mois chauds. Les intempéries extrêmes nuisent d'ailleurs à toutes ces larves et une pluie froide, comme une chaleur immodérée, contribuent à en faire périr un grand nombre. Beaucoup de larves redoutent le soleil et on les trouve toujours abritées contre ses ardeurs au revers des feuilles. Souvent elles peuvent sortir des petits amas de liquide nocif dont on les asperge, mais dès qu'elles sont exposées aux rayons solaires, l'évaporation des liquides qu'elles entraînent produit instantanément leur mort. C'est d'ailleurs à cette époque de l'année qu'elles sont décimées par leurs ennemis naturels, comme les fourmis les ichneumons et la punaise bleue (*Zicrona cœrulea*), dont les mœurs carnassières, étudiées par Cazalis-Allut et Dunal, ont été décrites par M. Valéry Mayet en ces termes :

« A peu près partout où il y a des altises dans les vignes, on rencontre cette punaise bleue, et on la trouve le rostre plongé entre les segments de sa victime ; elle lui suce le sang en la saisissant avec les pattes antérieures, l'attaquent surtout à l'état de larve, mais aussi à l'état parfait et même à l'état d'œuf. »

La punaise bleue semble toujours se multiplier en proportion des larves diverses dont elle fait sa nourriture. On trouve ses œufs sur le revers des feuilles, ils sont gris de fer ; il en sort une larve rouge agile qui se nourrit des autres espèces. Ce n'est que l'insecte parfait qui est bleu. Il faut se garder de détruire cette espèce carnassière qui décime tous les petits insectes ampélophages,

Les entomologistes rendraient un grand service en étudiant les moyens de propager la punaise bleue.

Les labours et les binages pendant l'été détruisent beaucoup de nymphes en les ramenant à la surface de la terre, où elles périssent par suite de leur exposition au soleil. Dans ce but, il faut surtout fouiller le pied des souches, car c'est là qu'on les trouve en plus grand nombre.

Gros insectes. — C'est au moment de la floraison, et faute de rosacées, de composées ou de crucifères sauvages sur lesquelles elles se portent de préférence que les cétoines se jettent sur les fleurs de la vigne qu'elles broutent pendant le jour. Pendant la nuit, elles vont généralement se poser sur les têtes des chardons, lorsqu'il s'en trouve sur les tertres incultes ; elles s'assemblent en si grand nombre sur ces plantes sauvages qu'elles constituent de véritables grappes d'insectes grouillant les uns sur les autres. Il faut prendre soin d'aller les surprendre le matin, lorsqu'elles sont encore engourdies, pour les écraser en masse. On doit aussi, à la fin de

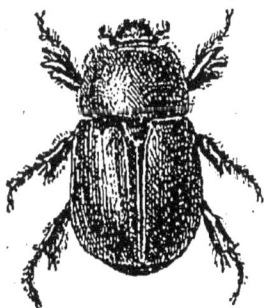

Fig. 109.— Pentondon ponctué.

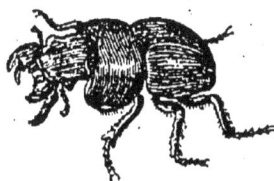

Fig. 110.— Lethre à grosse tête.

l'été, surveiller tous les gros insectes parfaits et étudier leurs mœurs pour en faire la chasse, soit le soir pour le Pentondon ponctué, l'Anomala vitis, le hanneton commun, le hanneton-foulon, les lethres, soit la nuit avec des lanternes pour les rhizoctones.

Attelabe. — Parmi les ravageurs de la vigne, il y en a un dont je n'ai pas encore cité le nom ; c'est l'Attelabe ou

Rhynchite, dont la présence se manifeste au printemps et en été par les feuilles que l'on trouve roulées en cigares dans les vignes. Ce coléoptère est vert ; rarement au printemps, il attaque les bourgeons jeunes et, par suite, ses dégâts ne sont pas aussi à redouter que ceux causés par l'altise, il nuit surtout à la végétation pendant l'été, époque à laquelle il se multiplie. Le Rhynchite pique en effet le pétiole de la feuille qui se flétrit et étant devenue souple peut être enroulée par l'insecte pour former des cigares dans lequel il dépose sa ponte. Les larves se trouvent ainsi abritées contre leurs ennemis et trouvent en naissant une nourriture

Fig. 111.— Rhynchite ou attelabe (insecte grossi).

Fig. 112.— Feuille enroulée par le Rhynchite.

qui leur convient, la feuille enroulée ne se desséchant qu'extérieurement. Ce coléoptère attaque, de préférence, les cépages ayant des feuilles souples comme l'Aramon.

Lorsque les attelabes sont en grand nombre, la perte des feuilles devient nuisible à la végétation ; il importe donc d'empêcher leur multiplication en faisant enlever les cigares et en prenant bien soin de les faire brûler. On doit aussi détruire alors par le feu toutes les feuilles qui sont dévorées par les larves de l'altise et que l'on reconnaît facilement à la teinte jaune brique des taches dont elles sont couvertes. Toutes les feuilles habitées par les larves doivent être brûlées ou broyées entre les mains, tandis que celles qui ne présentent que des pontes non écloses peuvent être laissées sur place après leur enlèvement des sarments ; dans ce cas, la simple dessiccation fait périr les œufs ou tout au moins les jeunes larves, ne trouvant plus en naissant une nourriture à leur portée, périssent de faim, les larves de la punaise bleue plus agiles peuvent au contraire remonter sur les ceps. Si on ne brûle pas les feuilles, ou si on ne les fait pas broyer, il faut tout au moins avoir le soin de les disposer en exposant au soleil le côté sur lequel se trouvent les larves. On doit aussi enlever les feuilles sur lesquelles la pyrale a pondu ses œufs sur la face supérieure, contrairement à l'instinct de l'altise qui les dépose sur la face inférieure. Quelquefois on se contente de les faire écraser sans détacher la feuille.

Cette opération doit être pratiquée plusieurs fois, car c'est pendant plus d'un mois que l'on peut observer dans les vignes des feuilles enroulées en cigares ou tachées par les œufs des altises ou des pyrales, les insectes ne faisant pas tous leurs pontes au même moment. Les générations se suivent sans être simultanées.

L'éphippiger de Béziers. — La culture des céréales et des luzernes favorise la multiplication des éphippigères (porte-selles), vulgairement appelés *cousi-cousis* ; aussi, c'est pendant la période de transformation du vignoble

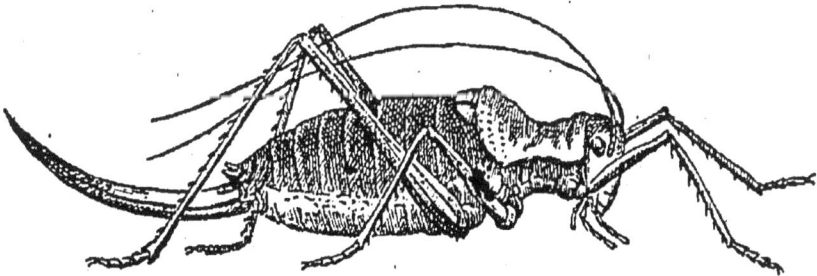

Fig. 113. — Ephippiger.

méridional après l'invasion phylloxérique que ces *locustides* ont produit le plus de dégâts, et on les comptait alors sur chaque souche par dizaines. Ces criquets dévorent tout et on a, souvent même, utilisé leur appétit carnassier pour les détruire en se servant de débris animaux empoisonnés et, d'autres fois, on dispose dans les vignes des déchets de boucherie pour les attirer et les écraser en visitant ces appâts.

On a employé avec raison les troupeaux de dindons

pour leur faire dévorer les éphippigères, mais, malheureusement, ces animaux, après avoir avalé un grand nombre de ces criquets, s'en dégoûtent et, d'ailleurs, on ne peut utiliser leur chair qui a pris un goût répugnant. Il faudrait avoir double troupe de dindons et les nourrir alternativement un jour avec les insectes et l'autre avec du grain.

Le seul moyen pratique de détruire ces ravageurs de la vigne est de faire parcourir le vignoble par des femmes ou des enfants armés d'un petit bâton pour les écraser. La plantation générale des terres de l'Hérault a fait disparaître l'éphippiger, et on ne le trouve guère aujourd'hui que cantonné dans les régions où on a laissé quelques terres incultes.

Gribouri ou Eumolpe. — Ce petit insecte a le corps roux comme celui des hannetons, tandis que la tête et le thorax sont noirs. Le gribouri broute toutes les parties vertes de la vigne : fruits, sarments, feuilles. Ses ravages durent depuis le commencement du printemps jusqu'à la fin de juillet, mais ils sont surtout à redouter à l'époque de la floraison. Une vigne sérieusement attaquée par le gribouri ne présente qu'une végétation languissante et peut perdre ses fruits. L'Aramon est le cépage que recherche de préférence cet insecte. Le gribouri dépose probablement ses œufs sous les écorces, on n'en trouve jamais sur les feuilles. C'est surtout ses larves qui, en attaquant les racines, le rendent funeste pour les vignes ; à l'état d'insecte parfait, il broute

Fig. 114. — Gribouri (insecte grossi).

les feuilles en traçant des dessins formant des découpures droites, et c'est pour cela qu'on lui a donné le nom vulgaire d'écrivain. Dès qu'il entend le moindre bruit, il se laisse choir à terre et reste immobile dans les interstices du sol, ce qui en rend la chasse difficile avec les plats. C'est surtout pour se débarrasser du gribouri que l'on a proposé les poulaillers roulants dans les vignes.

Je dois insister pour bien établir que les volailles, poulets, canards ou dindons que l'on peut utiliser pour la destruction des insectes ne peuvent être introduits dans un vignoble, ni au départ de la végétation, car, à ce moment, les volailles détruiraient les jeunes bourgeons, ni au moment de la véraison, époque à laquelle elles picorent les raisins. Ce n'est guère que dans l'intervalle qui sépare le commencement de la floraison de celui de la véraison que l'on peut laisser parcourir les vignes par la volaille.

Mais les pintades me paraissent plus aptes à détruire les insectes que les autres animaux de basse-cour ; malheureusement, on ne peut les guider dans les vignes et il faut leur laisser la liberté de les parcourir à leur guise. Ce n'est pas, d'ailleurs, un inconvénient, car l'instinct de ces oiseaux les conduit sur les lieux où ils trouvent leur nourriture préférée en abondance.

Les perdrix, les cailles, les alouettes et les moineaux étaient autrefois d'un grand secours pour la destruction des insectes, mais aujourd'hui que la culture des céréales a disparu de nos pays, tous ces oiseaux sont rares dans nos campagnes.

D'autres bêtes, telles que hérissons, taupes, belettes, rats, lézards, chauves-souris, oiseaux de proie diurnes et nocturnes, corbeaux, pies, courtilières, carabes, contribuent à détruire les empélophages. Les oiseaux qui ne se nourrissent qu'avec des insectes sont : les hirondelles, fauvettes, rossignols, roitelets, etc., il convient de les respecter et de s'opposer à leur chasse.

Les fourmis méritent une mention particulière, car elles se montrent pour les ravageurs de la vigne des ennemis acharnés en détruisant leurs œufs et leurs larves. Malheureusement, elles deviennent aussi nuisibles à la récolte par leurs déjections et leurs dépradations.

Enfin les ichneumons, en déposant leurs œufs dans le corps des larves des insectes, contribuent beaucoup à les décimer et sont aussi utiles que la punaise bleue dont j'ai déjà parlé.

Papillons. — C'est vers la fin de l'été que les phalènes de la cochylis et de la pyrale voltigent le soir dans les vignes et on a, depuis de nombreuses années, proposé de les détruire en les attirant par la lueur d'un feu ordinaire ou mieux par un lampion éclairant un piège à claire-voie constitué par des cercles de tonneau assemblés avec quelques lattes et englués avec du goudron. On a imaginé dernièrement des foyers mieux combinés que les anciens pièges, pour détruire les papillons. L'appareil se compose d'une lanterne placée au-dessus d'un réservoir circulaire contenant une couche de 3 centimètres d'eau. La clarté est donnée par une petite lampe à pétrole reposant sur un socle en verre. Le tout est fixé sur un piquet de 1^m,20 de hauteur. Les papillons, attirés par la lueur de la lampe, viennent buter contre une des quatre ailes dont la lanterne est pourvue et tombent dans l'eau ; on en recueille ainsi un grand nombre, principalement pendant les nuits sans lune.

Le papillon de la pyrale est crépusculaire, sa coloration

Fig. 115.— Papillon de la pyrale.

Fig. 116. — Papillon de la cochylis

générale est d'un gris doré, les ailes supérieures présentent trois bandes transversales brunes.

Le papillon de la cochylis est d'une coloration jaune pâle, mais les ailes antérieures portent une bande brune.

Pour arriver à détruire les phalènes de la vigne, il faut se rappeler qu'elles ne se déplacent qu'à de faibles distances et que par suite il faut rapprocher les foyers et

en multiplier le nombre pour que la chasse devienne fructueuse. Autrefois Audouin recommandait d'attirer les
phalènes au moyen de lampions nageant dans des plats
pleins d'huile reposant sur le sol. Cette méthode est plus coûteuse que la précé-dente, puisqu'elle nécessite un plus grand nombre de pièges, mais elle donne plus de sécurité, parce que les papillons des ter-res voisines ne sont pas attirés par la clarté de ces petits feux masqués par le feuillage de la vigne.

C'est aux environs d'Aiguesmortes que l'on a donné le plus d'extension à la chasse aux papillons nocturnes.

Dans le domaine de la Félicité, les pièges lumineux sont placés à 100 mètres de distance l'un de l'autre. On peut ainsi faire périr de nombreux papillons nocturnes et particulièrement ceux de la cochylis. Un régisseur écrivait au professeur dépar-temental du gard : «Cette nuit, j'ai allumé les lanternes ; il pleuvait, j'ai néanmoins réussi : il y avait plus de 300 papillons dans chaque réservoir. » Le papillonnage est donc un procédé à utiliser pour dé-barrasser un vignoble de la pyrale ou de la cochylis et de tous les autres papillons

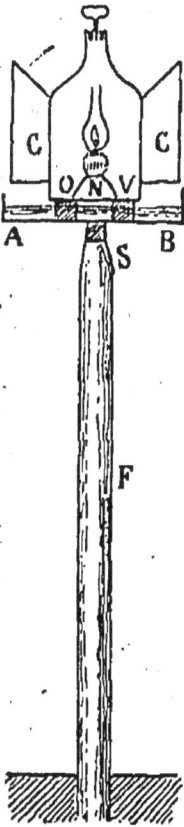

Fig. 117. — Piège pour papillons.

nocturnes. Malheureusement, il présente un danger, c'est celui d'attirer tous les papillons d'une région sur les points illuminés. Aussi, à moins de faire partie d'un syndicat étendant la pratique sur une grande superficie, il est préférable d'établir des lanternes assez basses pour ne pas être vues de loin et constituer en outre comme une ceinture de défense avec ces foyers, en les éta-blissant tout autour de la propriété que l'on veut sau-vegarder.

Enfin, il est indispensable de disposer les feux dans

les vignes avant l'accouplement des papillons, car il serait
inutile de les détruire après leur ponte.

Brunissure et autres altérations des tissus. — La brunissure de la vigne est une maladie sur laquelle on n'est
pas encore fixé. Elle se développe généralement à la fin
de l'été, au moment de la véraison, et se manifeste par
la coloration des feuilles variant suivant les cépages,
mais brunâtre pour l'Aramon, qui domine dans les vignes
du Midi.

Je crois, d'après les observations que j'ai pu en faire
dans mon vignoble, que l'étude de M. Pastre, du Comice
de Béziers, donne la véritable cause de cette perturbation de la végétation de la vigne, car je ne l'ai observé
chez moi que lorsque j'ai trouvé sur les feuilles la cochenille si bien décrite par ce savant viticulteur.

Dans une visite que me fit M. Pastre à Saint-Adrien,
nous n'avons vu la brunissure que dans une seule terre,
et c'est aussi dans cette seule vigne que l'on trouvait
la cochenille dont la piqûre altère le tissu de l'épiderme
supérieur de la feuille et la colore en agissant sur la vitalité des cellules.

On sait que cette cochenille se plaît de préférence sur
les vignes palissées et qu'elle présente dès lors un danger
pour l'avenir de cette méthode. Heureusement, avant
l'hiver, elle se fixe sur le bois jeune et on peut ainsi
en faire périr une grande quantité par la taille.

Les échalas et piquets de châtaignier paraissent d'ailleurs être une des causes de la propagation de cet insecte et il est bon, avant de les planter, de les plonger
dans un bain fortement acide ou mieux encore de les
flamber avec soin.

La brunissure envahit les vignobles lorsque les étés
sont très secs, il semble que les fortes pluies agissent
mécaniquement pour précipiter à terre le parasite.

Cette maladie arrête pour ainsi dire les fonctions de la
feuille, dont les cellules de la face supérieure sont alté-

rées, il en résulte que la maturité ne se fait pas normalement et la végétation étant arrêtée, l'aoûtement est
imparfait. La cochenille de la brunissure est à peine
visible à l'œil nu; elle se fixe, à partir de juillet, au-
dessus des feuilles, jamais au-dessous. On la trouve
sur les nervures ou à côté des nervures, où on peut l'observer sous forme de tache rougeâtre.

D'autres cochenilles provoquent, soit par leurs piqûres,
soit par leurs déjections, le développement du champignon parasite de la fumagine. On sait que cette maladie
est caractérisée par la coloration noire des sarments qui
semblent couverts de noir de fumée. Cette altération
superficielle des tissus de la vigne n'est pas adhérente.
Une forte pluie d'orage suffit pour entraîner la poussière noirâtre de la fumagine, et on sait que la neige en
débarrasse les oliviers qui en sont atteints. Toutes les
pulvérisations liquides dont on use contre les cham-
pignons détruisent la fumagine, sans avoir une action
sur les cochenilles qui sont la cause première de la maladie.

On observe aussi, à la fin de l'été, le long des routes
abritées par des arbres, des vignes colorées en rouge.
On a constaté que, dans ce cas, les feuilles sont habitées
à leurs revers par un petit acarien de la famille des
tétranyques. C'est sous l'action de la piqûre de ces parasites que la feuille perdrait sa coloration verte, et il en
résulte que la végétation de la vigne est arrêtée.

Toutes ces altérations des tissus végétaux sont distinctes non seulement par les divers insectes qui les provoquent, mais aussi par la nature des désordres qui en
résultent. D'après M. Pastre, la brunissure atteint plus
gravement la végétation de la vigne parce que la piqûre
de la cochenille pénètre plus profondément dans les cellules de l'épiderme et du tissu en palissade supérieur de
la feuille. D'autres observateurs ont attribué, il est vrai,
cette maladie à une végétation cryptogamique. Mais,

malgré l'autorité de ces expérimentateurs, on n'a pu encore défnir exactement la nature de la cryptogame qui provoquerait ces perturbations de la végétation.

4° Pendant l'automne. — Cochylis. — On sait que la cochylis dépose ses œufs isolément au printemps sur les bourgeons et les racines, et à la fin de l'été sur les grains de raisins. C'est à cette époque qu'il faut surtout se préoccuper de débarrasser les vignobles de la cochylis dont les dégâts sont à redouter : non seulement le ver dévore le grain sur lequel il se développe, mais il passe d'une baie à l'autre et amène souvent la pourriture du raisin. On a dit avec raison que les sulfatages sont impuissants à détruire la larve, mais qu'ils arrêtent la pourriture. Au moment de la vendange, les vers de la deuxième génération sont encore dans les grappes, et il importe de ne pas attendre le moment où ils quittent les grains de raisins pour procéder à la cueillette, car tous ceux qui sont engoufrés dans la cuve périssent par la fermentation ; il faut donc vendanger de bonne heure, avant complète maturité, les vignes qui en sont infestées.

Certains cépages sont plus spécialement attaqués par les vers de la vigne; le Terret-Bourret, par exemple, dans l'Hérault, est la variété qui est le plus souvent envahie par cette vermine. Généralement, d'ailleurs, ce sont les cépages à maturité tardive qui sont préférés par ces vers, probablement parce qu'ils y trouvent pendant plus longtemps la nourriture qui leur convient.

Après la taille, on doit procéder à l'échaudage des vignes pour détruire les chenilles qui se sont réfugiées sous les écorces, et il faut faire cette opération de bonne heure parce que la cochylis s'entoure, pendant les froids de l'hiver, d'un cocon soyeux assez épais pour l'abriter contre tous les traitements qui réussissent contre la pyrale.

Il faut aussi nécessairement sulfater, ébouillanter ou

flamber avec soin les tuteurs et les échalas qui peuvent servir de refuge aux chenilles, on a même remarqué que la cochylis s'y mettait de préférence à couvert. On peut ajouter à l'eau chaude 10 o/o de carbonate de soude ou de potasse pour attaquer plus facilement ces chrysalides. L'écorçage est une excellente opération pour faciliter la destruction de la cochylis en la mettant à découvert ou en l'enlevant avec les débris d'écorce que l'on brûle. Les froids rigoureux ne nuisent à la chrysalide de la cochylis que lorsqu'ils deviennent aussi nuisibles à l'arbuste.

La cochylis est certainement un des ennemis les plus redoutables des vignobles, car, indépendamment des ravages de la chenille de la deuxième génération, il faut rappeler qu'au printemps, tandis que la pyrale se contente d'enlacer les feuilles, la cochylis broute principalement les raisins, et souvent même elle les fait tomber après en avoir piqué le pédoncule pour s'y loger.

Défense préventive contre les insectes. — Ce n'est pas tout d'avoir indiqué les moyens pratiques pour détruire les ravageurs de la vigne, il faut encore préciser comment on peut éviter autant que possible l'envahissement du vignoble par ces hôtes dangereux.

Je n'hésite pas à le déclarer, c'est surtout avant et après la vendange qu'il faut se préoccuper de détruire les insectes des dernières générations qui, à ce moment, cherchent des réduits pour y passer l'hiver.

A la fin de l'été, on voit souvent de nombreux papillons voltiger le long des tertres et des fossés herbeux, qu'ils abandonnent rarement pour aller dans les vignes si on a eu soin de les tenir propres par des cultures d'été bien ordonnées. J'ai déjà donné le moyen de détruire les phalènes nocturnes, en les attirant dans des pièges au moyen de feux ; mais on peut encore se débarrasser des autres espèces, en supprimant les plantes sur lesquelles les papillons aiment à se reposer.

Une plante, surtout la roquette (*Eruca sativa*), par ses
fleurs jaunes, attire ces lépidoptères, aussi faut-il la
détruire avec grand soin pour les éloigner des vignes.
En faisant purger d'herbes tous les fossés et les tertres
d'un vignoble bien cultivé, en commençant par le centre
de la propriété pour continuer ce travail jusqu'à la pé-
riphérie du domaine, on constatera que les papillons
s'écartent d'un milieu où ils ne trouvent plus les plantes
qu'ils recherchent.

Cette remarque est d'ailleurs confirmée par les observations de M. Valéry Mayet, qui expliquait les migrations
des noctuelles par un fait identique : « La génération
d'automne s'est évidemment produite ailleurs, sans
doute sur les plantes sauvages préférées. » Purger les
vignes d'herbes pendant la saison chaude jusqu'au
moment de la vendange me paraît être la meilleure condition pour débarrasser la vigne d'une foule d'insectes.

Certainement, quelques chenilles comme la *noctuelle
exiguë* dévorent de préférence certaines herbes préférées
comme l'amaranthe et le pourpier de nos terres, mais
lorsqu'elles ont détruit ces plantes, elles attaquent la vigne avec d'autant plus de succès qu'elles ont pu se développer sur les plantes sauvages.

Dans mes terres qui, accidentellement en 1896, furent
envahies par cette vermine, j'ai remarqué que les chenilles pullulaient sur les seules parties où on observait
une pousse abondante de jeunes amaranthes, et que lorsque j'ai pu détruire à temps ces herbes, elles ont disparu
sans attaquer la vigne, tandis que sur les points où la
façon de raclage ne fut pas donnée à propos, les plantes
adventices furent dévorées par les chenilles qui brou-
tèrent ensuite les plus tendres feuilles de la vigne.

Ce sont surtout les cépages Terret-Bourret qui eurent
le plus à souffrir de cette invasion formidable, car les
chenilles étaient en nombre considérable et avaient couvert le sol de leurs déjections noires, jusqu'au point d'en
changer la coloration.

Le seul remède devant un pareil fléau est de faire biner la terre pour la purger d'herbes dès le début de l'invasion.

Il serait d'ailleurs nuisible, dans tous les cas, de laisser pendant l'été le sol se couvrir de plantes adventices, car la récolte en souffrirait dans de larges proportions.

M. Henri Marès écrivait sur ce sujet, qui ne me paraît plus être contesté par les viticulteurs :

«Lorsqu'on laisse les mauvaises herbes envahir le sol en été, quand elles l'épuisent et le dessèchent, comme cela arrive toujours sous l'influence de labours mauvais ou insuffisants, alors la production de la vigne s'abaisse progressivement jusqu'à devenir nulle. Dans ces conditions, l'emploi des engrais, quand il n'est pas accompagné d'une augmentation de travail suffisante, ne change pas sensiblement l'état des choses ; les mauvaises herbes végètent plus vigoureusement aux dépens du fumier, mais la vigne reste dans la situation misérable où le défaut de culture l'a réduite.»

Les herbes d'hiver, au contraire, peuvent servir comme appâts pour les premières colonies, et, par exemple, M. Valéry Mayet a proposé avec raison de laisser dans les vignes quelques parties garnies d'herbes au moment du départ de la végétation pour que les chenilles viennent de préférence les dévorer, ce qui permet de les écraser avec plus de facilité.

Mais, disons-le, les circonstances ne sont pas alors les mêmes et tandis que, à ce moment, la vigne ne présente que de jeunes bourgeons tendres et qu'une seule chenille peut en brouter plusieurs en causant un dommage considérable pour la future récolte, le sol encore humide des pluies de l'hiver ne souffre pas de porter quelques herbes que l'on fera disparaître avec les labours du mois de mai.

Après la vendange, on doit continuer à nettoyer les tertres et les fossés, et je recommanderai alors de faire crépir tous les murs lézardés qui sont rapprochés des vignes pour éviter que les insectes viennent s'y remiser et d'éloigner tous les vieux tas de sarments destinés aux foyers de l'exploitation.

Enfin, c'est alors qu'il faut préparer des abris factices pour que les insectes viennent de préférence y chercher un refuge contre les rigueurs du froid. M. Valéry Mayet recommande avec juste raison ce moyen de défense, et je vais donner quelques détails sur la préparation de ces pièges.

Pour cela on choisit autour des vignes des points un peu relevés et on y établit, avec des fagots secs, de petits tas de sarments ayant environ 0ᵐ,25 d'épaisseur. On peut faire ces tas continus si la provision de combustible est suffisante ou les espacer suffisamment afin qu'avec le bois sec dont on dispose on puisse établir une ceinture autour de la vigne. Lorsqu'on taille plus tard le vignoble, on charge les tas de bois sec avec des fagots de sarments frais de manière à en porter l'épaisseur à 0ᵐ,75 environ. Sous ces abris, les insectes viennent chercher protection contre les froids rigoureux, et lorsque, pendant l'hiver, on veut les détruire, on choisit une belle journée froide pour enflammer ces tas de bois qui brûlent d'autant mieux qu'on a eu soin d'en constituer la base avec du combustible sec. Une grande quantité d'altises et d'autres insectes sont ainsi détruits par le feu. Dunal avait, dès son époque, signalé tous les abris où vont se cacher les altises pendant la saison des froids. « L'altise passe l'hiver à l'état d'insecte parfait sous les lambeaux à demi soulevés des vieilles écorces, tantôt parmi les gazons des bords des vignes ou dans les trous des murs de clôture. »

On doit, autant que possible, supprimer les arbres dans les vignes, car, indépendamment de l'épuisement de la terre qui en résulte, ils servent à abriter les insectes.

Les vieux troncs d'arbre peuvent être badigeonnés au sulfate de fer, pendant l'hiver, pour faire périr les insectes qui ont pu s'y réfugier, mais le mieux encore est de les déchausser avant la fin du froid et de déposer dans ce creux de la chaux que l'on fait éteindre avec de l'eau. Les insectes, ne pouvant plus franchir cette barrière, restent sur les troncs, où ils périssent faute de la nourriture qui leur convient.

Les badigeonnages d'hiver au sulfate de fer concentré de tout le bois de la vigne font périr un grand nombre d'insectes. Il est mieux de pratiquer ces badigeonnages après le déchaussement des ceps, pour en imprégner tout le pied.

Maladies diverses. — Il me resterait à parler des vignes phylloxérées et des maladies bactériennes. Je crois inutile de le faire.

Aujourd'hui, sauf quelques vignes submergées, ou cultivées dans des sables, les vignes françaises ont presque entièrement disparu du sol méridional. On ne plante plus que des vignes américaines dans les terrains qui nécessiteraient des traitements insecticides.

Quant aux maladies bactériennes, j'avoue mon embarras pour les décrire ; je serais même porté à croire que ces bactéries que l'on découvre de toute part sont le plus souvent l'effet et non la cause des maladies de la vigne, et que l'on peut en préserver un vignoble en choisissant, pour la plantation, des cépages pouvant bien se développer dans chaque nature de terre, et en y apportant des engrais convenablement composés pour ne pas altérer la sève de la vigne.

Pour que les bactéries deviennent dangereuses, il faut qu'elles trouvent un milieu favorable à leur multiplication.

Un excès de matières azotées flottantes dans la sève me paraît être une des conditions susceptibles de donner lieu à la pullulation des bactéries qui trouvent alors leurs aliments préférés. Si, au contraire, on force la dose des phosphates dans l'alimentation de la plante, on peut espérer voir disparaître ces maladies encore incomplètement étudiées.

CHAPITRE XII

CONSIDÉRATIONS COMPLÉMENTAIRES

1º *Le personnel de l'exploitation.* — A Saint-Adrien, le personnel ordinaire comme celui de la vendange est entièrement composé d'ouvriers logés et nourris dans la propriété. Hommes et femmes sont soumis à cette obligation qui a le grand avantage d'assurer la régularité du travail et de la comptabilité. Tous sont payés au mois, ils ont donc droit à leur salaire et à leur nourriture tous les jours et même les fêtes et dimanches. S'il pleut, on les occupe à des travaux intérieurs de nettoyage, de préparation des composts, du sciage du bois, du soutirage des vins, de l'entretien de la vaisselle vinaire, de la manutention des lies et du tartre, de l'approvisionnement du grenier de l'écurie, etc., etc.

Je suis sur les lieux une partie de la semaine pendant l'hiver et toute la semaine pendant l'été, ce qui me permet de diriger personnellement les travaux. Au-dessous de moi, j'ai établi un régisseur chargé en même temps de nourrir le personnel ; il remplit à la fois les fonctions de maître d'affaires et de ramonet, sans avoir à s'occuper de la comptabilité. Je tiens moi-même les comptes des recettes et dépenses, mais j'ai remis à mon représentant des feuilles de semaines, dont voici ci-contre le modèle, sur lesquelles il est obligé de porter le détail des travaux journaliers et le nombre des ouvriers présents pour que je puisse établir le compte de la nourriture.

Je paie les hommes 25 fr. le mois pendant l'hiver.

35 fr. — pendant l'été.

les femmes 18 fr. — pendant l'hiver.

22 fr. — pendant l'été.

Pendant la vendange, en outre de leur salaire ordinaire, les ouvriers reçoivent un supplément de 0 fr. 85 par journée de cueillette. Ils doivent le travail sans supplément, les jours de pluie. Les femmes sont nourries, qu'elles vendangent ou non, mais elles ne sont payées à raison de 1 fr. 50 que les jours où elles peuvent vendanger. Lorsqu'il pleut, elles ne sont pas occupées.

Pour la nourriture de tout ce personnel, mon agent est payé par jour et par homme à raison de. .   0 fr. 50
et par femme . . . .   0 fr. 30

La différence de ces abonnements provient de ce que les hommes ont droit à de la viande à tous les repas et les femmes aux légumes cuits avec la viande réservée aux hommes seuls. Un jardin potager est à la disposition du régisseur, qui le cultive à ses frais.

Je fournis à mon agent, pour le pain qui est donné à discrétion tant aux femmes qu'aux hommes, du blé à raison de 660 litres (1) par an pour chaque ouvrier ou ouvrière.

La boisson est donnée à mes frais, à discrétion.

J'estime que l'on boit en moyenne 2 litres par jour et par personne. La boisson, en hiver, est composée de

---

(1) D'après les anciens usages, on donnait 10 setiers de blé par an pour la petite dépense et 12 setiers de blé pour la grande dépense correspondant à la moisson et à la vendange. Le setier variait d'un pays à l'autre : dans le diocèse d'Agde, il était d'environ 65 litres.

DOMAINE DE SAINT-ADRIEN

Travaux de la semaine du_____ au _____ 189 __.

TEMPS	Nombre d'ouvriers	Travail des hommes	Nombre d'ouvrières	Travail des femmes	Travail des bêtes	MOUVEMENT des marchandises
Lundi.......						
Mardi.......						
Mercredi....						
Jeudi.......						
Vendredi....						
Samedi......						
Dimanche. ..						

377

vin mélangé à de la piquette, et en été, de vin addi-
tionné d'un peu d'eau. Les proportions sont toujours cal-
culées pour que la préparation atteigne 6 à 7° d'alcool.

Voici donc la dépense de nourriture par ouvrier et
par mois :

Pitance, 30 $\times$ 0,50................... $=$ 15 fr. »
Boisson, 60 litres à 10 fr........... $=$ 6 »
Pain, $\frac{660}{12}$ $=$ 55 litres à 18 fr. l'hecto. $=$ 9 90
_____
30 fr. 90

A la nourriture il faut ajouter les gages, de sorte que
pendant l'hiver un ouvrier me revient à 55 fr. 90 par
mois, et pendant l'été à 65 fr. 90.

En hiver, on compte 20 jours de travail par mois, en
déduisant le temps perdu, et par suite la journée me
revient à 2 fr. 80.

En été, on arrive à 24 jours de travail effectif par mois,
il s'ensuit que la journée me revient à 2 fr. 75.

Pour les femmes, la dépense de nourriture est, par
mois :

Pitance, 30 $\times$ 0,30................... $=$ 9 fr. »
Boisson, 60 litres à 10 fr........... $=$ 6 »
Pain, 55 litres à 18 fr. l'hecto....... $=$ 9 90
_____
24 fr. 90

En faisant le même calcul pour les femmes que pour
les hommes, on trouvera qu'une journée de travail des
ouvrières revient à 2 fr. 14 pendant l'hiver, et à 1 fr. 95
pendant l'été.

Régulièrement, les ouvriers doivent être sur le terrain
de 6 heures du matin à 6 heures du soir, avec un arrêt
d'une demi-heure pour déjeuner, de 1 heure 1/2 pour
dîner et demi-heure pour goûter, et trois buvettes inter-
calées de 10 minutes pour les hommes.

Le travail effectif devrait être de 9 heures, mais ce n'est
qu'entre les équinoxes qu'on peut le réaliser entièrement : en hiver, il n'est plus que de 7 heures pendant les

jours les plus courts, et de 8 heures lorsque les jours augmentent un peu. Il résulte de cet exposé que la main-d'œuvre, pendant l'hiver, est plus coûteuse que celle de l'été, et qu'il y a intérêt à restreindre les travaux pendant la période des jours courts. Aussi, pendant l'hiver, je réduis mon personnel à 15 hommes et 3 femmes, pour prendre 20 hommes et 6 femmes au commencement du printemps ; un peu moins en été, et beaucoup plus pour la vendange. L'organisation ouvrière de Saint-Adrien est incompatible avec les habitudes des ouvriers du pays, aussi c'est bien exceptionnellement qu'ils viennent me faire des offres de service, et, comme beaucoup d'autres propriétaires du Bitterrois, je recrute mon personnel dans les départements de l'Ariège, de l'Aveyron et du Tarn.

Il me reste à parler des bêtes employées pour l'exploitation du domaine. Elles sont ordinairement au nombre de huit dans mes écuries, dont six pour la culture et deux pour la voiture.

Il convient de déterminer, aussi exactement que possible, le prix de revient du travail des animaux de trait.

Pour cela, je compterai tous les frais des écuries en répartissant la dépense par tête et en comptant tous les fourrages et grains au prix commercial majoré du transport.

Voici la dépense qui résulterait pour une bête de mes écuries, d'après la moyenne de plusieurs années :

Nourriture par an......................	700 fr.
Supplément du premier valet..........	10
Vétérinaire, pharmacien..............	15
Maréchal ferrant....................	90
Bourrelier.........................	40
Prestations........................	15
Eclairage et petit outillage...........	15
Assurances.........................	10
Amortissement du prix d'achat	150
Entretien et loyer du logement destiné aux écuries et aux greniers...............	105
Dépense totale par bête et par an....	1150 fr.

Si on ne compte que le travail effectif des attelages par an, on n'arrive guère qu'à 230 journées utilisées, le reste étant pris par les jours de fête ou de pluie et aussi par le temps perdu à la veille des vendanges ou de suite après, vu l'impossibilité d'occuper alors sérieusement les bêtes dans une propriété complètement plantée.

En divisant 1150 par 230, on trouve que le prix de la journée de la bête de trait revient à 5 fr.; dans ce prix, la nourriture seule compte pour 3 fr.

Pour les charrettes, on peut faire un travail analogue et on trouvera qu'en moyenne un chariot ne sert dans l'année que pendant 75 jours dans un vignoble du Midi ; que le prix de son amortissement, de son entretien, de son logement revient à 150 fr. environ par an, de sorte que chacune de ses sorties doit être évaluée à un prix moyen de 2 fr. par jour.

2° *Prix de revient.* — J'ai publié antérieurement le prix de revient du vin dans le département de l'Hérault pour des propriétés de coteaux récoltant en moyenne 70 hectolitres par hectare et en appliquant à ces vignobles les procédés habituels de culture. A Saint-Adrien, l'organisation est, je l'ai dit, tout autre et la conduite des travaux s'écarte aussi des habitudes reçues. J'obtiens par suite des récoltes plus abondantes sur un terrain ayant d'ailleurs plus de valeur. Il convient donc de refaire le compte général que j'avais dressé pour les exploitations ordinaires, en l'appliquant au cas de la grande propriété cultivée intensivement.

Je n'ai fait figurer, dans le tableau ci-après, que les travaux réguliers du vignoble, en négligeant les travaux extraordinaires, car généralement, dans une propriété bien ordonnée, ces dépenses sont compensées par les recettes supplémentaires provenant de la valeur des fumiers d'écurie, du marc, du tartre et des lies, dont on ne tient pas compte dans les revenus d'un domaine.

Dépense par hectare

	1re année	2e année	3e année	4e année
	Fr.	Fr.	Fr.	Fr.
Défoncement à 0m,50.............	500	»	.	»
Achat de greffes-boutures racinées.	775	»	»	»
Plantation et tuteurs	160	80	»	»
Taille de la vigne...............	6	12	18	30
Déchaussement et nettoyage des pieds............................	»	22	22	22
Fumure........................	»	»	175	175
Culture...	168	168	252	252
Traitements contre l'anthracnose, l'oïdium, le mildew et les insectes (1)	»	58	58	101
Vendange et vinification (Aramon) pour 120 hectos..................	»	»	43	86
Amortissement et entretien du matériel et des bâtiments de la cave à 8 % sur 1200 fr.....................	»	»	96	96
Amortissement et entretien du matériel d'exploitation...............	25	25	25	25
Entretien et assurance des bâtiments.	20	20	20	20
Direction et frais généraux....... .	40	40	40	40
Impositions et prestations.........	25	25	25	25
Loyer de la terre nue à 4 o/o sur 5000 fr.........................	200	200	200	200
Intérêts 4 o/o jusqu'à la 4e année..	230	52	38	»
	2149	702	1012	1072

Soit en tout. ....   4935 fr.

Le total général des dépenses à la fin de la 4e année est donc... 4935 fr.

Auxquels il faut ajouter pour fonds de roulement environ... 750

5685 fr.

Mais je récolte, la troisième et la quatrième année, en tout environ 100 hectos à 15 fr.... 1500

4185 fr.

(1) Pour les maladies cryptogamiques et la destruction des insectes, je donne le prix moyen de plusieurs années.

J'ai donc à pourvoir à l'amortissement d'une somme de 4185 fr. et je crois prudent de répartir cette opération en 15 récoltes bonnes et de me contenter de payer les intérêts les années ordinaires.

La durée de la vigne américaine ne peut, en effet, être considérée comme pouvant atteindre celle de la vigne française, mais à partir de la plantation et dans une période de 30 ans que l'on peut sûrement lui attribuer sans s'exposer à être trompé, on doit compter sur 15 bonnes récoltes contre 15 médiocres. L'amortissement de 4185 fr. à 4 o/o exige quinze annuités de 377 fr. Les années de mauvaise récolte, il suffira de payer l'intérêt de ces avances, soit 167 fr.

Voici, par suite, les frais que je compte par hectare de vigne en plein rapport.

	Année de bonne récolte	Année de mauvaise récolte
Annuité ou intérêts à 4 o/o..	377 fr.	167 fr.
Loyer de la terre à 4 o/o....	200	200
Frais d'exploitation.........	872	872
	1449 fr.	1239 fr.

Les bonnes années, je puis récolter 120 hectolitres à l'hectare ; les mauvaises années, au moins 80 hectolitres en moyenne.

Il s'ensuit un prix de revient de $\frac{1449}{120} = 12$ fr. l'hectolitre pour les bonnes récoltes et $\frac{1239}{80} = 15$ fr. 50 pour les mauvaises récoltes.

Ces prix sont pour les Aramons; le prix de revient du vin blanc serait plus élevé, mais aussi celui de la vente.

On le voit, mes prix de revient indiquent encore 12 fr. l'hectolitre comme limite extrême.

Grâce aux soins que j'ai donnés à la vinification, j'ai toujours vendu mes récoltes au-dessus de ces bas prix. En sera-t-il toujours ainsi et ne sommes-nous pas condamnés, par suite du développement de la production, à vendre nos vins à vil prix? Je ne le crois pas, parce que le bas prix de vente constitue une digue pour arrêter l'importation des produits étrangers et même celle des vins de l'Algérie.

Avant que nous soyons obligés à arracher nos vignes par suite de l'excès de la récolte, nous verrons l'Espagne, l'Italie et l'Algérie dans l'obligation de restreindre d'autant plus leur production que ces vignobles sont encore pour la plus grande partie plantés en cépages indigènes destinés à succomber sous les atteintes du phylloxera.

D'ailleurs, la baisse des prix de vente des vins doit aussi amener fatalement la disparition des boissons concurrentes qui n'ont de vin que le nom usurpé et dont la fabrication n'a pu se développer que par la fraude qui leur permet d'échapper aux impôts.

C'est en vain que l'on a mis en avant pour défendre les boissons factices l'intérêt de la classe laborieuse. Par des procédés de culture dont il me reste à parler, nous pouvons, dans le Midi, produire des vins naturels à bon marché et hygiéniques, bien que de qualité secondaire; en augmentant les rendements de nos riches terrains, on pourra répondre à ce besoin du bas prix sans empoisonner les ouvriers dont on a la prétention de défendre les intérêts économiques en sacrifiant l'avenir de la viticulture pour favoriser le développement d'une industrie nouvelle dans laquelle se trouvent intéressés des capitaux cosmopolites.

3° *Taille de Quarante.* — Comme on le sait, dans tout le Midi, la vigne est généralement conduite sur souches basses taillées en gobelet. Il n'est pas nécessaire de revenir sur les avantages de ce système plus que séculaire, et certes on n'aurait pas pensé à abandonner des pratiques dictées par les conditions particulières du climat chaud et sec de notre région si le renouvellement du vignoble, en augmentant les charges des propriétaires, n'avait pas rendu nécessaire de forcer les rendements de la vigne pour arriver à un bénéfice suffisant, même avec des prix de vente réduits. De toute part, on demande du vin à bon marché ; la qualité, certes, n'est pas dédaignée, mais elle n'est pas payée suffisamment pour ne pas amener le vigneron à penser tout d'abord à produire beaucoup, sauf ensuite à améliorer le vin par une bonne vinification. Aussi, de hardis initiateurs ont essayé de modifier la pratique ancienne et ont réussi à créer un système de taille à longs bois pouvant s'adapter à nos climats. J'ai désigné cette taille par la dénomination de taille de Quarante. C'est, en effet, le Dr Gimié, de Quarante, qui le premier a appliqué ce système dans ses vignes, et c'est M. Camille Laforgue, de Quarante, qui, immédiatement après, a adopté cette innovation dans ses diverses propriétés à Quarante, Coursan, Marsillargues, si bien qu'il peut montrer aujourd'hui, aux nombreux visiteurs qui viennent admirer son beau vignoble, 150 hectares complantés en tout cépage, suivant la nouvelle méthode.

Les premiers essais remontent déjà à plusieurs années, et ces anciennes vignes, comme les nouvelles, donnent satisfaction à plusieurs propriétaires qui ont suivi l'exemple des premiers novateurs, devenus aujourd'hui des ardents propagateurs d'un système dont ils ont reconnu les avantages immédiats considérables , sans aucun danger pour l'avenir des plantations, car si une vigne ainsi transformée venait à fléchir, rien ne serait plus facile que de la ramener à l'ancienne taille en gobelet.

Les détails que je vais donner m'ont été fournis par M. Camille Laforgue, qui s'est fait le hardi vulgarisateur de la taille de Quarante, dont on peut constater le succès dans ses différents domaines ; j'ai visité plusieurs fois ses propriétés depuis quelques années, ce qui m'a amené à appliquer la taille préconisée par ce distingué viticulteur dans trois de mes terres.

Pour appliquer à une vigne en gobelet le système de

Quarante, il faut tout d'abord établir, sur chaque ligne de ceps, les fils de fer qui doivent soutenir les pampres. Si rien ne s'oppose à cette décision, mieux vaut disposer les poteaux et les fils dans la direction du nord au sud. On évite ainsi les inconvénients du vent dominant dans notre région, le vent du nord, dont la violence pourrait renverser les vignes palissées. Les raisins sont aussi, dans ce cas, mieux protégés le matin et le soir contre l'action des rayons du soleil, dont l'excès est à redouter dans le Midi.

A chaque extrémité des lignes, mais en laissant en dehors deux souches pour permettre le passage des attelages d'une allée à l'autre, on commence par fixer deux forts poteaux de 2^m de longueur, que l'on incline en sens inverse de la traction des fils de fer pour leur donner

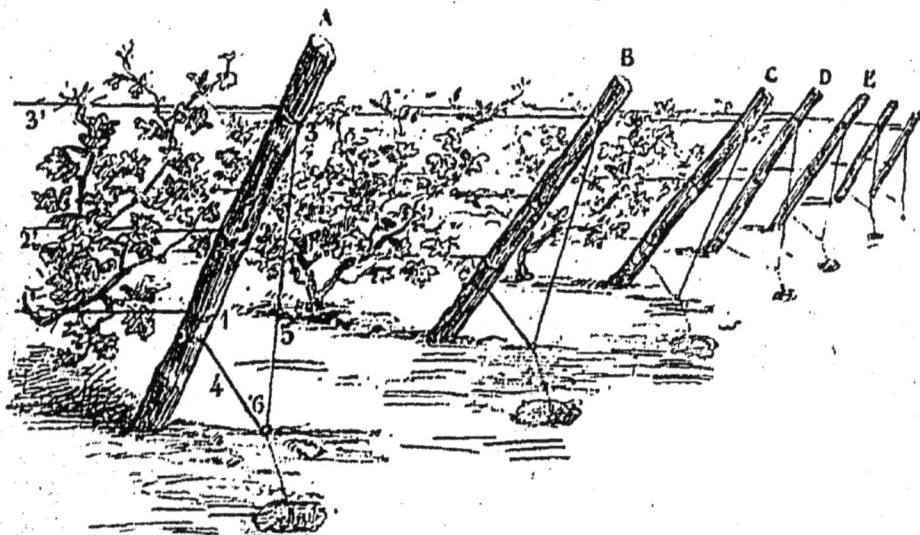

Fig. 118. — Vue générale d'une vigne taillée suivant le système de Quarante.

A, B, C, D, E, poteaux de tête. — 1, 2, 3, fils de fer pour palissage.— 4, 5, haubans de retenue des poteaux. — 6, boucle d'amarre reliée à une culée en pierre.

plus de résistance contre le renversement, on les rattache par des haubans en fer à une pierre enterrée à une profondeur de 0^m50 environ. Chaque 9 mètres pour les vignes à 1^m50, chaque 10 mètres pour celles plantées à

1^m25, on enfonce dans le sol des poteaux intermédiaires de 1^m50.

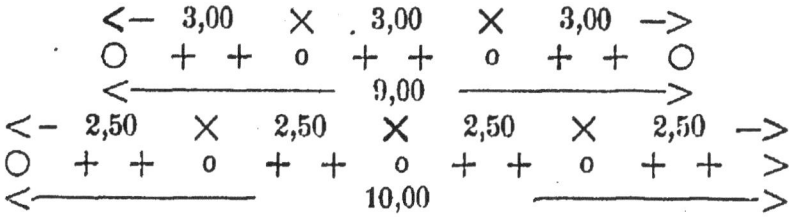

```
    <— 3,00   ×   3,00   ×   3,00  —>
    O  +  +   o  +  +   o  +  +  O
    <————————————  9,00  ————————————>
<—  2,50   ×   2,50   ×   2,50   ×   2,50  —>
O   +  +   o   +  +   o   +  +   o   +  +   >
<————————————————  10,00  ————————————————>
```

Sur ces rangées de poteaux on établit 3 étages de fil de fer. Le rang du bas, sur les coteaux, doit être à 0^m45 du sol, mais, dans les vignes de la plaine, il faut porter la hauteur de ce premier fil à 0^m55 et même à 0^m60 pour

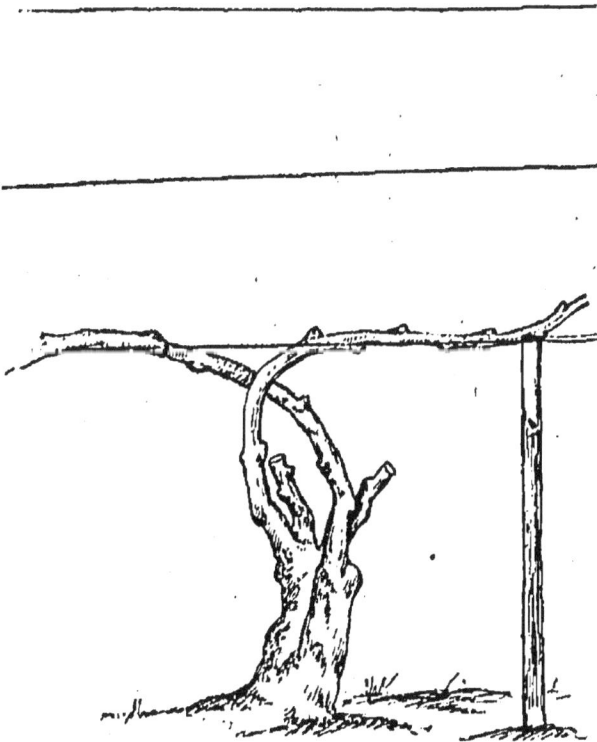

Fig. 119. — Souche taillée à la mode de Quarante chez M. Laforgue.

les vignes submergées. Les deux autres étages doivent être écartés de 0^m30 l'un de l'autre. Il est nécessaire que le fil du bas qui portera toute la récolte soit d'un diamè-

tre plus fort que les deux autres qui ne servent qu'à palisser les rameaux de la vigne. De plus, pour mieux con-
solider ce premier étage, on place, chaque deux souches
et dans l'intervalle qui les sépare, des piquets de 0ᵐ70
pour les coteaux et de 0ᵐ90 pour les plaines, sur lesquels
le fil de fer est fixé par des crampillons. On tend ensuite
les fils avec un tendeur comme le «Grip» ou le «Rapide».

Il faut alors procéder à la taille de la vigne. Pour ce
faire, on supprime autant que possible les bras qui
s'écartent des cordons en conservant ceux qui suivent
cette direction. Sur les bras conservés, on choisit deux

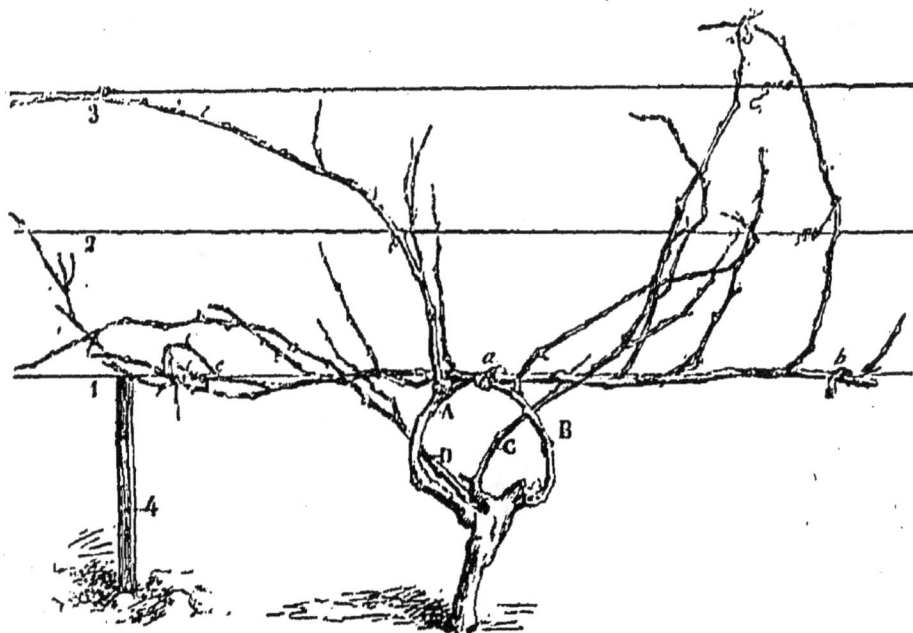

Fig. 120. — Souche de St-Adrien dont on a supprimé les feuilles pour
montrer le développement des sarments.

A, B, branches à fruit. — C, D, bois de remplacement. — a. croisement et attache des branches à fruit sur les fils de fer. — b, c, liens
d'attache extrêmes. — 1, 2, 3, fils de fer. — 4, piquet de soutien.

sarments bien aoûtés; l'un à droite, l'autre à gauche
de la souche, que l'on taille à environ 0ᵐ70 ou 0ᵐ80
de long, suivant que les ceps sont espacés de 1ᵐ25 ou de
1ᵐ50. On recourbe ces bois en forme de demi-cercle, de
manière à les croiser sur le premier étage en faisant

passer le sarment de droite à gauche, celui de gauche à droite; on les fixe en les contournant d'abord autour du fil de fer et en attachant ensuite les bouts par un lien en raphia. Il faut que les longs bois de deux souches voisines viennent s'ajuster bout à bout. On doit laisser encore à la vigne deux autres coursons, autant que possible verticaux, que l'on taille court pour s'assurer d'un bon bois de remplacement pour l'année suivante. Le principe essentiel de la taille de Quarante est, en effet, de ne pas constituer de *cordons permanents* ; au contraire, chaque année, on sectionne les branches à fruit pour les remplacer par des sarments jeunes réservés pour renouveler les cordons. On sait que l'arcure des tiges pousse à la fructification et au développement du fruit ; aussi, dans les terres fertiles, ces longs bois couchés sur les fils supportent de nombreuses grappes qui prennent un gros volume.

Lorsque, après le départ de la végétation, les tiges se développant atteignent 40^{cm} de longueur, on les fait grimper sur le 2e et le 3e étage en évitant de les attacher. Avec un peu d'habileté on arrive à ce résultat, et les pampres s'accrochent par leur vrille, pourvu qu'on ait le soin de les redresser pour les faire appliquer sur les fils de fer en leur imposant une direction contraire à celle qu'ils avaient naturellement suivie. Sur les branches à fruit, on enlève tous les bourgeons qui se trouvent sur l'arcure et on supprime les raisins sur les bois de remplacement. Il faut même, sur les cordons, proportionner le rendement à la vigueur de la vigne, en retranchant assez de raisins pour que la vendange n'épuise pas la souche. Généralement, on réduira la récolte à environ 30 raisins par cep, en choisissant les plus beaux et les mieux placés. Si on laissait une trop grande quantité de raisins, ils resteraient trop maigres.

Excepté dans les vignes les plus fougueuses, on ne châtre jamais les sarments. Dans notre Midi, le soleil est trop ardent et la sécheresse trop prolongée pour que l'on ait à craindre un développement nuisible des pampres.

Après avoir donné cet aperçu de l'établissement des vignes palissées d'après la méthode de Quarante, il

Fig. 121.— Souche taillée à la mode de Quarante prise à la fin de mai dans les vignes de M. Laforgue.

devient nécessaire d'entrer dans quelques détails sur les dépenses supplémentaires qu'elles imposent et sur les revenus que l'on peut en retirer.

Les dépenses d'installation sont très variables et dépendent du prix d'achat des matières premières dont on a fait l'acquisition. Chez M. Laforgue, par exemple, on admet une dépense de 400 fr. par hectare, soit ;

Frais divers et main d'œuvre.............	190 fr.	00
Piquets et poteaux.....................	86	50
Fils de fer et crampillons..............	123	50
	400 fr.	00

Mais cette dépense a pu atteindre 600 fr. chez d'autres propriétaires.

Quoi qu'il en soit, il est certain qu'en appliquant la somme de 8) fr. par an pour l'amortissement et l'entretien du palissage, on exagère les frais annuels que cette installation impose. Admettons encore une dépense supplémentaire de 120 fr. pour l'*excédent* du prix de la taille et des fumures, et c'est tout au plus si on arrive à grever le compte d'exploitation de 200 fr. par an et par hectare dans les vignes déjà bien entretenues, car la culture ordinaire devient, au contraire, moins onéreuse, par suite de la facilité que les fils de fer donnent de diminuer les façons à la main pour leur substituer l'émiettement du sol avec les instruments perfectionnés à traction : houes, bineuses, gratteuses, etc.

Les cultures à bras sont encore possibles en été dans les terres de soubergue, mais elles ne peuvent être données à propos dans les vignes arrosées de la plaine que l'on doit travailler immédiatement après l'irrigation pour éviter que la terre se fende. On peut, dans les vignes palissées, se contenter de travailler à bras une faible bande de terrain le long des cordons, et les raisins étant bien suspendus ne sont pas atteints par la bêche, ce qui rend plus rares les accidents si fréquents de l'échaudage provenant de la maladresse des ouvriers. Il convient aussi d'ajouter que les cordons maintenant les bourgeons à une distance plus grande du sol, les effets des gelées blanches sont moins à redouter, ce qui, pour les vignes de la plaine surtout, est sérieusement à considérer. Il en est de même des inondations survenant à l'époque de la vendange dans les vignes basses, les raisins suspendus se conservent mieux lorsqu'ils auront été seulement plongés dans les eaux limoneuses que ceux qui, reposant sur la terre, seront complètement enlisés. On peut donc avancer que l'installation des vignes palissées constitue comme une assurance pour éviter autant que possible les fléaux qui menacent constamment d'enlever les récoltes de ces vignobles de la plaine. De plus, l'aération des ceps les rend moins sensibles aux attaques des maladies cryptogamiques et les traitements sont facilités par le palissage des sarments.

Avant de parler des produits obtenus avec ce nouveau procédé de taille, il est nécessaire de rappeler que la superficie totale du nouveau vignoble de l'Hérault atteindra bientôt 217,500 hectares, pouvant produire par hectare 50 hectolitres en moyenne ; cette production est loin d'être régulière, on peut l'estimer à 100 hectolitres pour les 7,500 hectares de plaine et à 70 hectolitres pour les 60,000 hectares de bons soubergues bien entretenus, plantés ou à planter, tandis qu'elle descend à 40 hectolitres pour le reste du vignoble pouvant s'étendre jusqu'à 150,000 hectares.

Les vignes de M. Laforgue, à Coursan et à Beauregard, sont complantées dans des terres de plaine submergées et arrosées, et celles de Quarante le sont dans d'excellents soubergues, cultivés et fumés avec soin. Le surcroît de production constaté chez M. Laforgue, dans des terres de choix bien entretenues, ne peut être admis pour les vignobles plantés dans des terres médiocres ou mal soignées, pour lesquelles il faudrait, avant de changer le mode de taille, améliorer progressivement le fond de terre et le rendement par les méthodes ordinaires de la culture intensive.

Je devais faire ces réserves formelles pour éviter des exagérations fâcheuses. Si on examine les résultats obtenus dans la propriété de M. Laforgue, on constatera, d'après les livres de ce distingué et habile viticulteur, que le produit, quoique variable d'un terrain à l'autre, a doublé et quelquefois triplé comparativement aux récoltes des vignes cultivées dans des terres de même nature avec l'ancienne taille.

D'une manière générale d'ailleurs, les plus forts rendements sont obtenus dans les parcelles *complètement arrosées*, et lorsqu'une vigne n'a été que partiellement irriguée, on distingue à la récolte, d'une façon frappante, les parties arrosées de celles qui n'ont pu l'être.

Les infiltrations qui maintiennent le sol frais suffisent à exagérer la production. C'est ainsi qu'une parcelle, moitié Alicante, moitié Petit-Bouschet, complantée dans un terrain caillouteux et pauvre de la plaine, a pu donner un fort rendement par hectare, grâce à l'*humidité* entretenue dans ce sol ingrat mais perméable par les infiltrations abondantes d'un canal voisin. C'est une confirmation nouvelle qu'avec l'eau dans le Midi on obtient toujours et dans toutes les cultures des effets merveilleux.

La quantité de vin récoltée par M. Laforgue lui assure certainement un large bénéfice sur les dépenses qui lui sont imposées par la transformation d'une portion de ses vignobles, même en tenant compte de la différence de la qualité et du prix de vente. Généralement, dans notre région, les vins provenant des raisins récoltés sur cordon donnent un degré alcoolique inférieur à celui des produits similaires d'un même terroir. Cette chute de la richesse alcoolique du vin a pu atteindre jusqu'à deux degrés au maximum.

J'ai personnellement observé dans ma vigne sur cordons, vendangée trop hâtivement, une diminution d'un degré sur la richesse alcoolique et, en outre, une chute plus sensible encore de l'*acidité du vin*. D'après mes observations, les vignes palissées doivent être vendangées 15 jours après les autres pour que les raisins atteignent une maturité complète. Malheureusement, quelquefois les circonstances ne permettent pas de prolonger aussi longtemps la vendange que je le fais à Saint-Adrien.

Ce n'est qu'à la condition de retarder la cueillette et de modifier aussi le palissage des pampres, qu'on arrivera, avec le nouveau système, à produire des vins à peu près semblables aux vins d'abondance des vignes basses taillées en gobelet.

D'ailleurs, une différence sur le prix de vente du vin ne devrait pas arrêter ceux qui seraient décidés à entrer dans cette voie du surcroît de la production.

Un simple calcul permet de s'en rendre compte.

J'ai, en effet, indiqué précédemment que lorsque la récolte de mon domaine atteignait 120 hectolitres par hectare, la dépense, y compris l'amortissement, étant de 1449 fr., un hectolitre de vin me revenait à 12 fr.

Si je porte la dépense à 1649 fr., pour tenir compte des frais particuliers du palissage sur fil de fer, en admettant, ce que je considère comme probable, que le rendement s'élève alors à 200 hectolitres, le prix de revient du vin descendra à 8 fr. 25, ce qui donne une marge très large pour la différence de la qualité, car on sait que rarement on vend, dans une même région, les meilleurs vins plus de 2 fr. que les produits les plus ordinaires.

Une objection plus sérieuse pourrait être faite : c'est que, si par cette taille généreuse on doublait toute la récolte, la consommation ne serait pas suffisante pour absorber cet excédent. Comme je l'ai déjà dit, cette méthode ne me paraît pouvoir être adoptée que dans les meilleures terres, et comme je l'ai indiqué au début de cet ouvrage, il convient dans une propriété de ne pas l'appliquer à toutes les vignes et au contraire à diviser le terrain en trois séries: un tiers de terres en fourrages, un tiers de jeunes vignes taillées en gobelet, un tiers de vignes les plus vieilles taillées à la mode de Quarante. Je ne reviendrai pas sur les avantages de ce plan d'exploitation viticole qui permet d'augmenter les rendements de quelques vignes sans exagérer le produit total d'un domaine.

La taille de Quarante convient bien aux terrains frais,

et je ne conseillerai pas de l'introduire même dans les bonnes terres lorsqu'elles sont exposées à souffrir des sécheresses si communes dans le Midi; mais j'ai hâte de le dire, la même taille avec le palissage sur un seul fil de fer, tout en assurant la même production, permet d'étendre la méthode à tous les terrains fertiles perméables et profonds déjà soumis à la culture intensive. Aussi, c'est définitivement le système que j'ai adopté dans mes bons terrains de Saint-Adrien qui, quoique très riches, ne sont pas suffisamment frais pour être livrés impunément aux ardeurs du soleil.

Si dans d'autres régions où les pluies tombent assez régulièrement pour maintenir l'humidité du sol pendant l'été, tandis que le soleil moins ardent est souvent obscurci par les brouillards, il convient de conserver trois étages pour profiter de tout le calorique solaire et faciliter l'évaporation de l'excès de l'eau des pluies, dans le Midi il n'en est plus de même et il faut même veiller à ménager précieusement les réserves en eaux du sol en s'opposant à un excès d'évaporation. De plus, on doit aussi se préoccuper des racines, qui ont une grande difficulté à fonctionner normalement dans une terre desséchée.

Peut-on compter que les feuilles des longs bois, après avoir pourvu à l'alimentation des raisins, pourront aussi subvenir à la subsistance des racines? Je ne le crois pas et je pense que c'est par les feuilles des bois de remplacement qu'il faut pourvoir aux besoins du système radiculaire. J'ai été donc amené logiquement, dans ma pratique, à augmenter le nombre des bois de remplacement, en laissant, en outre des cordons, tous les coursons taillés très court pour obtenir plusieurs sarments dont je supprime les raisins et que je laisse s'étaler pour couvrir le sol et le maintenir dans un état de fraîcheur convenable. Mes vignes étant plantées à 2^m,00 sur 1^m,25, je puis cultiver ainsi pendant longtemps, et les houes, en secouant ces sarments dépourvus de raisins, ne nuisent pas à la récolte. Certes, l'émiettement du sol a une grande importance pour maintenir sa fraîcheur, mais l'expérience traditionnelle de nos pays indique qu'il convient aussi de protéger le terrain contre les ardeurs du soleil. La trituration de la terre a aussi pour avantage de favoriser la multiplication et les fonctions de tous les micro-organismes du sol, mais il ne faut pas oublier qu'une des conditions essentielles de la nitrification est que le terrain soit pourvu d'une humidité suffisante. Un sol trop imbibé d'eau, comme un sol trop sec, ne constitue pas un milieu favorable à la nitrification.

Aujourd'hui, d'après mon expérience, sous notre climat du Midi, lorsqu'on ne peut pas irriguer les vignes, mieux vaut, si on abandonne la taille basse en gobelet, les palisser sur un seul fil de fer que l'on doit placer à 0^{m}60 au-dessus du sol pour que les raisins qui sont suspendus au-dessous du cordon ne touchent pas la terre.

Une précaution essentielle est de n'entreprendre la transformation d'un vignoble que lorsqu'il est planté au moins depuis six ans. Une vigne trop jeune, dont le système radiculaire n'est pas encore complet, souffre de cette transformation hâtive.

Dans mes nouvelles vignes palissées, je me suis inspiré de toutes ces remarques, et tout en donnant à l'arcure un grand développement, en prenant soin de serrer avec un lien les longs bois sur le fil au point de leur croisement pour obtenir par cette compression un ralentissement de la sève favorable au développement des raisins, je me suis en outre préoccupé de l'alimentation des racines. A cet effet, en appliquant la taille de Quarante à des vignes de 6 à 7 ans d'âge, j'ai conservé tous les coursons ; j'ai pris deux têtes convenablement placées pour que les longs bois soient croisés comme on le fait chez M. Camille Laforgue, et toutes les autres têtes sont taillées sur un seul bourgeon. Ces coursons, taillés court, doivent être dépouillés des raisins afin que la sève, élaborée par leurs feuilles, soit entièrement utilisée pour les besoins du bois et des racines, tandis que les feuilles des cordons auront principalement à pourvoir à l'accroissement des raisins qu'on leur aura laissés. Comme à Quarante, je fais ébourgeonner le bois de l'arcure, mais je ne crains pas de retarder ce travail si les insectes ont attaqué le vignoble.

Il me semble d'ailleurs que les insectes se portent de préférence sur les rameaux les plus près du sol et on peut, en agitant les fils de fer au moment du départ de la végétation, précipiter à terre une nouvelle proportion de ces ampélophages qui vont rejoindre sur les pampres non palissés les insectes qui les garnissent déjà. Sans crainte de compromettre la récolte, il devient possible de traiter plus vigoureusement les rameaux libres dépourvus de raisins.

Un grand inconvénient des trois étages pour les grands domaines du Midi, c'est d'arrêter l'œil du maître par des barricades qui s'opposent à la surveillance d'une étendue considérable de vignes.

La pratique m'a démontré qu'avec un seul fil de fer la vendange et la surveillance sont plus plus faciles, que les binages sont exécutés tardivement sans grave inconvénient, malgré les sarments sans raisins qui tapissent le sol et que les premières cultures sont même plus complètes avec un qu'avec trois étages, le brancard pouvant s'approcher plus facilement des cordons; en outre, les bêtes tournent avec plus d'aisance à l'extrémité des lignes, n'étant plus embarrassées par les haubans des poteaux de tête, que l'on remplace par de simples piquets de $1^m,00$.

Je crois aussi que, protégés par un matelas de feuille, les raisins mûriront plus vite qu'exposés à la lumière du soleil du Midi. Dans le Nord, le palissage complet facilite la maturité de la récolte, tandis que dans le Midi, le même procédé la retarde de quinze jours; ces faits ne peuvent être attribués qu'à la différence d'intensité des rayons solaires. Je crois donc qu'en protégeant les raisins contre les ardeurs trop grandes du soleil du Midi, j'arriverai à les faire mûrir plutôt et à leur conserver leur teneur normale en acide tartrique.

Le palissage de la vigne sur fil de fer, en augmentant le rendement du vignoble, permet d'user de moyens qui paraîtraient onéreux pour les vendanges ordinaires, et sur les coteaux, lorsque la sécheresse sera trop intense, on pourra aider la véraison du raisin en pulvérisant, le soir, sur les feuilles, avec les appareils à grand travail, une petite quantité d'eau pour obtenir artificiellement les résultats que donnent les *temps gras* du mois d'août, lorsqu'ils arrivent à propos pour gonfler les raisins.

Enfin, avec un seul fil de fer, les frais d'installation sont bien moindres. On supprime non seulement deux fils, mais aussi tous les piquets de 1ᵐ,50 et les poteaux de 2 mètres. Il suffit, en effet, de planter aux extrémités des lignes deux forts piquets de 1 mètre que l'on relie aux souches de tête par un lien en fil de fer et de supporter cet unique étage chaque trois souches par un simple tuteur. Dans ces conditions, la dépense est réduite à 150 fr. par hectare pour l'installation et, avantage plus grand, on n'est pas exposé à être arrêté par la difficulté de se procurer les matériaux nécessaires. Sur les terres extra-fertiles des coteaux du Midi, si sujets à la sécheresse, la taille à longs bois ne me paraît possible qu'avec le palissage sur un seul fil de fer.

4° *Conclusion.* — Faire du bon vin ordinaire, le produire avec abondance et économie, tel est le but que je me suis proposé en dressant le plan de mon exploitation et en complétant mon œuvre par une vinification soignée, comme je l'ai indiqué dans les deux livres que j'ai publiés sur ce sujet spécial.

Je me suis attaché à augmenter le rendement de mes vignes pour faire face aux frais exagérés de l'exploitation des nouvelles plantations, tout en maintenant la qualité de mes vins au-dessus de la moyenne des produits simi-

laires et, pour cela, ne me contentant pas d'imiter ce qui
se faisait dans les autres vignobles de la région, je me
suis attaché par des études et des expériences à modifier
l'ensemble des procédés de culture et de vinification en
usage dans la région méridionale. J'ai toujours rejeté les
procédés trop compliqués, pour adopter ceux qui se re-
commandaient par leur simplicité.

Les plantations, le greffage, la taille, les accidents de
végétation, les traitements anticryptogamiques, la destruction des insectes ont fait surtout l'objet de mes recherches. J'ai donné dans cet ouvrage, soit sous forme
didactique, soit par simple exposé, les raisons pour lesquelles j'ai cru nécessaire de m'écarter quelquefois des
pratiques courantes de la région.

J'ai surtout insisté sur l'importance des fumures rationnelles pour démontrer leur influence sur l'augmentation et la qualité de la récolte, et je suis persuadé que
l'acide phosphorique, dans la végétation de la vigne,
joue un rôle spécifique prépondérant, malgré la petite
quantité qui en est absorbée par la plante.

En publiant le résultat de mes expériences, en livrant
à tous le travail qui s'est fait dans mon esprit pour combiner les méthodes usitées dans mon exploitation, je
crois faire œuvre utile. Il est loin de ma pensée de vouloir imposer aux viticulteurs ma manière de conduire mes
domaines, mais j'ai la conscience de leur avoir démontré qu'il ne suffisait pas, pour faire prospérer un vignoble, de suivre sans discernement les traditions anciennes,
et que nous devons tous, par un labeur incessant, contribuer à améliorer nos cultures pour arriver au succès
par un sage progrès.

OUVRAGES CONSULTÉS

Barral (J.-A.). — La lutte contre le phylloxera.

Barral et Sagnier. — Dictionnaire d'agriculture.

Carré. — La taille de la vigne sur cordon unilatéral permanent.

Cazalis-Allut. — OEuvres agricoles.

Daurel (Joseph). — Traité pratique de viticulture.

Dehérain. — Chimie agricole.

Despetis (Dr). — Traité pratique de la culture des vignes américaines.

Foëx (G.). — Cours complet de viticulture.

Fruchier (J.-A.). — Traité d'agriculture.

Gervais (Prosper). — Adaptation et reconstitution en terrains calcaires.

Guyot (Dr Jules). — Culture de la vigne et vinification.

Houdaille. — Le soleil et l'agriculteur.

Joigneaux (Pierre). — Le livre de la ferme et des maisons de campagne.

Ladrey. — Traité de viticulture et d'œnologie

Liebig (J.). — Traité de chimie organique.

Marès (Henri). — Des vignes du midi de la France.

Müntz. — Les vignes.

Müntz et Girard (Ch.). — Les engrais.

Odart (Cte). — Manuel du vigneron.

Pierre (Isidore). — Chimie agricole.

Sabatier (Paul). — Leçons élémentaires de chimie agricole.

Sachs (Dr Julius). — Physiologie végétale.

Saintpierre (Camille). — L'industrie du département de l'Hérault.

Valéry Mayet. — Les insectes de la vigne.

Vergnette-Lamothe (A. de). — Le vin.

Viala. — Les maladies de la vigne.

Ville (Georges). — Les engrais chimiques.

Vincent. — Chimie industrielle.

Würtz. — Dictionnaire de chimie pure et appliquée.

PUBLICATIONS

Bulletin des séances de la Société nationale d'agriculture de France.
Bulletin de la Société des agriculteurs de France.
Bulletin de la Société centrale d'agriculture de l'Hérault.
Bulletin du Comice agricole de l'arrondissement de Béziers.
Comptes rendus de l'Académie des Sciences.

TABLE ALPHABÉTIQUE ET MÉTHODIQUE DES MATIÈRES

TABLE DES MATIÈRES

CHAPITRE V

Amendements

CHAPITRE VI

Travaux extraordinaires :

CHAPITRE VII

Accidents météorologiques

CHAPITRE X

Maladies parasitaires de la vigne

CHAPITRE XI

Destruction des insectes ampélophages

www.ingramcontent.com/pod-product-compliance
Lightning Source LLC
Chambersburg PA
CBHW060953220326
41599CB00023B/3700